功能介质理论基础

樊慧庆　编著

科学出版社

北　京

内 容 简 介

本书主要介绍功能介质材料的微观理论基础及其晶格动力学、统计热力学方法，内容从相关的基本概念和基础知识出发，由浅入深，也涉及绝缘介质、半导体、磁性介质、铁电体等功能介质材料的结构特征与设计，以及其在广域波段的电学、光学、热学、声学和磁学等性能和前沿进展，全书共分6章.

本书可作为综合大学及相关高等院校本科生和研究生教材，也可供有关专业的科研工作者、教师和学生用作参考书，同时可供从事新材料及相关功能介质领域的高级工程技术人员阅读.

图书在版编目(CIP)数据

功能介质理论基础/樊慧庆编著. —北京：科学出版社，2012

ISBN 978-7-03-034103-7

Ⅰ. ①功…　Ⅱ. ①樊…　Ⅲ. ①介质材料-研究　Ⅳ. ①TB34

中国版本图书馆 CIP 数据核字 (2012) 第 076484 号

责任编辑：钱　俊／责任校对：包志虹
责任印制：徐晓晨／封面设计：陈　敬

科学出版社出版
北京东黄城根北街16号
邮政编码：100717
http://www.sciencep.com

北京京华虎彩印刷有限公司印刷
科学出版社发行　各地新华书店经销
*
2012年6月第　一　版　开本：B5(720×1000)
2017年2月第二次印刷　印张：14 3/4
字数：284 0000

定价：88.00 元

(如有印装质量问题，我社负责调换)

前　言

材料是人类进行生产、生活和社会活动的重要物质基础, 对社会生产力的提高起着非常巨大的推动作用, 每一项重要科学与技术的发展, 总是要有相应的材料作为基础, 新材料和新器件的突破往往会导致新的产业诞生和新的技术变革, 对工业发展乃至人类生活产生巨大的影响.

材料大体上可划分为结构材料和功能材料两大领域, 结构材料可以被人们清晰地看到和利用, 如日常生活中的木头、塑料、钢铁等材料为人们所熟知; 功能材料利用其优异的电、光、热、磁等性质, 在现代信息社会中伴随我们生活的方方面面, 却不易为人们所看见, 如电脑、手机、网络等中的核心高性能基础信息材料与器件, 功能介质材料就是主要涉及这一类性质的先进新材料, 其恰恰是现代材料科学与工程研究的热点与重要发展方向.

当今材料科学与工程领域十分活跃, 理论研究的新概念、技术创新的新构想、工艺方案的新方法不断出现, 为了适应高素质人才培养和学科建设需要, 从 2003 年开始, 我们在西北工业大学材料科学与工程专业研究生中开设了"功能介质理论基础"专业课. 本书是为该课程所编写的教材; 在授课的同时, 不断修改, 课题组的相关研究工作也逐步推进, 结合国内外相关领域的最新研究进展和科学发现, 适当补充完善.

本书的内容安排如下：前三章重点是功能介质物理的基本内容, 包括极化理论、统计热力学、晶格动力学, 对没有学习过固体物理的学生, 通过这三章的学习, 可具备一定的固体物理学基础; 第 4 章引入功能介质的晶体结构与微介观设计, 希望将材料科学的基础知识与功能介质材料设计相结合; 第 5 章介绍功能介质的性质, 特别是功能介质材料在广域波段的电学、光学、热学、声学和磁学等性能与耦合效应, 可适当地反映出功能介质材料的应用范围和重要性; 第 6 章简要说明几类典型功能介质材料的前沿进展情况, 以期点出功能介质材料研究的发展方向.

本书的写作, 得到了西北工业大学多位老师、同事和研究生的长期支持和大力帮助, 在与他们以及国内外学术同仁的交往和讨论中, 获得了许多启发和感悟. 特别是通过所开设研究生课程中的多次讲授, 并结合指导研究生的科研实践, 本书得以不断获得修正和补充, 最初的书稿整理和现在一些内容来自作者指导研究生的学位论文, 包含了他们的诸多辛勤工作与贡献, 恕不一一列出. 在此一并感谢!

在本书的写作过程中, 作者学习和引用了其他同类教材和专著中的文字及图表, 结合自己的理解和教学需要, 有所调整、简单归纳和直接引用, 并未能对每一点逐条考证其出处, 因此没有能够有效全面注明其原始的来源, 在此表示歉意, 深深地感谢所有为相关知识财富的积累作出贡献的人和有关原作者. 由于作者的科研工作水平有限和教学实践经验不足, 书中难免有不足之处, 诚恳地希望广大读者批评指正, 从而取其有用之点, 去其妄为之处.

樊慧庆

2012 年 3 月

目　录

第1章　功能介质的微观理论基础

讨论物性时, 可以把物质看作电子、原子、离子、分子的集合体. 从基本相互作用看, 原子或分子之间各式各样的作用力可还原为电磁相互作用. 这样, 对在科学与技术领域有重要应用的功能介质的研究便可归结为介质在内外条件下的各种电磁作用, 于是统一的电磁理论大显身手. 在此作用下, 电荷载体 (电子、离子、空穴等) 在介质中移动形成电导, 介质两端分别出现正、负表面电荷, 体内电场为零; 另一种情况是电荷载体仅能在原子尺度的范围内移动 (束缚电荷), 介质两端出现极化表面电荷, 体内建立新电场, 称为电极化.

电极化不仅在电场作用下产生, 某些功能介质在外界应力作用下, 也能够出现电极化现象. 例如, 钛酸钡晶体被压缩后两端出现相反的极化电荷 (应变极化), 这就是压电效应. 没有外电场时, 某些功能介质分子因内部正、负电荷的重心不重合而呈现电偶极矩 (自发极化), 这一现象最初是在样品加热时观察到的. 加热出现极化的现象被称为热释电效应. 更特殊的现象是一些材料的自发极化能在外电场作用下方向发生变化, 因而在交变电场作用下出现类似磁滞回线的电滞回线, 这种材料称为铁电材料.

在外场的作用下, 电荷载体在空间的移动形成各种类型的极化, 整个介质出现宏观电场. 但由于库仑作用是长程的, 原子除受到外加电场 $\boldsymbol{E}$ 的作用外, 还要受到介质内其他粒子的感应电矩的电场作用, 这就引出了局域场 (有效场) 的计算问题. 局域场的计算沟通了微观量和宏观量之间的联系. 同样由于关联粒子的干扰, 建立不同的极化过程所需的时间不同, 当极化落后于激励信号的变化时, 便出现弛豫现象. 与关联粒子的作用引起极化滞后通常伴随着能量的耗散, 产生介质损耗. 可见, 极化弛豫和介质损耗是从不同的角度 (时间和能量) 出发描述同一个问题.

外界 (如电极) 在电场作用下注入电荷, 以及电场对介质原子和分子的作用产生载流子, 从而形成微传导电流, 称为电介质的电导. 当介质处在足够高的电场中时, 会突然地或者逐渐地被击穿, 形成一处或几处导电点. 通常所观测到的击穿电场的范围在 $10^5 \sim 5\times10^6\mathrm{V/cm}$, 宏观地来看这属于高电场, 但从原子尺度计算 (电子极化率) 来看, 这个场强是很低的, 也就是说击穿不是原子或分子的直接作用, 而是不能被介质补偿的能量集聚的结果.

至此可见, 由束缚电荷的空间移动形成极化, 极化的时间性产生的弛豫构成了理论研究的主要问题. 介质的电导与电极化的同时存在为研究带来了难度, 介质击穿的物理讨论到目前为止也只是初步的. 因此, 本章首先从介质中的各种荷电粒子对电磁场作用的频率响应入手, 给出电极化的微观表述; 接着介绍描述极化的宏观参量 —— 介电常数, 通过有效电场的问题联系宏观与微观; 微观极化的滞后效应引起介质能量损耗, 在宏观上定义为复介电常数, 在时间上表现为极化弛豫, 重点介绍了德拜的弛豫理论, 简单给出共振吸收的描述; 随后介绍介质电导中离子电导和电荷注入现象, 特别提到研究更复杂的电导机理的缺陷化学方法; 最后照例对介质破坏与击穿作了论述. 遗憾的是, 受篇幅所限, 本章并不涉及非均匀介质的内容, 即便是双层介质模型这样最基本的非均质模型也不讨论. 另外更特殊一些的极化, 如应变极化和自发极化也不在本书讨论之列.

1.1 电磁场中的电荷与极化

1.1.1 电荷和电荷组及其电磁作用

在任何介质中, 存在各种类型的电荷和电荷的组合, 它们是按照原子核和电子的经典模型定义的各种点电荷, 或是根据量子力学定义的各种分布电荷. 现在考虑各种电荷和电荷组及其相互作用.

1. 内层电子

内层电子紧紧地被核束缚着, 受外电场的影响很小. 但是, 它们能伴随高能量 ($\approx 10^4$eV) 的、短波长 ($\approx 10^{-10}$m) 的、对应于 X 射线范围的电磁场而共振.

2. 外层电子

外层电子即价电子, 原子或分子的极化率主要由它们贡献. 并且, 对伸长形状的分子而言, 也是由它们引起分子对外电场的取向.

3. 自由电子

自由电子贡献与电场同相位的电导. 当施加电场 $\boldsymbol{E}$ 时, 它们以速度 $\boldsymbol{v} = \lambda \boldsymbol{E}$ 移动. 其中, 迁移率 λ 是指一种给定材料在一定温度下的特性, 它计入了所有的非弹性碰撞, 这些碰撞给电场中的电子一个平均速度.

4. 束缚离子和偶极子

束缚离子或两种带异性电荷而互相束缚的离子, 形成分子偶极子 (如 H^+Cl^-) 或形成缺陷偶极子 (如晶体中的空位与替代离子组合). 在电场中, 这些永久偶极子受到取向转矩的作用.

5. 自由离子

如在非化学计量的离子晶体中的自由离子, 在外电场作用下也能移动, 但是通常迁移率较低.

6. 离子偶极子

如 OH^-, 同时具有离子和偶极子的特征.

当施加频率为 ω 的电磁场时, 这个电磁场使上述的一种或几种形式的电荷发生振荡. 每一种电荷类型都有它本身的临界频率, 临界频率依赖于相关的质量、弹性恢复力和摩擦力. 在临界频率以上, 它们与电磁场的相互作用变得极小. 频率越低, 则会有越多类型的电荷处于受激状态.

图 1.1 给出一种极性材料典型的复介电常数谱的实部和虚部 (ε' 和 ε''). 我们可以看到, 由于内层电子具有 10^{19}Hz 数量级 (X 射线范围) 的临界频率, 因此频率高于 10^{19}Hz 的电磁场不可能在原子内激起任何振动, 所以对材料没有极化效应. 在此频率下, 材料的介电常数和真空介电常数 ε_0 相同 (图 1.1 中点 1). 如果频率低于内层电子的共振频率, 则这些电子可以受到电磁场电分量的作用, 随电磁场而振动, 使材料极化, 相对介电常数增加到大于 1 的值 (图 1.1 中点 2).

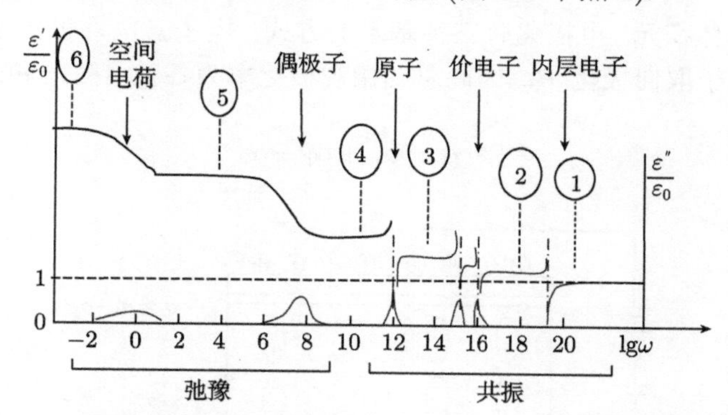

图 1.1 电磁场与介质间各种类型的相互作用及其相关的相对介电常数

若电磁场的频率低于价电子的共振频率 ($3\times10^{14} \sim 3\times10^{15}$Hz, 即从紫外到近红外的光谱范围), 则价电子参与介质的极化, 提高介电常数的值 (图 1.1 中点 3). 若电磁场的频率在 $10^{12} \sim 3\times10^{13}$Hz 范围内, 将会发生原子振动的 "共振" 过程 (图 1.1 中点 4).

在上述所有的过程中, 受电场影响的电荷可认为是受弹性力的作用, 即电荷的位移与弹性力成正比. 需要指出的是上述电荷共振的经典力学的机械模拟仅是一种近似, 精确的处理需要运用量子力学的方法. 但是这些体系的量子数很大, 使得这个经典共振模型 (考虑了摩擦项) 可以给这些相互作用以满意的描述.

进一步, 当外加电磁场的频率低于原子振动频率, 由于不可逆热力学过程, 电荷与电磁场的相互作用不再是弹性的, 而具有黏滞性的特点. 但外场施加或撤除时, 偶极子取向的迟缓集合, 或在电极附近离子、空间电荷的迟缓聚积, 都是所谓的 "弛豫" 过程. 弛豫过程取决于电荷之间的相互作用.

1.1.2　极化的微观机制

任何粒子 (电子、原子、离子、分子) 在电场 $\boldsymbol{E}$ 中都能产生一个感生偶极矩 $\boldsymbol{\mu}$, 根据静电学定义:

$$\boldsymbol{\mu} = \alpha \boldsymbol{E} \tag{1.1}$$

式中, α 为粒子的 (微观) 极化率. 对球对称的原子而言, 感生偶极矩必定平行于外电场方向, 且极化率 α 为一个标量. 一般的离子和分子不具备球对称, 这种情况下感生偶极矩不平行于 $\boldsymbol{E}$, 极化率 α 是一个关于分子主轴的二阶张量. 如图 1.2 所示, 当平行板电容器加电场时, 介质内部将引起电极化. 介质在电场作用下的极化程度用极化强度矢量 $\boldsymbol{P}$ 来表示, $\boldsymbol{P}$ 是电介质单位体积内的感生偶极矩:

$$\boldsymbol{P} = \lim_{\Delta V \to 0} \frac{\sum \boldsymbol{\mu}}{\Delta V} \tag{1.2}$$

式中, ΔV 为体积元. 电极化有三种基本的方式: 电子云位移极化 P_{e}, 离子位移极化 P_{i} 和偶极子取向极化 P_0. 因此总的微观极化率为各种贡献的和:

$$\alpha = \alpha_{\mathrm{e}} + \alpha_{\mathrm{i}} + \alpha_0 \tag{1.3}$$

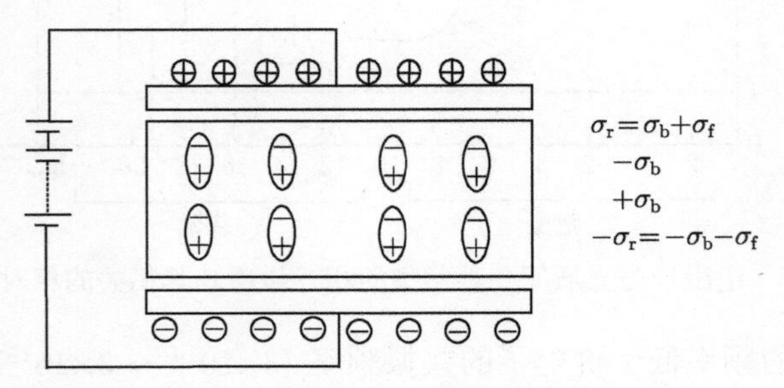

图 1.2　在电场中介质的极化模型

在高聚物和凝聚态物质中, 还有更复杂的极化机制, 比如空间电荷极化. 以下介绍这四种微观电极化机制.

1. 电子云位移极化 P_{e}

原子是由原子核和绕核的电子云构成. 当原子处在电场中时, 轻的电子云会发生变形或移动, 而重的原子核几乎不改变位置 (图 1.3). 结果造成正、负电荷重心偏离, 即所谓的电子云畸变引起电极化. 对应于电子绕核运动的周期, P_e 在大约 10^{-14}s 内发生.

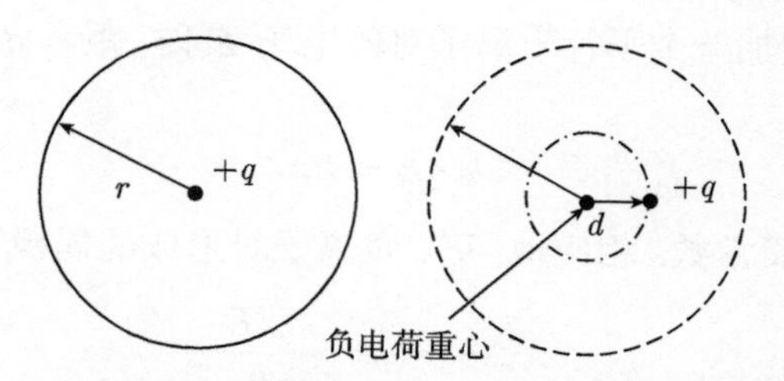

图 1.3 电子云位移极化, 右边为加上电场的情况

目前对于实际介质, 单个原子的电子极化率 α_e 的精确量子力学计算没有意义. 这里仅讨论定性的简化模型：具有一个点状核的球状原子.

一个中性原子可以看成是由一个电荷为 Q 的正点电荷和周围具有均匀电荷密度、半径为 R 的球状电子云组成. 当施加外电场时, 电子云中心受电场作用 $(F = QE)$ 偏离球心. 当与正电荷对它的库仑引力平衡时, 相对于原子核移动距离 d. 根据高斯定律, 电子云与原子核之间的库仑引力相当于以 O' 为中心, d 为半径的小球内负电荷与 O 点正电荷之间的引力, 则有

$$QE = \frac{Q}{4\pi\varepsilon_0 d^2} \cdot Q\left(\frac{d}{r}\right)^3 \tag{1.4}$$

因此,

$$\mu = \alpha E = Qd = 4\pi\varepsilon_0 r^3 E \tag{1.5}$$

以及

$$\alpha_e = 4\pi\varepsilon_0 r^3 \tag{1.6}$$

原子半径的数量级为 10^{-10}m, 因此, α_e 的数量级为 10^{-40}F·m^2. 由简化模型可以得到两点定性的结果：第一, 一般大小的宏观电场所能引起的电子云畸变是很小的; 第二, 半径越大的原子, 电子云位移极化率一般越大, 即是说远离核的外层电子 (价电子) 受核的束缚较弱, 容易受外电场作用而对极化率作出较大贡献.

此外, 还有两个经典的电子极化计算模型：圆周轨道模型和物质球模型. 对于其具体的内容以及各种模型的实际检验结果, 感兴趣的读者可以参考科埃略的《电介质物理学》一书. 孟中岩和姚熹的《电介质理论基础》则较为详细地总结了式 (1.6) 的一般结论.

2. 离子位移极化 P_i

离子晶体是由正、负离子规则排列而构成. 当离子晶体或其集合体处在电场中时, 正、负离子分别向相反的方向偏移, 宏观偶极矩不再为 0, 从而引起极化. 对应

于离子固有的振动周期, P_{i} 在 $10^{-13} \sim 10^{-12}$s 内发生.

下面介绍简化计算离子极化率的谐振子模型. 考虑一个如图 1.4 所示的孤立正、负离子对, 当施加一个平行于离子对的电场 $\boldsymbol{E}$ 时, 距离 d 会增加到 $d+x$, 由胡克定律得

$$qE = kx \tag{1.7}$$

式中, 系数 k 是弹簧常数. 相应地, 正、负离子对形成的偶极矩也增加一个量:

$$\Delta\mu = qx = \frac{q^2 E}{k} \tag{1.8}$$

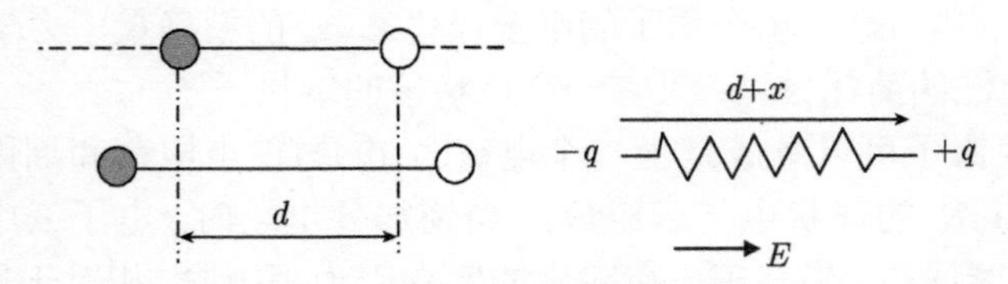

图 1.4　孤立正、负离子对及其谐振子模型

从 (1.1) 式得

$$\alpha_{\mathrm{i}} = \frac{q^2}{k} \tag{1.9}$$

若正、负离子的质量分别为 m_1、m_2(可以由原子量除以阿伏伽德罗常量获得), 则约化质量 $m = (m_1 + m_2)/m_1 m_2$, 谐振子的动力学方程为

$$\frac{\mathrm{d}^2 x}{\mathrm{d}t^2} + \frac{k}{m} x = 0 \tag{1.10}$$

根据这个方程, 谐振的本征频率为

$$f = 2\pi\omega = 2\pi\sqrt{\frac{k}{m}} \tag{1.11}$$

由此得到弹簧常数 $k = m\omega^2$, 所以离子极化率为

$$\alpha_{\mathrm{i}} = \frac{q^2}{m\omega^2} \tag{1.12}$$

采用典型的原子质量和红外吸收频率时, 得到离子极化率与电子极化率有相近的数量级: $10^{-40}\mathrm{F \cdot m^2}$.

3. 偶极子取向极化 P_0

具有非对称结构的分子或多或少具有电偶极子. 通常由于热运动, 无论在时间和空间上偶极子都是任意取向的. 当它处在电场中时, 偶极子将沿电场方向统计地一致取向, 产生电极化. P_0 是非常慢的一种, 需要 $10^{-6} \sim 10^{-2}$s 才能达到稳定状态.

为了使问题简化, 我们不考虑偶极分子之间和偶极子间的相互作用, 因此它们只受热运动的支配, 即自由偶极子. 自由偶极子的聚集体相当于极性气体的情况. 在热平衡状态下, 同一时间一定空间范围内的不同偶极矩取向是杂乱无章的, 显示出各向同性, 大量分子平均瞬时偶极矩等于零, 可表示为

$$\langle \boldsymbol{\mu} \rangle = 0 \tag{1.13}$$

式中, 以尖括号表示一个热平衡统计系综的平均值 (有关统计热力学方法会在第 2 章进行阐述). 这种情况对应于图 1.5 中的状态 I .

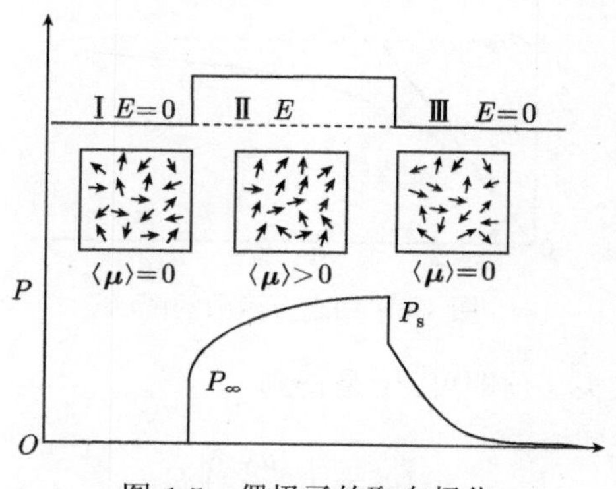

图 1.5 偶极子的取向极化

当存在外电场时, 分子受到转矩的作用, 逐渐使它们的取向与外电场平行. 但是热能抵抗这种趋势, 直到建立新的平衡. 若设一个偶极子某瞬时与电场成 θ 角, 则偶极矩沿电场方向的分量为

$$\mu_E = \mu_0 \cos\theta \tag{1.14}$$

此时, 该偶极子的势能为

$$U = -\mu_0 E \cos\theta \tag{1.15}$$

根据麦克斯韦–玻尔兹曼统计, 偶极矩沿电场方向的分量的统计平均值为

$$\langle \mu \rangle = \mu_0 \langle \cos\theta \rangle \tag{1.16}$$

其中,

$$\langle \cos\theta \rangle = \frac{\displaystyle\int_0^{\pi} \cos\theta \exp\left(\frac{\mu_0 E}{kT}\cos\theta\right)\sin\theta \mathrm{d}\theta}{\displaystyle\int_0^{\pi} \exp\left(\frac{\mu_0 E}{kT}\cos\theta\right)\sin\theta \mathrm{d}\theta}$$

令 $x = \mu_0 E/kT$, 上式可化为

$$\langle \cos\theta \rangle = \coth x - \frac{1}{x} = L(x) \tag{1.17}$$

式中, $L(x)$ 称为朗之万函数. 图 1.6 给出了它的图解表示. 形式上可见随着 x 的增大 (对应于 E/T 的增大), $\langle\cos\theta\rangle$ 从 0 增至 1. 这是因为当 E/T 增大时, 电场的取向作用压倒温度的扰乱作用, 使得偶极子都趋向与外电场平行. 就实际介质而言, $\mu_0 E$ 和 kT 的比值远远小于 1, 所以我们只需要在 0 点附近展开朗之万函数:

$$L(x)=\frac{x}{3}-\frac{x^3}{45}+\cdots \tag{1.18}$$

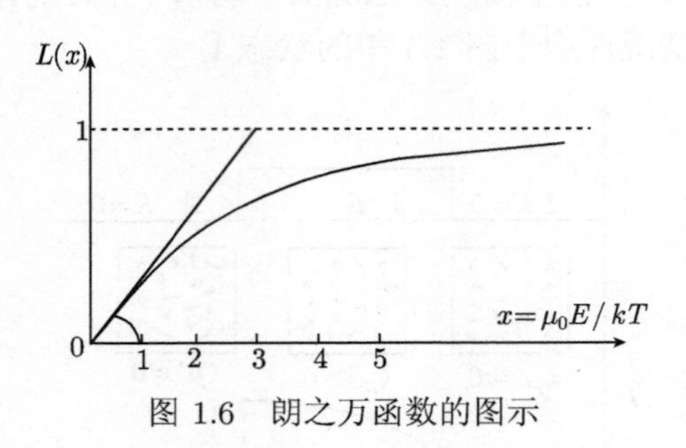

图 1.6　朗之万函数的图示

一般情况下只取头一项即可, 于是得到

$$\langle\mu\rangle=\left(\frac{\mu_0^2}{3kT}\right)E \tag{1.19}$$

由此得到极化率, 即

$$\alpha_0=\frac{\mu_0^2}{3kT} \tag{1.20}$$

式中, k 为玻尔兹曼常量; T 为绝对温度. 对一个典型的偶极子 $\mu=\mathrm{e}\times10^{-10}(\mathrm{C\cdot m})$, $\alpha_0\approx2\times10^{-38}(\mathrm{F\cdot m^2})$.

4. 空间电荷极化 P_s

前述的三种极化机制是由束缚电荷载体的位移或转向引起的, 而空间电荷极化是由自由电荷的移动引起的. 介质中自由载流子的移动, 可以被缺陷和不同截至的分界面所捕获, 形成空间电荷的局部聚集, 使得介质中电荷分布不均匀, 从而产生偶极矩, 称其为空间电荷极化. 由于它们难于运动, 只有在频率很低时才对外场有响应.

在气体、液体和理想晶体中, 经常出现的极化机制为电子云位移极化、离子位移极化和偶极子取向极化. 在非晶固体、聚合物高分子和不完整的晶体中, 出现空间电荷极化. 在处理空间电荷极化时, 在一定程度上等效地化为偶极子取向型, 并采用十分复杂的统计方法. 在陶瓷等多晶体中, 晶粒边界层缺陷很多, 容易束缚大量的空间电荷, 这类问题的微观极化机制更为复杂, 目前处于总结工艺经验的阶段.

通常, 极化是由这几种方式叠加而成的. 值得一提的是某些带有电矩的基团产生的极化, 如某些缺陷所形成的偶极矩连同周围受其感应的部分而成的微区 (极性微区), 以及铁电体中的畴壁. 它们因为质量大而运动缓慢.

1.2 介电常数与有效场

1.2.1 介电常数的两个定义

由 1.1 节我们知道, 介质在电磁场中发生极化, 并且计算了各种微观的极化率. 下面我们通过介电常数来考察介质极化的宏观行为.

定义 1 介电常数等于两固定距离点电荷在介质与在真空相互作用力的比值. 根据库仑定律, 在无限均匀介质中的两个点电荷 q_1、q_2 之间的相互作用力为

$$F = k\frac{q_1 q_2}{\varepsilon_{\mathrm{r}} r^2} \tag{1.21}$$

式中, k 为实验测定的比例常数, 为了简化常用的库仑定律的推导公式, 将 k 写成

$$k = \frac{1}{4\pi\varepsilon_0} \tag{1.22}$$

式中, ε_0 为无量纲的常数, 由实验测定. 于是有

$$F = \frac{q_1 q_2}{4\pi\varepsilon_0\varepsilon_{\mathrm{r}} r^2} \tag{1.23}$$

显然, 根据定义 $\dfrac{F_{真空}}{F_{真空}} = 1$, 即真空的介电常数为 1. 实际上常常做进一步简化, 令 $\varepsilon = \varepsilon_0\varepsilon_{\mathrm{r}}$. 这时候, 称 ε 为介质的绝对介电常数. 相应地上面定义的介电常数 ε_{r} 改称为相对介电常数, 真空的绝对介电常数为 $\varepsilon_0 = \dfrac{1}{4\pi k} \approx 8.85 \times 10^{-12}(\mathrm{F/m})$.

定义 2 介电常数等于平行板电容器充以介质时的电容量 C 与真空时的电容量 C_0 的比值

$$\varepsilon_{\mathrm{r}} = \frac{C}{C_0} \tag{1.24}$$

设平行板电容器极板面积为 A, 极间距离为 d, 施加电压 V, 真空时极板上电荷密度为 σ_0. 此时, 电容器容量为

$$C_0 = \frac{\sigma_0 A}{V} \tag{1.25}$$

并且根据静电场高斯定律, 平行极板间任一点的场强为

$$E = \frac{\sigma_0}{\varepsilon_0} \tag{1.26}$$

充入介质极化后，平行板间电压和距离不变，所以场强 $E = V/d$ 也不变，但由于极化会消弱原电场，故会引起极板上的补充充电. 设极化形成的极化电荷密度为 σ'，则极板上也需补充密度为 σ' 的自由电荷 (来自于空气中). 可见此时电容器容量为

$$C = \frac{(\sigma_0 + \sigma')A}{V} \tag{1.27}$$

于是有

$$\varepsilon_{\mathrm{r}} = \frac{C}{C_0} = \frac{\sigma_0 + \sigma'}{\sigma_0} = \frac{E\varepsilon_0 + \sigma'}{E\varepsilon_0} \tag{1.28}$$

$$\sigma' = (\varepsilon_0\varepsilon_{\mathrm{r}} - \varepsilon_0)E = (\varepsilon - \varepsilon_0)E \tag{1.29}$$

同样，定义 $\varepsilon = \varepsilon_0\varepsilon_{\mathrm{r}}$ 为绝对介电常数.

1.2.2　微观与宏观的联系——有效场

从以上介电常数的定义可知，介电常数可以由电容器容量的增加来表征. 这种容量的增加取决于介质在电磁场中极化的能力. 这种能力体现在单位体积的电偶极矩的大小，定义为极化强度 $\boldsymbol{P}$. 它与介电常数 ε、极化率 χ 存在如下宏观关系：

$$\boldsymbol{P} = (\varepsilon - \varepsilon_0)\boldsymbol{E} = (\varepsilon_r - 1)\varepsilon_0\boldsymbol{E} = \chi\varepsilon_0\boldsymbol{E} \tag{1.30}$$

在分子水平上，极化分子除受到外电场作用，还有其他分子的感应偶极矩的电场作用，综合成为分子的局域场 $\boldsymbol{E}_{\mathrm{l}}$. 统计分子的极化强度，得到

$$\boldsymbol{P} = N\alpha\boldsymbol{E}_{\mathrm{l}} \tag{1.31}$$

式中，N 为分子浓度，$\alpha = \alpha_{\mathrm{e}} + \alpha_{\mathrm{i}} + \alpha_0$ 即为电子、离子和取向极化的总和. 于是宏观量与微观量联系起来：

$$\boldsymbol{P} = (\varepsilon - \varepsilon_0)\boldsymbol{E} = N\alpha\boldsymbol{E}_{\mathrm{l}} \tag{1.32}$$

在非常稀薄的情况下，认为 $\boldsymbol{E} = \boldsymbol{E}_{\mathrm{l}}$. 但是对于凝聚态介质，局部电场强度大于外电场强度. 对此，把一个分子内部其他原子或离子产生的总电场 $\boldsymbol{E}_{\mathrm{in}}$ 称为内场. 就是说，一个分子中的某个原子或离子受到的总电场为

$$\boldsymbol{E}_{\mathrm{e}} = \boldsymbol{E}_{\mathrm{l}} + \boldsymbol{E}_{\mathrm{in}} \tag{1.33}$$

式中，$\boldsymbol{E}_{\mathrm{e}}$ 被称作有效场. 有效场的计算一直是一个烦琐的问题，下面介绍两个相关的计算模型.

1. 克劳修斯–莫索提–洛伦兹模型

为了计算在均匀的、各向同性材料中的局域电场强度, 洛伦兹设想了如图 1.7 的模型: 在均匀电场 $\boldsymbol{E}$ 的作用下, 介质均匀极化, 极化强度为 $\boldsymbol{P}$. 以所观察的粒子为圆心 O, 取适当半径 r 作一球面. 洛伦兹试图把球外的介质看成是介电常数为 ε 的连续均匀介质, 如此一来就把其他极化粒子对有效场的作用缩小到球内的范围. 球的半径 r 比分子的尺寸大得多, 这个想象中的电介质圆球通常称为洛伦兹球.

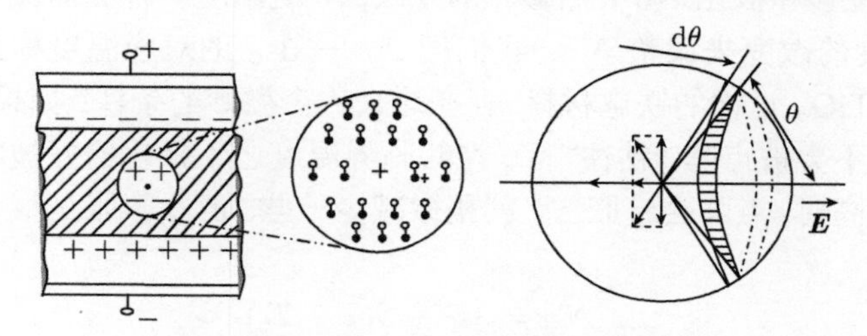

图 1.7 洛伦兹有效场计算模型

设球面以外的连续介质在球心上产生的电场为 $\boldsymbol{E}_1$, 球内的介质在球心上产生的电场为 $\boldsymbol{E}_2$, 于是有效场为

$$\boldsymbol{E}_{\mathrm{e}} = \boldsymbol{E} + \boldsymbol{E}_1 + \boldsymbol{E}_2 \tag{1.34}$$

根据模型, 球面上的极化强度为 $\boldsymbol{P}$, 极化电荷密度为 $P\cos\theta$(θ 为 $\boldsymbol{P}$ 与球面外法线的夹角). 球面极化电荷在中心 O 形成的场强与外场 $\boldsymbol{E}$ 垂直方向的分量互相抵消了, 平行的分量为

$$E_1 = \int_0^{\pi} \frac{P\sin\theta\cos^2\theta}{2\varepsilon_0}\mathrm{d}\theta = \frac{P}{3\varepsilon_0} \tag{1.35}$$

在弥散体系和均匀的立方对称 (简单立方、体心立方、面心立方、氯化钠型、金刚石结构等) 的晶体中, 可以证明 $E_2 = 0$. 于是有效场为

$$\boldsymbol{E}_{\mathrm{e}} = \boldsymbol{E} + \frac{\boldsymbol{P}}{3\varepsilon_0} \tag{1.36}$$

将 (1.30) 式代入 (1.36) 式得到

$$\boldsymbol{E}_{\mathrm{e}} = \frac{\varepsilon_{\mathrm{r}} + 2}{3}\boldsymbol{E} \tag{1.37}$$

这就是洛伦兹有效场. 再由介电常数的宏观与微观的联系 (1.32) 式, 得到

$$\frac{\varepsilon_{\mathrm{r}} - 1}{\varepsilon_{\mathrm{r}} + 2} = \frac{N\alpha}{3\varepsilon_0} \tag{1.38}$$

此式即为著名的克劳修斯–莫索提–洛伦兹方程. 该方程适用于非极性电介质、稀薄极性气体和立方晶体, 并且不适用于低频环境.

(1.38) 式进一步变形为

$$\varepsilon_{\mathrm{r}}=\frac{1+2N\alpha/3\varepsilon_0}{1-N\alpha/3\varepsilon_0} \tag{1.39}$$

如果 $N\alpha=3\varepsilon_0$, 似乎显出 ε_{r} 应变成无限大, 但这肯定是不对的. 因为点阵会"锁住"内部位移和极化. 由于热膨胀的缘故, N 随温度的升高而减少 —— 即我们能够通过温度的改变来调整 $N\alpha$. 我们把 $N\alpha=3\varepsilon_0$ 的对应温度称为临界温度 T_{c}. 对于类似 $BaTiO_3$ 这样的铁电材料, 存在这么一个微妙的条件: 如果 $N\alpha$ 只增加一点点, 极化就不会被点阵"粘住"了; 在其临界温度之下极化恰好被粘住, 成为铁电相. 当温度升高时, 点阵会膨胀, N 就稍微减少一些. 但热膨胀是很小的, 所以可以认为

$$N\alpha=3\varepsilon_0-\beta(T-T_{\mathrm{c}}) \tag{1.40}$$

式中, β 是一个小常数 (为其热膨胀系数), 于是得到

$$\varepsilon_{\mathrm{r}}=\frac{9\varepsilon_0-2\beta(T-T_{\mathrm{c}})}{\beta(T-T_{\mathrm{c}})} \tag{1.41}$$

由于 $\beta(T-T_{\mathrm{c}})$ 是一个微小的量, 所以有

$$\varepsilon_{\mathrm{r}}=\frac{9\varepsilon_0}{\beta(T-T_{\mathrm{c}})} \tag{1.42}$$

就是说铁电体的介电常数反比于温度 T 与临界温度之差 (居里–外斯定律). 还可看到介电常数在临界 (居里) 温度附近会有巨大的放大效应.

2. 昂萨格模型

昂萨格模型可用于极性液体电介质. 昂萨格模型描述如下: 在一介电常数为 ε 的极性电介质中, 考察一个永久偶极矩为 μ 的偶极分子. 如同洛伦兹模型一样, 把该分子从介质中挖出来, 用一个半径为 r、中心有一个点偶极子的球代替这个分子, 只是球内是真空的, 且为分子的尺度. 昂萨格采用以下关系确定半径 r:

$$n_0\left(\frac{4\pi}{3}r^3\right)=1 \tag{1.43}$$

式中, n_0 为单位体积的分子数, 这便是昂萨格分子模型.

按照上述模型, 外电场 $\boldsymbol{E}$ 在球心产生电场 $\boldsymbol{E}_{\mathrm{c}}$, 中心点偶极子形成反作用电场 $\boldsymbol{E}_{\mathrm{r}}$, 如图 1.8 所示. 于是有效场为

$$\boldsymbol{E}_{\mathrm{e}}=\boldsymbol{E}_{\mathrm{c}}+\boldsymbol{E}_{\mathrm{r}} \tag{1.44}$$

静电学中, 对不同的边界条件, 求解相应球坐标系的拉普拉斯方程可求得 $\boldsymbol{E}_\mathrm{c}$ 和 $\boldsymbol{E}_\mathrm{r}$. 结果为

$$\boldsymbol{E}_\mathrm{c}=\frac{3\varepsilon}{2\varepsilon+\varepsilon_0}\boldsymbol{E}=\frac{3\varepsilon_\mathrm{r}}{2\varepsilon_\mathrm{r}+1}\boldsymbol{E} \tag{1.45}$$

$$\boldsymbol{E}_\mathrm{r}=\frac{1}{4\pi\varepsilon_0 r^3}\frac{2(\varepsilon_\mathrm{r}-1)}{2\varepsilon_\mathrm{r}+1}\boldsymbol{\mu} \tag{1.46}$$

所以

$$\boldsymbol{E}_\mathrm{e}=\boldsymbol{E}_\mathrm{c}+\boldsymbol{E}_\mathrm{r}=\frac{3\varepsilon_\mathrm{r}}{2\varepsilon_\mathrm{r}+1}\boldsymbol{E}+\frac{1}{4\pi\varepsilon_0 r^3}\frac{2(\varepsilon_\mathrm{r}-1)}{2\varepsilon_\mathrm{r}+1}\boldsymbol{\mu} \tag{1.47}$$

即为昂萨格有效场. 昂萨格模型比洛伦兹模型进步在于考虑了被考察分子临近的电介质的作用. 但是昂萨格模型没有从电介质的微观结构来考虑临近电介质的影响, 而采用了过于简化的处理. 总之, 到现在仍然没有很好地解决有效场的问题.

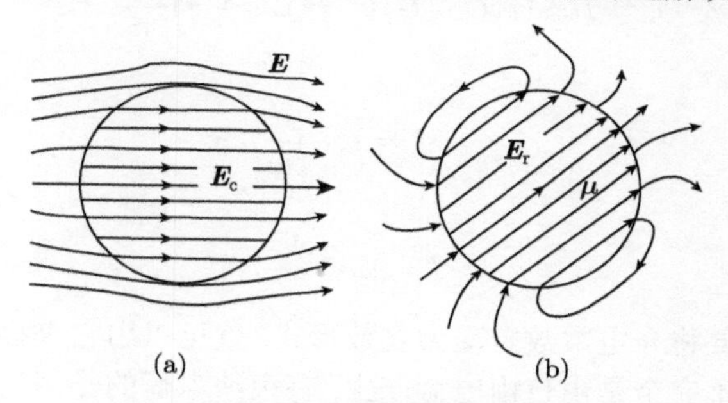

图 1.8 昂萨格分子模型

(a) 空腔电场; (b) 反作用电场

1.2.3 复介电常数与介质损耗

1.2.1 节定义了静电场下的介电常数. 对于交变电场, 需要考虑介质对电场的介电响应的建立过程. 先考虑以下现象:

在真空电容器极板上加角频率为 ω 的交变电压 V 时, 外电路的感应电流为

$$I=\mathrm{j}\omega C_0 V \tag{1.48}$$

式中, 虚因子 $\mathrm{j}=\sqrt{-1}$, 表示电流与电压有相位差 90°. 若在此电容器中充满非极性的电介质 ε, 于是电容量 $C=\varepsilon C_0$, 通过的电流为

$$I=\mathrm{j}\omega CV \tag{1.49}$$

这时, 观察到的电流与电压的相位差还是 90°.

如果介质是极性或弱导电性的, 电流与电压的相位差会略小于 90°, 这是由于存在一个与电压相位相同的很小的电导分量 GV, 它来源于电荷的运动, 如图 1.9 所示.

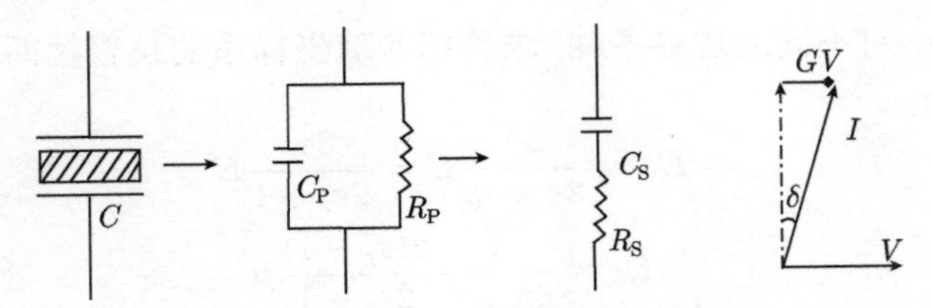

图 1.9　充满介质的电容器及其漏导电流

若这些电荷是自由的, 则漏电导 G 与外电压的频率无关, 且 $G=\sigma A/d$(A 和 d 分别是电容器的极板面积和距离). 但是如果这些电荷被符号相反的电荷束缚着, 如偶极子, 那么 G 为频率的函数. 在两种情况下的合成电流为

$$I=(\mathrm{j}\omega C+G)V=(\mathrm{j}\omega\varepsilon+\sigma)\frac{AV}{d} \tag{1.50}$$

若令

$$\varepsilon^*=\varepsilon-\mathrm{j}\frac{\sigma}{\omega}$$

则 (1.50) 式为

$$I=\mathrm{j}\omega\varepsilon^*\frac{AV}{d} \tag{1.51}$$

这表明, 只要将介电常数定义为复数形式, 就可以用它来描述上述的现象. 实际上, 只要电导不完全是由自由电荷产生, 有束缚电荷的作用的话, 由于束缚电荷对频率的响应, 即 σ 为一个依赖于频率的复数量, 所以复介电常数 ε^* 的实部并不精确地等于 ε, 虚部也不精确地等于 σ/ω. 于是, 我们通常把复介电常数表示成如下形式:

$$\varepsilon^*=\varepsilon'-\mathrm{j}\varepsilon'' \tag{1.52}$$

定义了复介电常数, 我们再来联系前两节的内容. 介质极化对应于电子、离子、原子和偶极子对电磁场的响应 (图 1.1). 介电常数是反映介质极化的宏观物理量, 它是频率的函数, 即 $\varepsilon=\varepsilon(\omega)$. 当电场频率为零或很低时, 各种微观过程都能及时参与作用, 介质的 ε 是一个常数. 随着频率的增加, 分子偶极子的转向极化逐渐落后于外场的变化, 这时采用复介电常数形式 $\varepsilon^*(\omega)=\varepsilon'(\omega)-\mathrm{j}\varepsilon''(\omega)$. 实部 $\varepsilon'(\omega)$ 随频率的增加而下降, 同时虚部 $\varepsilon''(\omega)$(代表损耗) 出现如图 1.10 所示的峰值, 这种变化规律称为弛豫型的.

频率再增加, 实部降至新的恒定值, 虚部则变为 0, 说明偶极子取向极化不再做出响应. 当频率增加进入红外区, 达到离子的共振频率. 发生共振时, 实部先突然增加, 随即陡然下降, 同时虚部又出现峰值. 经过这样以后, 离子极化也不起作用了. 在可见光区, 只有电子位移极化的贡献. 此时实部称为光频介电常数, 记作 ε_∞, 虚部对应于光吸收. ε_∞ 随频率的增加先是略有增加, 称作正常色散, 在某些频率附近,

ε_∞ 先突然增加随即又陡然下降, 下降部分称为反常色散. 与此同时, 虚部出现很大的峰值, 这对应于电子跃迁的共振吸收. 在光频电场下, 只有电子过程起作用, 故有 $n^2 = \varepsilon_\infty$. 以上, 是对介质在广域波段的电磁场中介电响应作一简要描述, 下一节将具体从弛豫和谐振来进行理论解释.

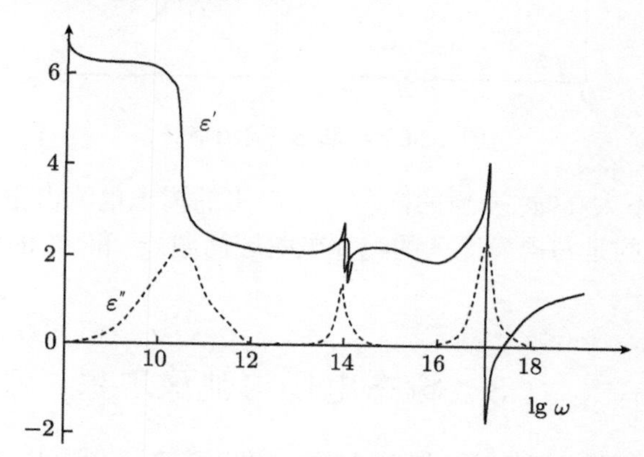

图 1.10 介质的色散和损耗

在电路技术上, 充满介质的电容器可以用图 1.9 所示的 C_P、R_P 并联等效电路和 C_S、R_S 串联等效电路来描述. 其中并联等效电路的参数为

$$C_\mathrm{P} = \varepsilon' C_0, \quad R_\mathrm{P} = \frac{1}{\omega \varepsilon'' C_0} \tag{1.53}$$

(1.53) 式清楚地说明, 复介电常数的实部与介电常数意义相同 (表征电容量的增加); 虚部越大, 电阻 R_P 越小, 在一定的分压下损耗越大. 两种等效电路参数之间存在如下关系:

$$\frac{1}{\omega C_\mathrm{S} R_\mathrm{S}} = \omega C_\mathrm{P} R_\mathrm{P} \tag{1.54}$$

$$\omega C_\mathrm{S} R_\mathrm{S} + \omega C_\mathrm{P} R_\mathrm{P} = \omega C_\mathrm{S} R_\mathrm{P} \tag{1.55}$$

损耗引起的相移角 δ 由下式定义:

$$\tan\delta = \frac{\text{损耗项}}{\text{电容项}} = \frac{\varepsilon''}{\varepsilon'} = \frac{1}{\varepsilon C_\mathrm{P} R_\mathrm{P}} = \omega C_\mathrm{S} R_\mathrm{S} \tag{1.56}$$

随之定义了 $Q = 1/\tan\delta$ 为介质的品质因素.

图 1.9 示出的两种等效电路描述了两种不同的损耗机制. 并联电路侧重于由介质漏电电流引起的损耗, 介质的微小漏电导就好像电容器并联了一个纯电阻. 串联电路侧重于介质在交流电场中反复极化产生的损耗, 就好像极化过程存在某种摩擦力. 利用 (1.53) 式、(1.54) 式、(1.55) 式可以得到两种电路中 ε'、ε'', 与频率 ε 的关系, 如图 1.11 所示.

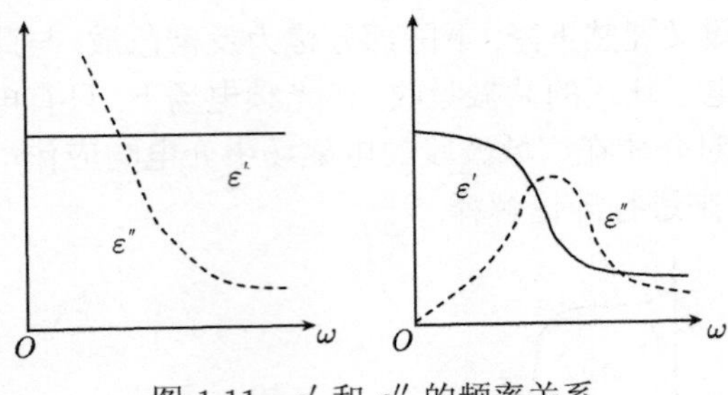

图 1.11　ε' 和 ε'' 的频率关系

通常, 频率不太高时, 介质的微弱电导产生的漏电电流占主要地位. 在串联等效电路中所涉及的是与电导无关的纯介电响应问题, ε' 和 ε'' 的频率关系是典型的弛豫型关系.

1.3　瞬态电场与弛豫现象

我们在前面已经提到弛豫过程, 它是由极化滞后于电场引起的. 弛豫在热力学上的定义是：一个宏观体系经受一个外界作用变成非热平衡状态, 这个系统经过一定时间又由非平衡状态过渡到新的平衡状态的整个过程称为弛豫. 弛豫过程实质上就是系统中微观粒子相互作用而交换能量, 最后达到稳定分布的过程. 即是说弛豫的规律取决于系统中微观粒子相互作用的性质. 对电介质来说, 就是几种极化之间的相互作用, 特别是电偶极矩.

我们首先考虑在一个恒定电场中同类偶极子的集合, 可以假定无相互作用的偶极子在空间可任意取向, 但它们稳定状态的统计取向为 (1.16) 式 (见 1.1.2 节)：

$$\langle\cos\theta\rangle = L(x)$$

式中, $L(x)$ 是朗之万函数. 如果把外电场突然撤除, 偶极子受到的转矩作用马上消失, 经过多次碰撞, 偶极子体系的统计取向缓慢消除, $\langle\cos\theta\rangle$ 的值从 $L(x)$ 减到 0 时存在一个特征时间常数 τ, 称其为弛豫时间常数. 反之, 当施加一个瞬态电场后, 原来的各向同性体系变为有取向状态, 同样需要这个弛豫时间.

如上分析, 外电场突然撤除后, 体系的极化强度逐渐下降而趋向于 0. 在此过程中极化强度 P 减少的速率与 P 成正比, 即

$$\mathrm{d}P = -kP\mathrm{d}t \tag{1.57}$$

将式中的比例常数 k 的倒数定义为

$$\tau = \frac{1}{k} \tag{1.58}$$

微分方程 (1.57) 的解为

$$P = P_0 \mathrm{e}^{-kt} = P_0 \mathrm{e}^{-t/\tau} \tag{1.59}$$

图 1.12(a) 描述了 (1.59) 式的弛豫规律. τ 为极化降至 e^{-1} 倍时所需的时间. 类似地, 若在 0 时刻突然加上一个瞬态电场, 介质建立平衡极化强度 P_0 的过程为

$$\mathrm{d}(P_0 - P) = -k(P_0 - P)\mathrm{d}t \tag{1.60}$$

其解为

$$P = P_0(1 - \mathrm{e}^{-t/\tau}) \tag{1.61}$$

如图 1.12(b) 所示. 这样, 就用一个特征时间简单地描述了恒定电场下的弛豫现象. 但是在介电弛豫过程中, 这样的处理过于简单了.

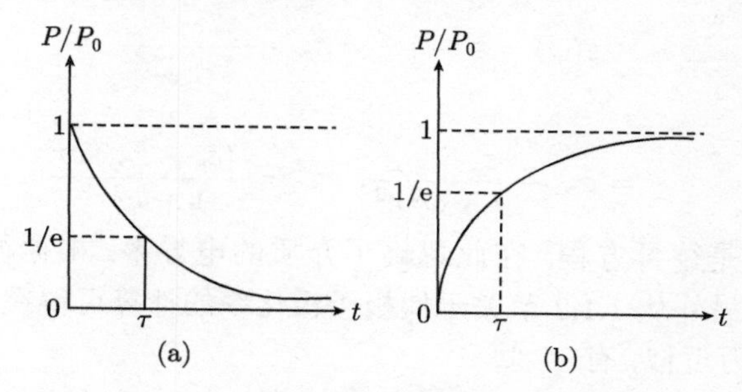

图 1.12 弛豫规律

(a) 撤除电场瞬间; (b) 加上电场瞬间

1.3.1 德拜弛豫方程

前面叙述偶极子取向极化时, 利用朗之万理论确定了恒定电场下偶极子的极化率. 在可变电场, 特别是在 0 时刻突然加上一个瞬态电场或者撤除外电场的情况下, 偶极子体系的麦克斯韦–玻尔兹曼因子 $\exp(x\cos\theta)$ 变成一个依赖于时间的加权因子:

$$\exp[x\cos\theta\varphi(t)]$$

式中, $\varphi(t)$ 称为衰减因子 (亦称为衰减函数、弛豫函数). 在突然除去外电场或迅速加上恒定外电场的过程中, 介质极化减弱 (增强) 在宏观上表现为介电常数的减小 (增大), 这时介电常数有如下普遍的形式:

$$\varepsilon(\omega) = \varepsilon_\infty + \int_0^\infty \varphi(t)\mathrm{e}^{\mathrm{j}\omega t}\mathrm{d}t \tag{1.62}$$

通常情况下, 可令

$$\varphi(t) = \varphi_0 \exp(-t/\tau) \tag{1.63}$$

将 (1.63) 式代入 (1.62) 式积分后得到

$$\varepsilon(\omega) = \varepsilon_\infty + \frac{\varphi_0}{\dfrac{1}{\tau} - \mathrm{j}\omega} \tag{1.64}$$

记 $\varepsilon(0)=\varepsilon_s$ 为静态相对介电常数. 则

$$\varepsilon_s=\varepsilon_\infty+\tau\varphi_0 \tag{1.65}$$

于是 (1.63) 式可以写为

$$\varphi(t)=\frac{\varepsilon_s-\varepsilon_\infty}{\tau}e^{-t/\tau} \tag{1.66}$$

且

$$\varphi_0=\frac{\varepsilon_s-\varepsilon_\infty}{\tau} \tag{1.67}$$

代入 (1.64) 式, 有

$$\varepsilon(\omega)=\varepsilon'-j\varepsilon''=\varepsilon_\infty+\frac{\varepsilon_s-\varepsilon_\infty}{1+j\omega\tau} \tag{1.68}$$

于是可得

$$\varepsilon'=\varepsilon_\infty+\frac{\varepsilon_s-\varepsilon_\infty}{1+\omega^2\tau^2},\quad \varepsilon''=\frac{(\varepsilon_s-\varepsilon_\infty)\omega\tau}{1+\omega^2\tau^2} \tag{1.69}$$

(1.69) 式就是德拜方程, 在此忽略了介质的电导率. 根据德拜方程可以作出图 1.13 的曲线. 另外从 1.1.2 节关于偶极子极化率的计算可得在 μE 比 kT 小得多的情况下 (朗之万近似) 有

$$\alpha_0=\varepsilon_s-\varepsilon_\infty=\frac{N\mu^2}{3kT} \tag{1.70}$$

作为近似, 可以应用于德拜方程.

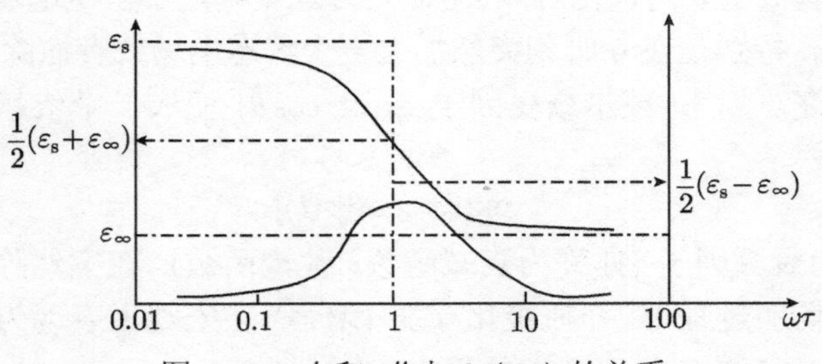

图 1.13　ε' 和 ε'' 与 $\lg(\omega\tau)$ 的关系

在德拜方程中消去 $\omega\tau$, 得到

$$\left[\varepsilon'-\frac{1}{2}(\varepsilon_s+\varepsilon_\infty)\right]^2+(\varepsilon'')^2=\frac{1}{4}(\varepsilon_s-\varepsilon_\infty)^2 \tag{1.71}$$

如果以 ε' 为横坐标, ε'' 为纵坐标作图, 方程 (1.69) 给出了一条半圆周曲线 (图 1.14), 称这样的图为科尔–科尔图. 近似 (1.67) 式、(1.68) 式描述的规律的弛豫现象被称为德拜型弛豫现象, 实验上由科尔半圆来确定.

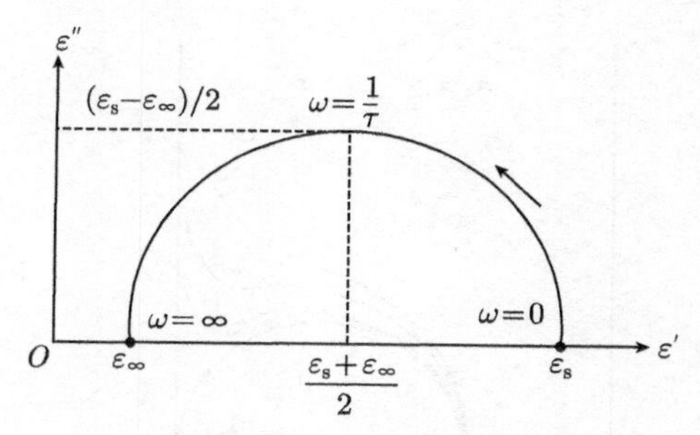

图 1.14 科尔–科尔图

从德拜方程还可以得到

$$\varepsilon' = \frac{\varepsilon''}{\omega\tau} + \varepsilon_\infty \quad 或 \quad \varepsilon' = -\omega\tau\varepsilon'' + \varepsilon_s \tag{1.72}$$

此式表明, 若将测量结果按照 $(\varepsilon', \varepsilon''/\omega)$ 和 $(\varepsilon', \varepsilon''\omega)$ 作图, 可以得到两条直线. 通过直线的斜率和截距算得出 τ、ε_∞ 和 ε_s.

1.3.2 德拜理论的修正

以上讨论的弛豫过程包含了一系列的简化假定, 即局部电场等于外电场; 介质的电导率忽略不计; 介质中所有偶极子 (或热离子等) 的弛豫状态相同, 每个偶极子的弛豫时间一样.

对于局部电场的计算可以说到现在并没有完美的公式, 因此对于德拜理论中有效场的修正在此并不涉及. 我们考虑以下两个影响.

1. 直流电导率的影响

在 1.2.3 节已经介绍过, 自由电荷引起的电导率 σ. 对介电常数的贡献是 $\left(-j\frac{\sigma}{\omega}\right)$. 引用电容器的并联模型, 得到复介电常数的表达式

$$\varepsilon(\omega) = \varepsilon' - j\varepsilon'' = \varepsilon_\infty + \frac{\varepsilon_s - \varepsilon_\infty}{1 + j\omega\tau} - j\frac{\sigma}{\omega} \tag{1.73}$$

$$\varepsilon'' = \frac{(\varepsilon_s - \varepsilon_\infty)\omega\tau}{1 + \omega^2\tau^2} + \frac{\sigma}{\omega} \tag{1.74}$$

由图 1.15 可看到 (1.72) 式的最后一项对科尔–科尔图的影响. 当然, 电导率越大, 图形与科尔–科尔半圆的偏离越大.

2. 多重弛豫时间的影响

事实上, 依赖于介质的结构、偶极子所处的状态、分子间的相互作用、热运动的影响等, 对不同时间和不同位置而言, 弛豫状态有所变化. 每个偶极子在任一瞬间各自具有本征弛豫时间, 实验测量出来的是整个介质的平均值, 实际弛豫时间是

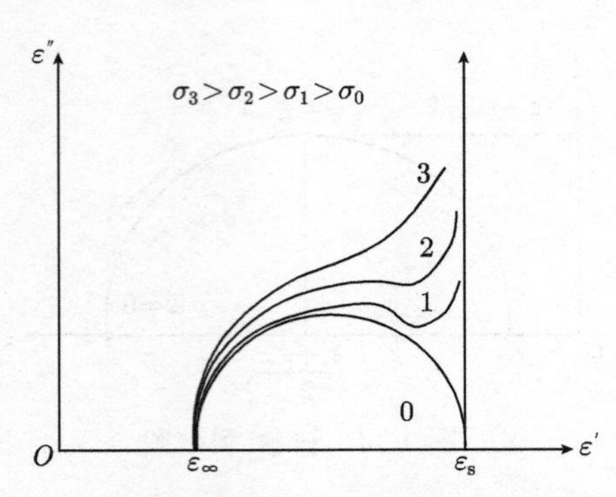

图 1.15　直流电导对偶极子体系的科尔–科尔图的影响

围绕其最可几值的一个分布. 就是说弛豫时间存在一个分布函数 $f(\tau)$, 因此 $f(\tau)\mathrm{d}\tau$ 可表示弛豫时间出现在 $\tau \sim \tau + \mathrm{d}\tau$ 的机会, 显然

$$\int_0^\infty f(\tau)\mathrm{d}\tau = 1$$

德拜方程要改为

$$\varepsilon(\omega) = \varepsilon' - \mathrm{j}\varepsilon'' = \varepsilon_\infty + (\varepsilon_\mathrm{s} - \varepsilon_\infty)\int_0^\infty \frac{f(\tau)\mathrm{d}\tau}{1+\mathrm{j}\omega\tau} \tag{1.75}$$

$$\varepsilon' = \varepsilon_\infty + (\varepsilon_\mathrm{s} - \varepsilon_\infty)\int_0^\infty \frac{f(\tau)}{1+\omega^2\tau^2}\mathrm{d}\tau \tag{1.76}$$

$$\varepsilon'' = (\varepsilon_\mathrm{s} - \varepsilon_\infty)\int_0^\infty \frac{\omega\tau f(\tau)}{1+\omega^2\tau^2}\mathrm{d}\tau \tag{1.77}$$

要求解上述方程的解析解, 关键在于找出分布函数 $f(\tau)$. 如果给定了分布函数 $f(\tau)$, 就可以使用傅里叶积分计算得到衰减函数 $\varphi(t)$ 以及复介电常数; 反之, 如果测定了介质的复介电常数, 也可以来确定分布函数 $f(\tau)$. 通常总是试图引进一个简单的分布函数来解释介质弛豫的实验数据 (经常使用的分布是正态分布), 但是常常导致 ε'、ε'' 对频率的关系式复杂; 在某些情况下, 为了适合于实验数据而引进一个简单的 ε–ω 关系, 却又导致分布函数 $f(\tau)$ 复杂. 在科埃略的著作中对各种经验公式做了详细的比较, 下面列出其中的一些修正式

1) 科尔–科尔关系式

$$\varepsilon(\omega) = \varepsilon' - \mathrm{j}\varepsilon'' = \varepsilon_\infty + \frac{\varepsilon_\mathrm{s} - \varepsilon_\infty}{1+(\mathrm{j}\omega\tau)^a} \tag{1.78}$$

此式经验性地考虑到实际测量图比德拜方程所表示的科尔–科尔半圆要扁一些, a 为表征科尔–科尔圆形扁平程度的参数, $0 < a < 1$. 当 $a = 1$ 时, 简化为德拜关系.

2) 科尔–戴维森 (Cole-Davidson) 公式

$$\varepsilon(\omega)=\varepsilon'-\mathrm{j}\varepsilon''=\varepsilon_\infty+\frac{\varepsilon_\mathrm{s}-\varepsilon_\infty}{(1+\mathrm{j}\omega\tau)^b} \tag{1.79}$$

此式主要针对经常遇到的一些非对称的科尔–科尔图, $0<b<1$.

1.3.3 共振

应该指出, 德拜方程及其修正是引用偶极取向弛豫模型得出的结果, 频率局限在电频范围内, 能量耗散机械性地转化为晶格热振动 (热能), 即弛豫的恢复作用来源于热力学的扩散力. 如果外场频率增大直至光频时, 离子极化和电子极化弛豫相继出现. ε' 和 ε'' 在离子和电子本征 (临界) 频率附近时将出现类似于德拜的结果, 一般称其为共振, 见图 1.1 和图 1.11. 不过这时的能量损耗是以共振吸收的形式出现的. 下面我们用经典的谐振子模型来说明电子极化在电子临界 (本征) 频率附近引起介电常数的变化和介质损耗的问题.

带负电振子 (电子) 在交变电场 $E=E_0\exp(\mathrm{j}\omega t)$ 的作用下做受迫阻尼运动的方程为

$$m\ddot{x}=(-e)E_0\exp(\mathrm{j}\omega t)-m\omega_0^2x-m\xi\dot{x} \tag{1.80}$$

方程右边依次分别为电场的作用、电子和核间的弹性恢复力作用、电子在加速运动中的摩擦作用. ω_0 为电子的临界频率. 方程的解为

$$x(t)=\frac{-e}{m}\frac{E_0\exp(\mathrm{j}\omega t)}{\omega_0^2-\omega^2+\mathrm{j}\xi\omega} \tag{1.81}$$

由此可得出电子极化贡献的极化强度 p_e 以及相应的电子极化率 α_e 分别为

$$P_\mathrm{e}^*(t)=(-e)x(t)=\frac{e^2}{m}\frac{E_0\exp(\mathrm{j}\omega t)}{\omega_0^2-\omega^2+\mathrm{j}\xi\omega} \tag{1.82}$$

$$\alpha_\mathrm{e}^*=\frac{P_\mathrm{e}^*(t)}{\varepsilon_0E_0\exp(\mathrm{j}\omega t)}=\frac{e^2}{\varepsilon_0 m}\frac{1}{\omega_0^2-\omega^2+\mathrm{j}\xi\omega} \tag{1.83}$$

这样电子极化复介电常数 ε_e^* 为

$$\varepsilon_\mathrm{e}^*=1+N\alpha_\mathrm{e}^*=1+\frac{Ne^2}{\varepsilon_0 m}\frac{1}{\omega_0^2-\omega^2+\mathrm{j}\xi\omega} \tag{1.84}$$

同样可令, $\varepsilon_\mathrm{e}^*=\varepsilon_\mathrm{e}'-\mathrm{j}\varepsilon_\mathrm{e}''$, 因而得出

$$\varepsilon_\mathrm{e}'=1+\frac{Ne^2}{\varepsilon_0 m}\frac{\omega_0^2-\omega^2}{(\omega_0^2-\omega^2)^2+\xi^2\omega^2} \tag{1.85}$$

$$\varepsilon_\mathrm{e}''=\frac{Ne^2}{\varepsilon_0 m}\frac{\xi\omega}{(\omega_0^2-\omega^2)^2+\xi^2\omega^2} \tag{1.86}$$

图 1.16 为 ε_e' 及 ε_e'' 对电场频率的曲线, 其实是图 1.10 的一部分. ε_e'' 的峰值 (吸收峰) 出现在 $\omega=\omega_0$ 处, 这种吸收称为共振吸收; 在 ω_0 附近, 介电常数 ε_e' 随频率变化而变化, 光学上称为色散; 当 $\omega>\omega_0$ 后, ε_e' 随频率的增大而减小的部分称为反常色散, 如图 1.11 所示. 离子极化引起的色散和吸收情况基本上是相同的, 只是参量不同而已.

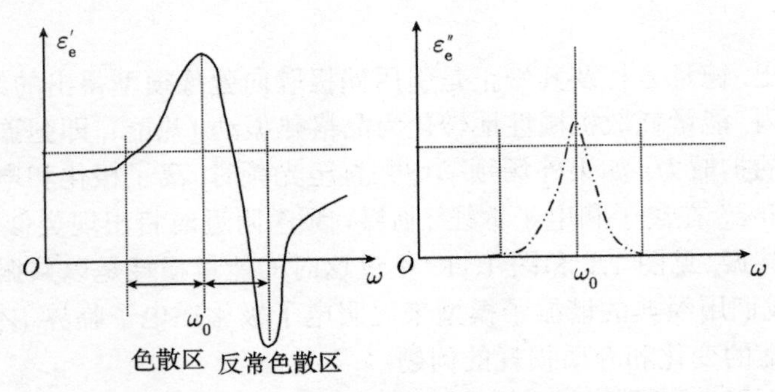

图 1.16　电子极化 ε_e' 及 ε_e'' 同 ω 的关系

离子极化引起的色散和吸收基本上类似; 图 1.10 考虑了简单极性分子的理想晶体取向极化离子极化和电子极化弛豫引起的色散问题

1.4　离子电导与电荷注入

以上讨论了介质的极化, 下面涉及介质在电场作用下的另外一个问题 —— 电导. 有两种情况将导致介质没有任何电导: 除了原子核、内层电子和共价键电子以外不含任何电荷; 或者在电场作用下其中的电荷迁移率为零. 然而由于宇宙射线的电离化过程以及一些实际的原因, 这样的条件不可能得到满足. 也就是说电导存在于绝大部分的功能介质中.

物质的导电性与其凝聚状态及组成结构有关. 例如, 金属在液态、固态下是典型的导体, 但在气态下可能是绝缘体; 碳在非晶态和石墨态是导体, 但其金刚石结构却是绝缘体. 本节将注重于凝聚态材料的离子电导和电荷注入现象, 并提到研究复杂电导机理的缺陷化学.

我们知道电导是由介质中载流子的迁移引起的. 不同的介质电导率不同, 因此像介电常数一样, 介质也可以用其导电的性质 (即电导率 γ) 来表征. 存在这样的关于电导率的普遍的表示式:

$$\gamma=Nq\mu \tag{1.87}$$

式中, N 为载流子的数目 (浓度); q 为每个载流子的电量; μ 为载流子沿电场方向的平均漂移速度称为迁移率. 因此研究电介质的导电过程就是研究载流子的产生、浓度及其迁移过程, 揭示宏观介电参数 γ 与微观导电机制间联系的规律性.

在功能介质中有电子, 空穴和正、负离子等载流子存在, 可形成电子性电导和离子性电导. 根据电子结构 (能带理论) 的观点, 绝缘介质可看作是一种禁带宽度大于 5eV 的半导体. 绝缘介质中电子主要处于价带, 只有在光、热、电场的作用下才有少量跃迁到导带, 参与电导. 根据统计热力学理论及相关实验数据, 有两点简单结论:

(1) 由电子 (或空穴) 热激发带间跃迁中所产生的本征载流子对绝缘介质的电导没有显著的贡献, 甚至在较高温度 (500K) 下也是如此.

(2) 在室温或低于室温时, 由杂质能级中电子 (空穴) 的热激发所产生的非本征载流子对绝缘介质的传导没有贡献.

可见, 绝缘介质主要是离子参与导电; 对于处在高电场 ($E \geqslant 10^7$V/m) 下的绝缘介质, 可以测量到非欧姆型的稳定电流, 电子电导才较为显著. 即是说, 高电场下, 介质的非线性电导特性同时包含离子电导和电子电导的机制. 而电子电导对应于电荷注入的过程.

1.4.1 直流电场下介质的导电特性

在论述介质电导的机理前, 有必要叙述从实验上得到的电介质的如下电导特性.

1. 电流–时间 (I–t) 特性

在时间 t=0 时, 加上直流电场, 所产生的电流随时间的变化如图 1.17 所示. 图中

$$I = I_{\mathrm{sp}} + I_{\mathrm{a}} + I_{\mathrm{d}} \tag{1.88}$$

式中, I_{sp} 为电子、原子瞬时极化电流; I_{a} 为取向极化电流, 即吸收电流; I_{d} 为稳态泄漏电流.

2. 电流–电压 (I–V) 特性

在温度和介质厚度一定的条件下, 流过介质的电流随外加电压变化的特性见图 1.18. 存在三个区域: I 是低电场区, 近似于欧姆定律; II 是高电场区, 电流呈非线性; III是击穿区, 在 1.5 节将会介绍.

3. 电流–压力 (I–F) 特性

在较高的静压力下, 原子或聚合物主键互相靠近, 有助于原子轨道的重叠 (电子波函数的重叠量增加), 因而电子电导增加; 且压力的增加减少了离子可位移的空间, 因而离子电导降低. 图 1.19 显示了这样的情况. 研究电导特性有关的压力效应有助于分辨离子电导和电子电导, 找出合理的微观导电机制.

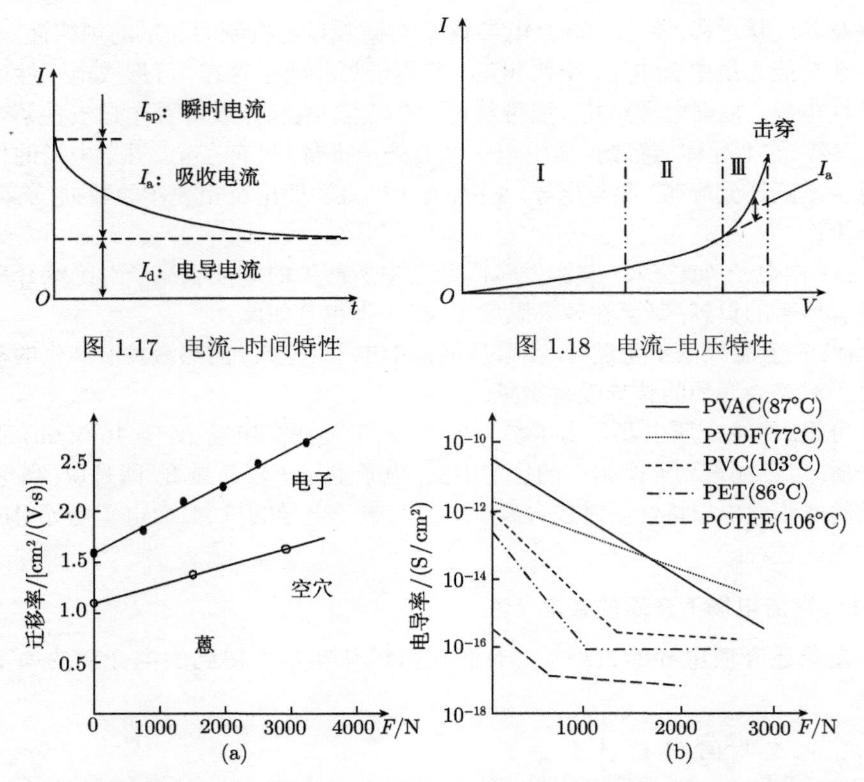

图 1.17 电流–时间特性

图 1.18 电流–电压特性

图 1.19 (a) 蒽的迁移率的压力特性, 压力增大电子波函数的重叠量增多; (b) 高分子材料的电导–压力关系, 因为压力增大自由体积缩小, 离子电导下降

1.4.2 离子电导与缺陷化学

凝聚态介质有晶态和非晶态之分. 目前对非晶态介质的导电机理并不十分清楚, 故以下先来讨论无机晶体离子电导的相关情形.

晶体中经常存在各种点缺陷、线缺陷、面缺陷. 对于点缺陷, 空位式点缺陷称为肖特基 (Schottky) 缺陷, 填隙式点缺陷称为弗仑克尔 (Frenkel) 缺陷, 见图 1.20. 由热平衡态下自由能极小原理, 可分别近似求得空位式缺陷和填隙式缺陷的浓度：

$$n_s = N\exp\left(-\frac{E_s}{kT}\right) \tag{1.89}$$

$$n_f = (NN_i)^{\frac{1}{2}}\exp\left(-\frac{W_f}{2kT}\right) \tag{1.90}$$

式中, E_s 为产生一个空位所需的能量, 等于将点阵上的一个离子移至晶体表面所做的外功; W_f 为形成填隙缺陷的能量, 等于将晶体格点上一个离子移至填隙位置所需能量; N 为晶体点阵上的离子浓度; N_i 为点阵的间隙位置浓度.

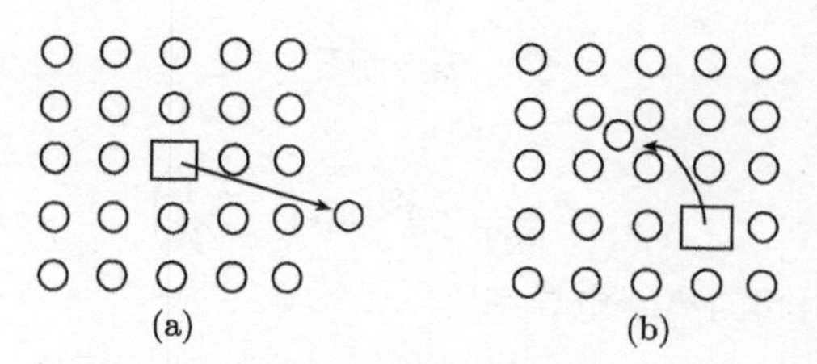

图 1.20 晶体的点缺陷

(a) 肖特基缺陷; (b) 弗仑克尔缺陷

在晶体中, 载流子处于一定的位置、做频率为 ν_0 的热振动, 离子的迁移通常要跳跃势垒 E_{d}. 单位时间跳跃势垒的次数可表示成

$$\nu = \nu_0 \exp\left(-\frac{E_{\mathrm{d}}}{kT}\right) \tag{1.91}$$

无外电场时, 晶体中的离子做布朗热运动, 从而没有宏观的定向迁移. 图 1.21 示出一个正离子的情况, 外电场 $\boldsymbol{E}$ 使位置 A 和 B 的势能变化了 $\Delta W = qE\delta/2$, δ 为 AB 间的距离 (即离子的跳跃距离).

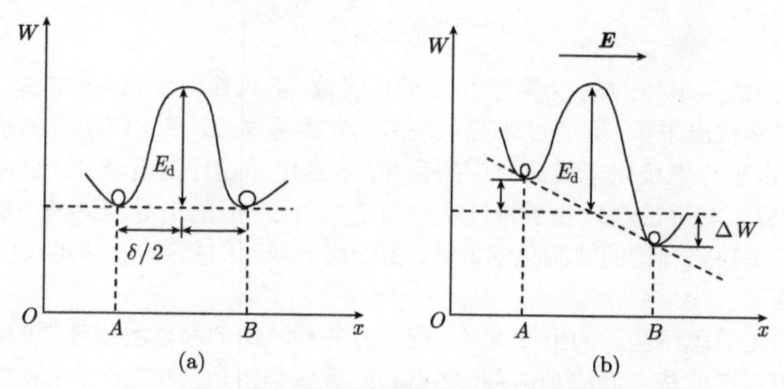

图 1.21 外加电场前后离子的势能曲线

(a) 无电场 $\boldsymbol{E}$; (b) 加电场 $\boldsymbol{E}$

于是有电场时, (1.91) 式变为

$$\nu(A \longleftrightarrow B) = \nu_0 \exp[-(E_{\mathrm{d}} \mp qE\delta/2)/kT] \tag{1.92}$$

离子沿电场方向的迁移速度为

$$\begin{aligned}\bar{v}_{\mathrm{d}} &= \nu(A \to B)\delta - \nu(A \longleftarrow B)\delta \\ &= 2\nu_0\delta \exp(-E_{\mathrm{d}}/kT)\sin(Eq\delta/2kT)\end{aligned} \tag{1.93}$$

弱电场中 $Eq\delta \ll 2kT$, 可近似认为

$$\bar{v}_{\mathrm{d}} = \mu E$$

故迁移率为

$$\mu = \frac{q}{6kT}\nu_0\delta^2 \exp\left(-\frac{E_{\mathrm{d}}}{kT}\right) \tag{1.94}$$

因此, 肖特基缺陷引起的离子电导率为

$$\gamma = n_{\mathrm{s}}q\mu = \frac{Nq^2}{6kT}\nu_0\delta^2 \exp\left(-\frac{E_{\mathrm{d}}+E_{\mathrm{s}}}{kT}\right) \tag{1.95}$$

弗仑克尔缺陷决定的离子电导率为

$$\gamma = n_{\mathrm{f}}q\mu = \frac{\sqrt{NN_{\mathrm{i}}}q^2}{6kT}\nu_0\delta^2 \exp\left(-\frac{2E_{\mathrm{d}}+W_{\mathrm{f}}}{2kT}\right) \tag{1.96}$$

除以上分析得到的离子迁移率外, 离子迁移率还可表示为

$$\mu = \frac{eD}{kT} \tag{1.97}$$

式中, D 为点缺陷的扩散系数. 并且迁移率 μ 与固体黏滞系数 η 间还有如下关系:

$$\eta\mu = \frac{e}{6\pi K_G r_{\mathrm{i}}} = \text{常数} \tag{1.98}$$

式中, r_{i} 为离子半径; K_G 为离子几何形状因数, 上式称为 Walden 定律. 于是另一个思路自然就出来了, 即通过研究点缺陷的扩散系数 D 来了解电导的机理. 在电介质中, 由于介电极化子载流效应的存在, 导致电导过程的复杂化; 而对于多晶材料 (如陶瓷), 晶界的物理化学特性十分复杂, 因此一般的电导理论是不够的. 应该采用基于点缺陷理论的缺陷化学方法. 由于这一理论的复杂性, 这里仅仅给出其一般的思路.

缺陷化学思路基本的出发点是: 把含有各种缺陷的晶体看成理想的固溶体, 即把晶体中正常的格点看成是溶剂, 把点缺陷看成是溶质, 两者处于平衡状态. 然后利用热力学中的质量作用定律, 研究各种缺陷浓度与温度及氧分压 (对含氧介质而言) 的关系, 从中找出各种缺陷形成的热力学参数, 对照能带理论确定材料的各种电学参数. 这里值得一提的是, 各种缺陷浓度与环境条件的平衡须在较高的温度下才能建立, 因此热力学方法只在高温下适用. 为了弄清介质在常温下的电学性能, 还需要采用动力学方法研究缺陷在降温过程中与电荷输运有关的扩散 (迁移) 现象.

研究扩散现象的两个最基本的定律是菲克 (Fick) 第一及第二定律. 菲克第一定律的表达式为

$$J = -D\nabla c$$

式中, J 为单位时间内通过单位横截面的原子 (或点缺陷) 数, 称为扩散流密度; D 为扩散系数 cm^2/s; ∇c 为浓度梯度; 负号表示扩散向浓度减少的方向进行. 当扩散

只在一个方向进行时, 即一维情况下, 菲克第一定律表达为

$$J = -D\frac{\mathrm{d}c}{\mathrm{d}x}$$

扩散系数 D 取决于物质的扩散机制, 通常与浓度有关. 一维菲克第二定律的表达式为

$$\frac{\partial c}{\partial t} = \frac{\partial}{\partial x}\left(D\frac{\partial c}{\partial x}\right) = -\frac{\partial J}{\partial x}$$

当扩散系数与浓度无关时,

$$\frac{\partial c}{\partial t} = D\frac{\partial^2 c}{\partial x^2}$$

第二定律反映扩散物质的聚散过程, 即扩散物质在某一时间、空间的变化情况. 菲克第一及第二定律相互独立, 适用于物质的任何状态.

1.4.3 电荷注入现象

1.4.2 节简述了离子电导. 而介质的电子电导是在高场下产生的. 在高电场范围可以测量到非线性的电流, 说明除了介质本征的载流子外还有其他来源的载流子参与了电传导. 一般有两种来源：高能粒子 (如宇宙射线) 与介质中的原子或分子相碰撞而引起电离时, 产生了非热来源的载流子; 通过电极注入导电载流子. 高能粒子的作用一般情况下是恒定的, 所以主要需要研究电极注入载流子对电子电导的影响. 跳过电极与介质间势垒的电子注入机理与电子在真空中从电极发射是相同的, 因此固体物理中有关表面电子发射的理论是适用的, 但在这里需考虑介质中电子亲和力的作用. 固体物理中金属自由电子模型通过理查孙 (Richardson) 方程, 描述了在高温下金属中的自由电子可以离开电极形成真空热电子发射; 极强的电场可以通过隧道效应使电子发射, Fowler-Nordheim 方程描述了这种过程; 而在中等温度、中等电场下, 肖特基效应使电极产生电荷注入, 由肖特基方程描述. 因此我们来看看这两种电极与介质间电荷的注入现象. 当然介质内部的受激电离 (如普尔–弗仑克尔效应等) 也能产生导电载流子, 不在此讨论之列.

1. 肖特基注入

当电子离开电极表面至距离为 x 时, 若 $0 < x < x_0 \approx 10^{-7}\text{cm}$, 电子主要受短程力 F_{A} 的作用. F_{A} 与表面相对于晶轴的取向、表面状态、功函数、表面以外的环境有关. 当 $x > x_0$ 时, 电子主要受长程力 F_{i} 的作用, 这是一种静电力. 一个电子位于真空中离电极表面 x 处, 电导率很大的电极表面将感应产生一个正电荷. 它对电子的作用与在电子的镜像点, 即 $(-x)$ 处真正的正电荷的作用相同. 所以由库仑定律, 有

$$F_{\mathrm{i}} = -\frac{e^2}{4\pi\varepsilon_0(2x)^2}, \quad x > x_0 \tag{1.99}$$

电子在镜像电荷场中的势能为

$$\int_x^{\infty} F_{\mathrm{i}} \mathrm{d}x = -\frac{e^2}{4\pi\varepsilon_0(4x)}, \quad x > x_0 \tag{1.100}$$

故电子的势能函数为

$$V(x) = E_0 - \frac{e^2}{16\pi\varepsilon_0 x}, \quad x > x_0 \tag{1.101}$$

式中, $E_0 = V(\infty) = \int_0^{x_0} F_{\mathrm{A}} \mathrm{d}x + \int_{x_0}^{\infty} F_{\mathrm{i}} \mathrm{d}x$. 若设电极内部势能为零, 则如图 1.22 所示.

$$E_0 = V(\infty) = E_{\mathrm{F}} + \varphi \tag{1.102}$$

式中,φ 与 E_{F} 分别为电极 (金属) 的功函数 (势垒高度) 及费米能级, 功函数为费米能级与介质电子亲和力 χ 之差, 即 $\varphi = E_{\mathrm{F}} - \chi$.

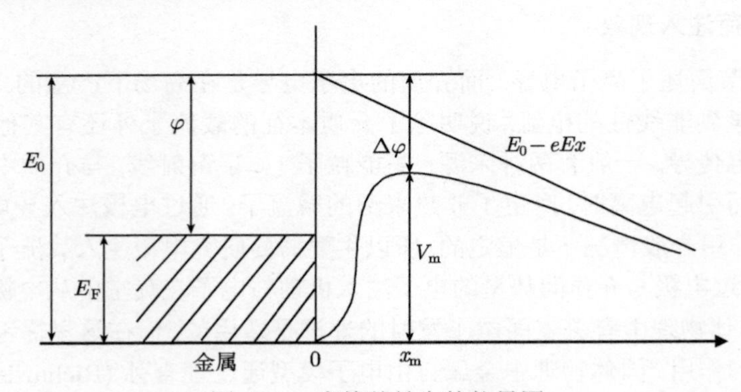

图 1.22　肖特基效应的能量图

若存在 $(-x)$ 方向的电场 E, 则 (1.101) 式变为

$$V(x) = E_0 - \frac{e^2}{16\pi\varepsilon_0 x} - eEx \tag{1.103}$$

由此得到 $V(x)$ 取极大值的位置:

$$x_{\mathrm{m}} = \left(\frac{e}{16\pi\varepsilon_0 E}\right)^{1/2} \tag{1.104}$$

相应的 $V(x_{\mathrm{m}})$ 为

$$V(x_{\mathrm{m}}) = E_0 - \left(\frac{e^3 E}{4\pi\varepsilon_0}\right)^{1/2} \tag{1.105}$$

从图 1.22 还可看出, 外电场等效地将功函数降低了

$$\Delta\varphi = \left(\frac{e^3 E}{4\pi\varepsilon_0}\right)^{1/2} \tag{1.106}$$

定义: 有外电场时的功函数为

$$\varphi(E)=\varphi-\Delta\varphi \tag{1.107}$$

这时, 只要电子沿 x 方向运动的动能:

$$\frac{1}{2}mv_x^2\geqslant E_{\rm F}+\varphi(E) \tag{1.108}$$

它就可穿越图 1.22 的势垒形成电荷注入. 依据金属中的电子热发射的理查孙方程可以得到肖特基方程:

$$J(T,E)=J(T,0)\exp\left(\frac{\Delta\varphi}{kT}\right)=J(0)\exp\left(\frac{e}{2kT}\sqrt{\frac{eE}{\pi\varepsilon_0}}\right) \tag{1.109}$$

式中, $J(T,0)=\dfrac{4\pi em(kT)^2}{h^3}\exp\left(-\dfrac{\varphi}{kT}\right)$; h 为普朗克常量.

2. 隧道注入

按照量子力学的观点, 只要电子的德布罗意波长不比势垒的厚度小太多, 电子就能以波的形式出现在势垒的另一端, 这就是所谓的隧道效应. 为了简单起见, 已讲的电子镜像效应引起的势垒的降低不考虑在内. 令

$$\zeta=E_x-E_{\rm F}=\frac{1}{2}mv_x^2-E_{\rm F}$$

肖特基方程可写成

$$J(T,E)=\frac{4\pi emkT}{h^3}\int_{-E_{\rm F}}^{\infty}\delta(\zeta)\ln\left[1+\exp\left(-\frac{\zeta}{kT}\right)\right]{\rm d}\zeta \tag{1.110}$$

式中, $\delta(\zeta)$ 为透射系数.

1928 年, Fowler 和 Nordheim 利用 WKB(Wentzel-Kramers-Brillouin) 近似方法计算出

$$\delta(\zeta)=\exp\left[-\frac{4}{3}\frac{2\pi\sqrt{2m}}{ehE}(E_0-E_x)^{3/2}\varPsi\right] \tag{1.111}$$

式中, $\varPsi=\varPsi\left(\dfrac{e^3\sqrt{E}}{E_0-E_x}\right)$ 为 Nordheim 函数, 在 0 与 1 之间; 且有 $\varPsi_0=\varPsi\left(\dfrac{e^3\sqrt{E}}{\varphi}\right)$.

在 $T\approx 0{\rm K}$ 的低温下, 按照费米统计 $\zeta>0$ 的态都未被占据, 故 (1.110) 式的积分上限为 $\zeta=0$, 而下限可用 $\zeta=-\infty$ 代替. 于是

$$J(0,E)=\frac{4\pi em}{h^3}\int_{-\infty}^{0}\delta(\zeta)\zeta{\rm d}\zeta \tag{1.112}$$

在 $\zeta = 0$ 将 (1.111) 式作级数展开, 得到

$$J(0,E) = \frac{e^3E^2}{8\pi h\varphi}\exp\left(-\frac{8}{3}\frac{\Psi_0\varphi^{3/2}\pi\sqrt{2m}}{eEh}\right) \tag{1.113}$$

此即为 Fowler-Nordheim 方程, 方程中电场 E 取代了温度 T 的作用.

1.5 介质破坏与击穿

直接来看固态介质, 在弱电场中, 介质内的电流与外电压呈线性关系. 电场增强时, 电流偏离欧姆定律, 随电压按幂指数或指数上升. 当场强达到某个临界值时, 电流陡峭的增加, 介质从绝缘状态变为导电状态的现象, 称为击穿. 对于固态绝缘介质, 通常所观测到的击穿场强的范围为 $10^5 \sim 5\times10^6$V/cm. 宏观来看这属于高电场, 但从原子尺度计算 (1.1.2 节电子极化率的计算) 来看时, 这个场强是很低的, 也是说击穿不是原子或分子的直接作用, 击穿是不能被介质补偿的能量集聚的结果.

1922 年瓦格纳 (Wagner) 最早建立了导电的固体纯热击穿理论：弱导电性的介质中的载流子 (如电子) 在强电场中获得的能量可以通过和声子的碰撞而转变为热能, 如果累积的热量不能被足够快地传导和辐射, 就能导致热过载, 从而使介质被破坏. 这一理论对于高温范围的击穿进可以行定性的成功的说明, 但不适合用来解释低温范围击穿场强与温度无明显关系的事实. 就在同一时期, 研究发现固体介质内有电子电流的流动, 确定了电子过程是导致击穿的本质因素, 发展了电击穿理论. 1940~1950 年, 对由电场加速的高能电子和晶格声子相互作用的问题被提了出来, 而固体物理推动了电子–声子相互作用的定量处理. 固体介质击穿的各种现象和相关理论可概略地列于表 1.1 中. 第 3 章将会对电子–声子的碰撞作完整的介绍, 并引出介质电击穿的判据, 因此本节仅仅介绍瓦格纳的热击穿理论.

表 1.1　固体介质的击穿

<table>
<tr><td rowspan="5">短时击穿</td><td rowspan="5">电子击穿过程</td><td>单电子近似</td><td>低能判据$\partial E_\mathrm{b}/\partial T \geqslant 0$
高能判据$\partial E_\mathrm{b}/\partial T \geqslant 0$</td></tr>
<tr><td>集体电子近似</td><td>单晶$\partial E_\mathrm{b}/\partial T > 0$
非晶$\partial E_\mathrm{b}/\partial T < 0$</td></tr>
<tr><td>电子雪崩击穿
$\partial E_\mathrm{b}/\partial d < 0, \partial E_\mathrm{b}/\partial T \geqslant 0$</td><td>单电子模型
雪崩倍增模型</td></tr>
<tr><td colspan="2">场致发射击穿，齐纳 (Zener) 理论
$\partial E_\mathrm{b}/\partial d = 0, \partial E_\mathrm{b}/\partial T = 0$</td></tr>
<tr><td colspan="2">自由体积击穿，高于玻璃化温度时 $\partial E_\mathrm{b}/\partial T < 0$</td></tr>
</table>

续表

短时击穿	热击穿过程	稳态热击穿，$\partial E_{\mathrm{b}}/\partial T<0$，$\partial E_{\mathrm{b}}/\partial t=0$，t 为时间
		脉冲热击穿，$\partial E_{\mathrm{b}}/\partial T<0$，$\partial E_{\mathrm{b}}/\partial t<0$
	机械击穿过程	电机械击穿，高于熔融温度时 $\partial E_{\mathrm{b}}/\partial T<0$
	次级效应	局部过热效应，空间电荷效应等
长时击穿	放电老化	电离老化，$\partial E_{\mathrm{b}}/\partial d<0$
		树枝老化
	电化学老化，$\partial E_{\mathrm{b}}/\partial T<0$，$\partial E_{\mathrm{b}}/\partial d<0$	

热击穿

虽然电介质的本征载流子对介质的电导没有多大贡献, 室温以下杂质能级受热激发产生的非本征载流子也是微乎其微, 但是肖特基效应和隧道效应引起的电荷注入为介质提供了导电的电子, 加上空间电荷效应形成了介质的漏导电流, 产生焦耳热; 另外, 极化的滞后从能量上引起介质的损耗. 当发热超过散热达到一临界值时, 就会发生介质破坏.

从定量上计算热击穿电压十分复杂. 瓦格纳假设了一个简单的模型, 虽然这个模型太过简化, 但是可以帮助我们了解热击穿的概貌. 先假设介质中有一处或几处的电阻比其周围小得多, 组成了介质的导电通道, 其尺寸如图 1.23 所示. 当加上直流电压 V 后, 电流便主要集中在这些通道内. 若通道的横截面积为 A, 介质厚度为 d, 通道的电导率为 σ, 则通道由于电流通过而发出热量:

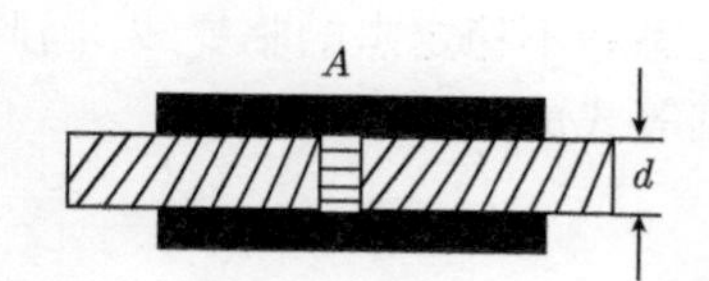

图 1.23 介质中假想的导电通道

$$Q_1 = 0.24\frac{V^2}{R} = 0.24V^2\sigma\frac{A}{d} \tag{1.114}$$

若通道的平均温度为 T, 周围的介质的温度为 T_0, 则散热量为

$$Q_2 = \beta(T - T_0 d) \tag{1.115}$$

式中, 比例常数 β 为散热系数. 静电学中已给出电导率是温度的指数函数:

$$\sigma = \sigma_0 \exp(aT) \tag{1.116}$$

式中, σ_0 为 $T = 0°\mathrm{C}$ 时通道的电导率, 所以发热量也与温度呈指数关系, 因此对于不同的电压, Q_1 与 T 的关系表现为一簇指数曲线: $Q_1(V_1), Q_1(V_2), Q_1(V_3), \cdots$ 而散热量 Q_2 与温差 $(T - T_0)$ 呈线性关系. 于是得到如图 1.24 所示的关系图.

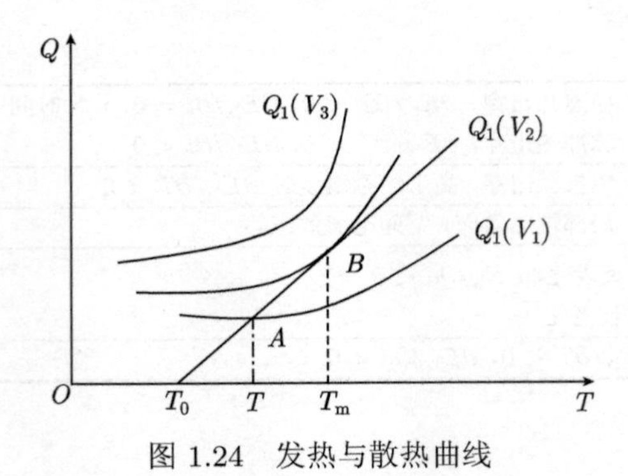

图 1.24　发热与散热曲线

如果外电压较小即曲线 $Q_1(V_1)$ 对应的情形, 在点 A 发热量等于散热量, 这时温度不可能再升高, 否则出现散热大于发热的情况, 这是不可能的; 如果外电压较高即曲线 $Q_1(V_3)$ 的情形, 发热总是大于散热, 在任何温度都不会达到热平衡, 温度将不断升高并导致介质击穿. 因此考察临界的情形, 即在 B 点曲线 Q_1 和直线 Q_2 相切于 T_{m}. 当 $T < T_{\mathrm{m}}$ 时, 发热大于散热, 温度将逐渐升到 T_{m}; 而当 $T > T_{\mathrm{m}}$ 时, 发热仍大于散热, 介质的温度将不断上升, 造成热击穿. 可见, 曲线 $Q_1(V_2)$ 是热稳定态和不稳定态的临界线, 因此就把 V_2 作为介质的热击穿电压 V_{m}. 在 B 点有下列等式成立:

$$Q_1|_{T=T_{\mathrm{m}}} = Q_2|_{T=T_{\mathrm{m}}} \tag{1.117}$$

$$\left.\frac{\mathrm{d}Q_1}{\mathrm{d}T}\right|_{T=T_{\mathrm{m}}} = \left.\frac{\mathrm{d}Q_2}{\mathrm{d}T}\right|_{T=T_{\mathrm{m}}} \tag{1.118}$$

将 (1.115) 式、(1.116) 式代入, 并注意到 $\sigma = \sigma_0 \exp[a(T - T_0)]$、$\rho_{T_0} = \rho_0 \exp(-aT_0)$, 其中 ρ_0 是 $T = 0°\mathrm{C}$ 时通道的电阻率, 于是

$$V_{\mathrm{m}} = \sqrt{\frac{\beta\rho_0}{0.24Aae}}d\exp\left(-\frac{aT_0}{2}\right) \tag{1.119}$$

由上式可见, 热击穿电压与温度的关系和电导率与温度的关系相同, 只是指数减小了一半, 这已经得到实验的证实. 瓦格纳热击穿理论的最大缺点是: 有关导电通道的本质、大小、电导率和散热系数等全是未知数. 对于薄膜电容器, 可以借助其伏安特性近似地确定电导率、散热系数等参数, 计算表明薄膜电容器的理论热击穿电压与实验值一致. 最后需要一提的是, 热击穿的临界条件依赖于散热系数, 而电极的性质和表面形态强烈地影响着热耗散. 因此, 一般在薄膜中测量的热击穿强度并不是介质的本征性质.

近年来由于非线性科学的研究进展, 特别是分形和混沌理论的不断突破, 击穿的随机性被提了出来. 确定的随机性给介质击穿理论带来了新的挑战.

参 考 文 献

方俊鑫, 殷之文. 1989. 电介质物理学. 北京：科学出版社
华中, 杨景海. 2010. 固体物理基础. 长春: 吉林大学出版社
李正中. 1985. 固体物理. 北京：高等教育出版社
姚熹. 1963. 无机电介质 (上册、下册). 西安：西安交通大学
Galasso F S. 1970. Structure and Properties of Inorganic Solids. Oxford: Pergamon Press
Newnham R E. 1975. Structure-Property Relations. New York: Springer-Verlag

第 2 章　功能介质的热力学原理

第 1 章简要地讲了功能介质电极化和电导的基本现象以及微观理论基础, 建立了微观粒子与宏观介电行为之间的联系, 并应用统计热力学方法计算了偶极子取向极化率, 推导出德拜弛豫方程. 因此统计热力学方法是有必要介绍的, 补在本章的开始, 然后以特性函数继续论述功能介质热力学量之间的关系, 并顺势给出宏观的相变理论, 在这里我们将会发现从热力学理论可以得到某些与第 1 章相同的结果. 作为延续, 在第 3 章热将介绍动力学的模型, 微观的相变理论将由伊辛模型和软模展示出.

目前, 研究物质的宏观平衡性质一是通过人们长期实践与观察归纳出的三条基本定律推导出的热力学唯象理论, 另一是通过组成物质的微观粒子的力学运动和相互作用的特性, 以统计力学方法严格推导出的统计热力学理论.

热力学唯象论的三大基本定律具有高度的可靠性和普遍性, 可以用来研究一切宏观物质系统. 但是由热力学理论得到的结论与物质的具体结构无关, 往往必须结合实验测量才能得到物质具体的特性; 此外, 热力学理论不考虑物质的微观结构, 把物质看成连续体, 用连续函数表达物质的性质, 因此不能揭示宏观性质的涨落. 而物质的宏观特性必定是由其微观运动特性所决定. 不从微观角度去解释各种各样的宏观现象, 哪怕是最简单的现象都难以讲明白. 于是单个分子的运动自然就成为研究的对象, 薛定谔方程中的波函数对粒子运动作出了完全的量子力学的描述. 然而拥有大量粒子的宏观物质为量子力学计算设置了超乎想象的难度, 更兼有海森伯测不准关系; 此外即便对个别粒子的运动作如此完整的描述也并不能揭示总体的热力学性质, 它只能使人见木不见林.

在生物学上, 一个动物的最小神经组元要用来感受分子的平均性质时, 它的尺度必须比分子的尺度大得多, 否则它会感受个别分子的运动, 从而显示出完全混乱的性质. 事实上, 我们能直接感受到的任何物质体系都是由大量粒子组成的. 即是说有关个别分子行为的详细信息必然以某种方式被抹掉了. 正因为如此, 我们可以提出平均微小粒子性质的办法, 使能够不计其细节而能显示细节的总效果, 只要确定大量分子的最可几性质就可不考虑它们个别的动力学性质. 恰好统计力学就是根据统计单位的力学性质 (如速度、动量、位能) 以统计的方法来推求统计集合的平均行为. 把这种方法用于研究体系的热力学性质就形成了统计热力学.

不过, 统计热力学对物质的微观结构所作的往往只是简化的模型假设, 所得的理论结果也就往往是近似的. 可以说从统计热力学的水平来看, 它和热力学唯象理论之间存在着相辅相成的关系. 正如第一段所言, 接下来我们首先给出一般的统计热力学方法, 这包括麦克斯韦–玻尔兹曼统计、玻色–爱因斯坦统计和费米–狄拉克统计; 然后我们调转头回到功能介质的宏观唯象论, 特性函数可以从适当的独立参数确定介质所有的平衡热力学性质, 在这里热力学回答了相变为什么会发生的问题. 基于热力学原理, 朗道理论强调对称性的变化与相变的关系, 突然的对称破缺对应着相变, 并通过序参量成功解释了多种二级相变现象, 做适当地推广, 也能处理一些弱一级相变. 而第 3 章会通过统计伊辛模型、软模理论、电子与声子的耦合系统来进一步交代有关相变的另一个基本问题 —— 相变如何发生?

2.1 统计热力学方法

统计热力学应用经典统计和量子统计方法的一些基本假设、原理来描述热力学问题, 特别是利用统计力学中的配分函数来计算体系的热力学函数或其他性质的平均值. 即根据对物质结构的某些基本假定以及光谱数据, 求出物质的基本常数(如核间距离、振动频率、转动惯量等), 利用这些数据求出配分函数, 并以此计算热力学性质, 可以说这是统计热力学的基本任务.

统计热力学原理, 集中体现为吉布斯 1902 年所发展的系综原理. 其中心是论述从各类宏观系统的微观量求相应宏观量的原则和方法. 所谓微观量, 是指系统在每一瞬间状态所具有的任何物理量. 比如我们可以用整个系统定态薛定谔方程的任一波函数表征系统的一个微观状态, 物理量在这个微观状态的取值都称微观量. 当系统是由近独立粒子组成时, 微观量可进一步表示为单个粒子所具有的物理量, 所谓近独立是指粒子间没有相互作用. 系统的宏观量都是在测量时间内, 系统所有可能的微观状态中相应的微观量的统计平均值. 不过, 这里的平均是测量时间内的平均. 由于测量的原因, 想要真正得到物理量随时间的变化是很困难的. 玻尔兹曼和吉布斯提出计算这一平均值的另一途径: 将实际系统在测量时间内各时刻的一系列微观状态, 想象为许许多多有相同哈密顿量的系统在同一时刻所具有的状态. 这些用于获得平均值的想象中 “系统” 的全体, 便称为系综. 系综是为了求平均而采用的一种方法 (概念工具), 不是实体, 也不是假设. 比如求骰子特定一面向上的几率, 应该将这骰子连续掷多次, 计算一段时间内骰子特定面向上的变化并求平均; 但也可以设想有许多人, 每人拿着与那颗完全相同的骰子, 在同一时刻掷下去, 观察特定面向上的情况并求平均, 后者的方法就是系综平均方法. 或者这样说, 如果我们设想把所研究的体系复制成很多份, 复制品的宏观性质完全相同 (相同的骰子), 但不同的是每个复制品都代表所研究体系的某一个可能的微观状态, 即复制品间是可以区别的, 彼此之间也是独立的. 系综就是彼此独立的为数众多的复制品体系的集合.

由于宏观约束条件不同, 可形成三种主要系综: 微正则系综、正则系综和巨正则系综. 经典统计其实是基于微正则系综的理论. 对于气体和固体介质, 用微正则系综可能得到较为精确的结果. 因为气体在无相互作用的极端情形 (理想气体) 下, 有完全精确的处理, 它可以作为任何真实气体的零级近似解. 固体同样也有完全有序的理想晶体谐振子模型的精确解作为实际晶体的零级近似. 因此本节介绍基本的统计热力学方法是基于微正则系综的, 即关于近独立粒子.

2.1.1　基本假设

已经说过, 平衡系统的宏观量是相应微观量的统计平均值, 于是问题就集中在如何正确表达微观状态以及如何求平均两个方面.

对微观状态的不同描述, 对应了历史上经典统计和量子统计的方法. 而求平均的法则主要是基于这样的假设: 所有可及微观状态出现的几率相等, 此即为先验等几率原则. 应该说这是一个很自然的假设, 因为人们找不到哪一个或哪一些微观状态享受优先的理由, 所有可及态都只受相同限制条件的约束.

2.1.2　麦克斯韦–玻尔兹曼统计

在量子效应不重要情况下, 划分微观态能量的经典方法是这样的: N 个粒子组合的总能量为 U, 个别粒子能量假设取分立值 $\varepsilon_0, \varepsilon_1, \cdots, \varepsilon_i, \cdots$. 能量为 ε_0 的粒子数是 N_0, ε_1 的是 N_1, 等等. 则有

$$\sum_{i=0}^{\infty} N_i = N \tag{2.1}$$

$$\sum_{i=0}^{\infty} \varepsilon_i N_i = U \tag{2.2}$$

在此, 宏观态表示相应于一组给定数 $N_1, N_2, N_3, \cdots$, 并满足上述两个约束条件的总体状态; 每一宏观态的微观态数等于从 N 个粒子中选取这些 N_i 的方法数. 根据先验等几率原则, 可写出出现任一宏观态的几率和出现任一微观态的几率:

$$P_{宏观} = \frac{已知宏观态下的微观态数}{总微观态数} \tag{2.3}$$

$$P_{微观} = \frac{1}{总微观态数} \tag{2.4}$$

已知宏观态下的微观态数 W 称为热力学几率, 它不是真正的几率, 它对所有宏观态取和不等于 1, 而是由 (2.3) 式、(2.4) 式得到

$$W = \frac{P_{宏观}}{P_{微观}} \tag{2.5}$$

由于 $P_{微观}$ 对任一体系都是固定的, W 正比于 $P_{宏观}$.

N_i 的平衡分布应是热力学几率是极大值的分布. 如上所述每一宏观态的微观态数等于从 N 个粒子中选取这些 N_i 的方法数, 而经典统计认为粒子是可分辨的, 这就对应于数学上排列组合：从 x 个可辨别的物体中选取 y 个的方法有多少？把 x 个可辨别的物体放在 y 个可辨别的盒中, 不计在盒中的次序, 有几种放法？于是我们得到

$$W = N! \prod_{i=0}^{\infty} \frac{1}{N_i!} \tag{2.6}$$

对 $\ln W$ 取极大值比对 W 本身取极大值容易些, 因此先取

$$\ln W = \ln N! - \sum_{i=0}^{\infty} \ln N_i! \tag{2.7}$$

当 N 很大时, 有这样的近似, 即 $\ln N! = N\ln N - N$. 代入 (2.7) 式并取微分得

$$\mathrm{d}\ln W = -\sum (\ln N_i)\mathrm{d}N_i = 0 \tag{2.8}$$

对 (2.1) 式、(2.2) 式取微分并分别乘以拉格朗日未定乘子得

$$\alpha \sum_{i=0}^{\infty} \mathrm{d}N_i = 0, \quad \beta \sum_{i=0}^{\infty} \varepsilon_i \mathrm{d}N_i = 0 \tag{2.9}$$

(2.9) 式取和再减去 (2.8) 式得

$$\sum_{i=0}^{\infty} (\ln N_i + \alpha + \beta\varepsilon_i)\mathrm{d}N_i = 0 \tag{2.10}$$

所以,

$$\ln N_i + \alpha + \beta\varepsilon_i = 0,$$

即

$$N_i = \exp(-\alpha - \beta\varepsilon_i) \tag{2.11}$$

联立 (2.1) 式、(2.11) 式得到

$$\frac{N_i}{N} = \frac{\exp(-\alpha - \beta\varepsilon_i)}{\sum_{i=0}^{\infty} \exp(-\alpha - \beta\varepsilon_i)} = \frac{\exp(-\beta\varepsilon_i)}{\sum_{i=0}^{\infty} \exp(-\beta\varepsilon_i)} \tag{2.12}$$

这就是麦克斯韦–玻尔兹曼分布. 上式可改写为

$$\frac{N_i}{N} = \frac{\exp(-\beta\varepsilon_i)}{Z}$$

式中, $Z = \sum_{i=0}^{\infty} \exp(-\beta\varepsilon_i)$ 称为配分函数. 接下来就只需定出 β. 我们把它跟熵联系起来. 图 2.1 表示一个孤立体系由两个子体系 (1) 和 (2) 组成. 整个体系平衡, 所以熵函数有一确定值, 并且它的热力学几率最大值也就单值地被确定了. 因此 S 和 W 之间有函数关系:

$$S_1 = f(W_1), \quad S_2 = f(W_2) \tag{2.13}$$

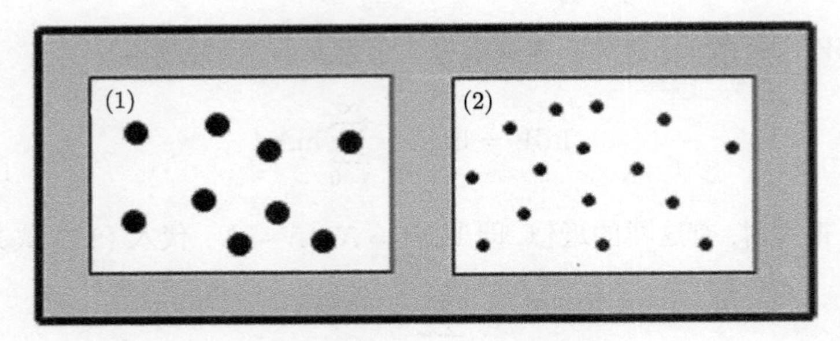

图 2.1 孤立体系的两个子体系

熵函数是可加的, 所以复合体系的熵为

$$S = S_1 + S_2 \tag{2.14}$$

另一方面, 热力学几率是相乘的:

$$W = W_1 W_2 \tag{2.15}$$

要满足 (2.13) 式、(2.14) 式、(2.15) 式, 熵函数应取以下形式:

$$S = f(W_1 W_2) = f(W_1) + f(W_2) \tag{2.16}$$

于是可以得到这样的形式:

$$S(W) = k\ln W \tag{2.17}$$

式中, k 为玻尔兹曼常量. 把 (2.12) 式和配分函数 Z 代入 (2.17) 式得

$$S = kN\ln Z + k\beta U \tag{2.18}$$

对 U 求偏导数, 有

$$\frac{\partial S}{\partial U} = \frac{\partial}{\partial U}(kN\ln Z + k\beta U) = k\beta + \frac{\partial}{\partial \beta}\left(N\ln \sum_{i=0}^{\infty} \exp(-\beta\varepsilon_i)\right)\frac{\partial \beta}{\partial U} \tag{2.19}$$

上式右端第二项为零, 所以 $\dfrac{\partial S}{\partial U}=k\beta$. 而热力学上, 温度 $T=\dfrac{\partial U}{\partial S}$, 因此,

$$\frac{1}{T}=k\beta \tag{2.20}$$

于是,

$$\beta=\frac{1}{kT} \tag{2.21}$$

2.1.3 量子统计

首先来看简并度的概念. 一维空间的粒子每一能级有一个驻波函数, 而三维平动的粒子的能量由三个量子数决定. 对每个可能的 n_x, n_y, n_z 的组合 (它们平方和为一定值), 都有一个不同的波函数, 即是说一个粒子处于一个给定能级上有大量的模式. 处在 i 能级上的模式数目称为该能级的简并度 g_i. 当能量所处的模式不止一个时, 称粒子为简并的; 如果粒子处于每一能级只有一种模式, 那么称粒子为非简并的. 当用量子的观点来看能量的问题时, 有这样三种特定的情况:

(1) 粒子是可辨别的, 彼此的简并度为 g_i, 可以相等也可以不等. 对于给定宏观态, 粒子排列的方式数可以确定如下: 在不同能级上排列粒子的方法 (把 x 个可辨别的物体放在 y 个可辨别的盒中?) 为 $\dfrac{N!}{\prod\limits_{i=0}^{\infty}N_i!}$ 种. 但是可能在此能级上, 在 g_i 种可辨别的量子态上重新排列 N_i 个可辨别的粒子, 有 $g_i^{N_i}$ 种. 然后得到

$$W=W_{\mathrm{MB}}=N!\prod_{i=0}^{\infty}\frac{g_i^{N_i}}{N_i!} \tag{2.22}$$

式中, 下标 MB 说明这几率与麦克斯韦–玻尔兹曼热力学几率一致.

(2) 粒子是不可辨别的. 在任一能级上把 N_i 个不可辨别的粒子排列在 g_i 种可辨别态上的方式有 $(g_i+N_i-1)!/(g_i-1)!N_i!$ 种, 于是相应宏观态的排列方式为

$$W=W_{\mathrm{BE}}=\prod_{i=0}^{\infty}\frac{(g_i+N_i-1)!}{(g_i-1)!N_i!} \tag{2.23}$$

式中, 下标 BE 是考虑到这种热力学几率遵循玻色–爱因斯坦统计. 遵守这种统计的粒子称为玻色子, 比如光子和声子. 如前一节, 通过常用的约束条件 (2.1) 式、(2.2) 式以及拉格朗日乘子法可得到 N_i 的分布为

$$N_i=\frac{g_i}{\exp(\alpha+\beta\varepsilon_i)-1} \tag{2.24}$$

式中, α, β 为拉格朗日乘子 (下同). 且 2.1.2 节得到 $\beta = \dfrac{1}{kT}$, 而 Ter Harr 计算 $\alpha = -\dfrac{\mu}{kT}, \mu$ 是化学势.

(3) 粒子是不可辨别的, 而且在第 i 个能级每一个 g_i 种态上不能有多余一个的粒子, 即遵循泡利不相容原理的粒子. 把 g_i 个量子态划分为有一个粒子占据的 N_i 个态和没有粒子占据的 $g_i.N_i$ 个态有 $g_i!/N_i!(g_i - N_i)!$ 种方式, 那么

$$W = W_{\mathrm{FD}} = \prod_{i=0}^{\infty} \frac{g_i!}{N_i!(g_i - N_i)!} \tag{2.25}$$

式中, 下标 FD 是考虑到这种热力学几率遵循费米–狄拉克统计. 遵守这种统计的粒子称为费米子, 比如电子. 由同样方法, 可得费米子的分布:

$$N_i = \frac{g_i}{\exp(\alpha + \beta\varepsilon_i) + 1} \tag{2.26}$$

2.2 特性函数

物理学上选择不同的观测量, 数学上相当于选择不同的独立变量. 马休在 1869 年证明, 如果适当地选择独立变量, 只要知道一个热力学函数, 就可以通过求偏导数而求得均匀系统的全部热力学函数, 从而完全确定系统的平衡性质, 这个函数称为特性函数.

一个均匀的弹性介质的热、弹性和介电行为可以用温度 T、熵 S、应力 σ、应变 ε、电场 E、电位移 D(或极化 P, 是电场为 0 时的电位移, $D = \varepsilon_0 E + P$) 来完全描写. 按照热力学第一定律, 当介质单位体积吸收热量 $\mathrm{d}Q$ 时, 内能的改变为

$$\mathrm{d}U = \mathrm{d}Q + \mathrm{d}W \tag{2.27}$$

$$\mathrm{d}W = \mathrm{d}W_{\mathrm{M}} + \mathrm{d}W_{\mathrm{E}} = \int_V (\sigma_i \mathrm{d}\varepsilon_i + E_i \mathrm{d}D_i)\mathrm{d}V \tag{2.28}$$

式中, $\mathrm{d}W$ 是电场和机械力对该体积所做的功. 假定过程是可逆的, 根据热力学第二定律的基本微分方程 $\mathrm{d}Q = T\mathrm{d}S$, 联立上述式子得到

$$\mathrm{d}U = T\mathrm{d}S + \sigma_i \mathrm{d}\varepsilon_i + E_i \mathrm{d}D_i \tag{2.29}$$

这里假定了在整个单位体积中, 应变增量和电位移增量都是均匀的. 我们可以看到, 当选 S、ε、D 作为独立变量时, 内能的全微分具有最简单的形式. 利用这三个变量, 可直接计算 T、σ、E, 即

$$T = \left(\frac{\partial U}{\partial S}\right)_{\varepsilon, D}, \quad \sigma = \left(\frac{\partial U}{\partial \varepsilon_i}\right)_{S, D}, \quad E_i = \left(\frac{\partial U}{\partial D_i}\right)_{S, \varepsilon} \tag{2.30}$$

上面三个式子分别给出了热、弹性和介电的状态方程. 这里 U 就认为是介质的特性函数. 当特定的问题或测量条件需要一组不同的独立变量时, 我们可以定义其他的特性函数并以此写出状态方程. 从三对共轭的变量 $(T,S),(\sigma_i,\varepsilon_i),(E_i,D_i)$ 中, 有 8 种不同的方式可取三个独立变量, 于是可构成 8 个不同的特性函数. 8 个特性函数以及它们的全微分列于表 2.1.

表 2.1 介质的特性函数(以电介质为例)

名称	表达式	全微分	独立变量
内能	U	$\mathrm{d}U=T\mathrm{d}S+\sigma_i\mathrm{d}\varepsilon_i+E_i\mathrm{d}D_i$	ε,D,S
亥姆霍兹自由能	$A=U-TS$	$\mathrm{d}A=-S\mathrm{d}T+\sigma_i\mathrm{d}\varepsilon_i+E_i\mathrm{d}D_i$	ε,D,T
焓	$H=U-\sigma_i\varepsilon_i-E_iD_i$	$\mathrm{d}H=T\mathrm{d}S-\varepsilon_i\mathrm{d}\sigma_i-D_i\mathrm{d}E_i$	σ,E,S
弹性焓	$H_1=U-\sigma_i\varepsilon_i$	$\mathrm{d}H_1=T\mathrm{d}S-\varepsilon_i\mathrm{d}\sigma_i+E_i\mathrm{d}D_i$	σ,D,S
电性焓	$H_2=U-E_iD_i$	$\mathrm{d}H_2=T\mathrm{d}S+\sigma_i\mathrm{d}\varepsilon_i-D_i\mathrm{d}E_i$	ε,E,S
吉布斯自由能	$G=U-TS-\sigma_i\varepsilon_i-E_iD_i$	$\mathrm{d}G=-S\mathrm{d}T-\varepsilon_i\mathrm{d}\sigma_i+D_i\mathrm{d}E_i$	σ,E,T
弹性吉布斯自由能	$G_1=U-TS-\sigma_i\varepsilon_i$	$\mathrm{d}G_1=-S\mathrm{d}T-\varepsilon_i\mathrm{d}\sigma_i+E_i\mathrm{d}D_i$	σ,D,T
电性吉布斯自由能	$G_2=U-TS-E_iD_i$	$\mathrm{d}G_2=-S\mathrm{d}T+\sigma_i\mathrm{d}\varepsilon_i-D_i\mathrm{d}E_i$	ε,E,T

每个特性函数都包含了对所研究介质的完全描述, 具体采用何种特性函数, 要取决于独立变量的选择. 从表中可见, 每一组独立变量都包含有力学、电学、热学三方面的参数, 所以在测量固态介质的有关参数时, 必须注意力学、电学、热学这三方面的条件.

选定了独立变量后, 体系的平衡状态稳定的相必须使相应的特性函数为极小值. 因此, 分析各种特性函数的极小值可说明介质相变的宏观规律. 由于特性函数的这一性质, 它们也被称为热力学势.

2.3 相 变

相变指的是当外界约束 (温度、压强、电场等) 作连续变化时, 在特定条件下 (温度、压强、电场达到一定值), 物相却发生突变. 突变可以有三种形式:

(1) 从一种结构变化为另一种结构, 如气相凝结成液相或固相, 在固相中不同晶体结构之间的转变.

(2) 化学成分的不连续变化, 如固溶体的脱溶分解或溶液的脱溶沉淀.

(3) 某种物理性质的跃变, 如顺电体–铁电体转变、顺磁体–铁磁体转变、导体–超导体转变等、反映了某一种场程序的出现或消失; 又如金属–非金属转变、对应于电子在两种明显不同状态 (如扩展态与局域态) 之间的转变.

上述三种形式的变化可以是单独出现, 也可以兼而有之. 如脱溶沉淀往往是结构与成分的变化同时发生, 铁电相变总是和结构相变耦合在一起.

一级相变与高级相变 在相变过程中, 特性函数的变化可能有不同的特点. P.Ehrenfest 首先据此提出相变分类的方案：在相变点系统的特性函数的第 $n-1$ 阶导数保持连续, 其 n 阶倒数不连续, 被定义为 n 级相变.

考虑独立变量取温度、应力、电场的情况, 由表 2.1 可知特性函数为吉布斯自由能, 熵和电位移是其一级微商, 比热是其二级微商. 显然一级相变的吉布斯自由能的一阶导数在相变点上变化不连续, 因而熵、体积和比热的变化是不连续的, 这意味着存在有相变的潜热. 而在二级相变中, 熵和体积在相变点上是连续的, 比热则有不连续的跃变. 至于三级相变或更高级的相变, 可据此类推.

图 2.2 给出了一级相变中吉布斯自由能、熵、比热随温度的变化. 在相变点上, 1 和 2 两条曲线相交, 这样, 温度升高或降低时, 将可能发生 2 到 1 的相变; 两相的熵值与焓值均不相同, 表明两相在结构上存在差异, 相变潜热就等于 ΔH. 在相变点上, 虽然两相的自由能相等, 但由于结构重组需要越过势垒或新相形成需要提供界面能, 结果导致升温和降温过程发生相变的温度 1 和 2 并不相等, 这就是相变的温度滞后特征, 类似的也存在相变的压强、电场滞后, 此是一级相变的特征, 而且一级相变过程中, 亚稳相和新相可以共存.

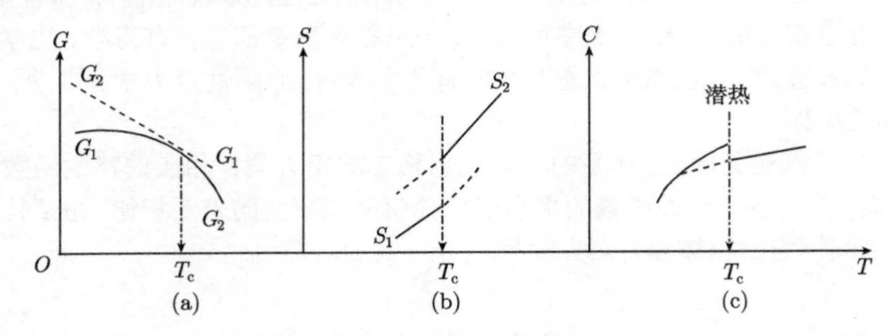

图 2.2 一级相变中几个物理量的变化

(a) 吉布斯自由能; (b) 熵; (c) 比热

至于二级相变, 其吉布斯自由能曲线实际上只是一根曲线, 相变点 T_c 为该曲线的奇点 (图 2.3). 因而不存在亚稳相, 也没有温度滞后和两相共存的现象. 在二级相变中, 由于特性函数的一阶导数、熵、体积都是连续的, 因而没有相变潜热, 但能观测到比热的尖峰.

在自然界中观察到的相变多半属于一级相变, 金属和合金中的相变也多是如此. 属二级相变的往往是功能介质特有的相变：铁磁相变、超导相变、超流相变、部分合金的有序–无序相变、部分铁电相变等. 通常, 将一级相变称为不连续相变, 二级或高级相变称为连续相变或临界现象.

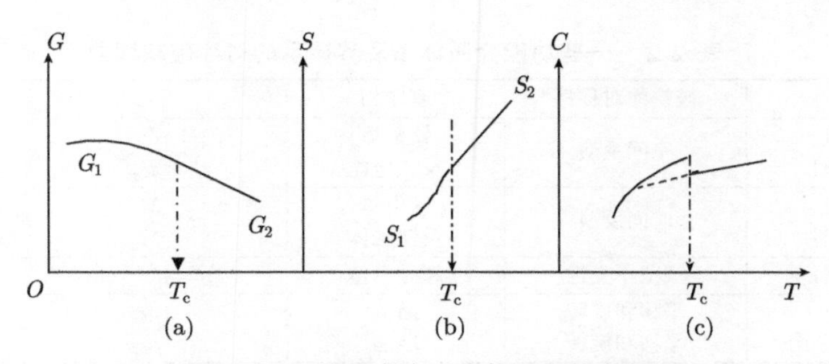

图 2.3 二级相变中几个物理量的变化

(a) 吉布斯自由能; (b) 熵; (c) 定压比热

2.4 朗道的唯象相变理论

相变是与多方面的因素相联系的合作现象. 平均场理论成功解释了多种相变现象, 如 1873 年范德瓦耳斯 (van der Waals) 提出的气液相变理论, 1907 年外斯 (Weiss) 提出的顺磁–铁磁相变理论, 1934 年布拉格 (Bragg) 与威廉 (Williams) 提出的合金有序–无序理论. 朗道的二级相变论是基于热力学原理的唯象理论, 是对多种平均场理论的统一描述. 它可用于阐释铁电相变、结构相变、铁磁相变, 甚至超流和超导相变, 作适当的推广, 也可用于处理一些一级相变的问题. 近年来的工作表明, 朗道理论在相变点附近的微小温区内失效, 但并不妨碍这一理论在各种类型相变中的应用日益广泛. 在相变临界点附近的解释最近是由威耳逊 (Wilson) 提出的重正化群的理论, 鉴于其目前还没能广泛应用于功能介质之中, 此节并未涉及.

2.4.1 对称破缺和序参量

朗道相变理论中有两个普遍而且重要的概念: 对称破缺和序参量. 这里对称性是指在一些操作下, 某些物理量的不变性. 这些操作可能形成一个封闭的集合, 称为对称群. 例如, 对液体来说任意的平移和转动它的物理性质是不变的.

当宏观条件变化时, 如温度降低或压力增大或外加电场, 一种或多种对称元素可能会消失, 这种现象称为对称破缺. 对于铁电介质, 当温度高于介质的居里温度时, 介质在零电场中的极化强度为零, 此时介质体系是对称的, 不会因为任何偶极矩取向而极化. 当温度低于居里温度时, 会在某个特殊的方向发生自发极化, 使得偶极矩取向的完全对称性被破坏. 例如, $BaTiO_3$ 在 120°C 以上属于立方晶系 $m3m$ 点群, 有 48 个对称元素, 在 120°C 以下至 5°C 之间属于四方晶系 $4mm$ 点群只有 8 个对称元素, 即居里点发生顺电–铁电相变时晶体丧失了 40 个对称元素. 表 2.2 列出了部分功能介质体系及其显示的对称破缺现象.

表 2.2　一些功能介质体系及其显示的对称破缺现象

现象	破缺的对称性	有序相	序参量	元激发
铁磁性 反铁电性	空间反演	铁磁体 反铁电体	P P_{sl}	光学声子
铁磁性 反铁磁性	时间反演	铁电体 反铁磁体	M M_{sl}	自旋波
超导电性	规范不变性	超导电体	$\langle\psi\rangle=\rho^{1/2}\exp^{-\mathrm{i}\theta}$	电子
结晶	平移和旋转 平移和旋转	晶体 准晶	ρ_G $\rho_{G'}$	

对一个体系的相变我们应当给出定量的描述. 按照对称破缺的概念, 相变的特征是当体系的宏观参量发生变化时, 丧失或获得某些对称因素, 体系从高对称相转变到低对称相.

此时若某一宏观热力学量从高对称相中的零值转变为低对称相中的非零值, 则定义为序参量. 例如, 在顺电–铁电相变中, 自发极化强度从顺电相中的零变为铁电相中的非零值. 使用序参量可以表示体系的对称性, 把高对称相称为无序相, 低对称相称为有序相.

从序参量的定义可知, 体系的对称性仅当 η 变为非零值时才会发生变化; 反过来, 任何序参量的非零值, 无论多小, 都将引起对称性的降低. 因此, 体系的对称性变化是突变型的, 某一对称元素要么存在, 要么不存在. 但序参量可以有两种变化形式, 连续变化与不连续跃变. 于是相变也对应地分为连续相变 (二级和高级相变)、不连续相变 (一级相变). 因为序参量是宏观热力学量, 所以这种分类与 P. Ehrenfest 的分类方案是一致的. 在一级相变中, 当温度处于 T, 升温或降温, 序参量出现不连续的跃变, 高对称相的对称群与低对称相的对称群可能毫无关系, 也可以有群与子群的关系; 在二级相变中, 序参量在相变点是逐渐变化的, 低对称相的对称群一定是高对称相对称群的子群. 例如, 图 2.4 显示了 $BaTiO_3$ 的一级相变. 当温度较高

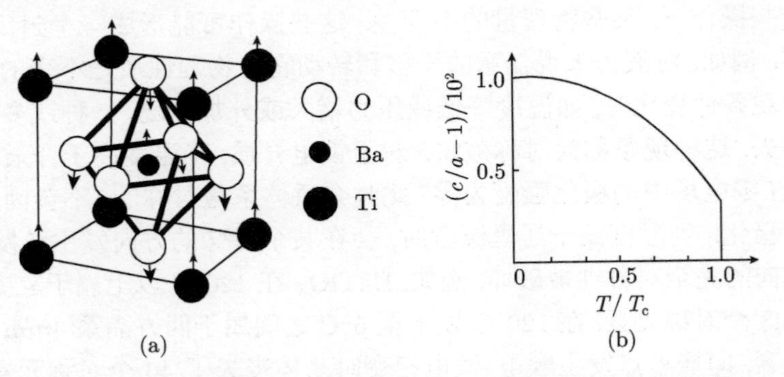

图 2.4　$BaTiO_3$ 中的一级相变, (c/a) 是两个方向的晶格常数比

(a) $BaTiO_3$ 相变时原子位置畸变示意; (b) 晶格常数比随温度的关系

时, $BaTiO_3$ 的立方晶格原胞中, Ba 原子处在顶角上, Ti 原子处在体心上, O 原子处在面心上; 当温度降到 T_c 以下的时候, Ti 和 O 原子将沿着立方体的边相对 Ba 原子移动, 使得 $BaTiO_3$ 的对称性发生变化, 从立方相转为四方相. 这个过程中, 极化强度作为序参量在 T_c 时从零突变到一个有限值, 晶格常数比突变到 1:1.01.

序参量可以只有单一分量, 即标量; 也可以有两个或更多个分量. 如若选择 $(c/a-1)$ 作为 $BaTiO_3$ 对应的序参量, 就是标量序参量, 而磁化强度是有三个分量的序参量.

2.4.2 二级相变

1937 年朗道概括了平均场理论的实质, 用序参量的幂级数展开来表示相变温度附近的热力学势 (自由能), 从而提出了一种对二级相变具有普适性的唯象理论. 首先考虑最简单的情况, 即序参量为标量, 用 η 来表示. 将相变点附近的体系的热力学势 (特性函数) 展开为序参量 η 的幂级数, 我们选择吉布斯自由能来展开:

$$G(P,T,\eta)=G_0+\alpha\eta+A\eta^2+C\eta^3+B\eta^4+\cdots \tag{2.31}$$

式中, G_0 是高对称相的自由能, 其值和相变发生与否无关, 系数 α,A,C,B 等均为 P 与 T 的函数. 必须注意到, 在函数 $G(P,T,\eta)$ 中变量 η 的地位与 P 和 T 是不一样的, 当温度和压力取为任意值时, 参数 η 只能由特性函数极小值来决定. 下面将以温度作为宏观变量导出相变. 实际上也可以用别的变量代替温度, 比如铁电情形, 当温度保持不变时, 足够的压力就可以引发相变.

特性函数 $G(P,T,\eta)$ 取极小值, 满足稳定性条件要求:

$$\left(\frac{\partial G}{\partial\eta}\right)=0,\quad \left(\frac{\partial^2 G}{\partial\eta^2}\right)>0 \tag{2.32}$$

因此, 对于 $A>0,\eta=0$ 的相是稳定的; 对于 $A<0,\eta\neq0$ 的相才稳定. 这表明在 $A=0$ 处会发生从高对称相向低对称相的相变. 于是要求在 $A=0,\eta=0$ 时系统的自由能为最小, 那么对应 η 无论发生正或负的微小变化, 自由能都应该增大, 即满足稳定态在局域范围内自由能最小原理, 这就要求条件

$$\left(\frac{\partial^2 G}{\partial\eta^2}\right)_{\eta=0}=0,\quad \left(\frac{\partial^3 G}{\partial\eta^3}\right)_{\eta=0}=0,\quad \left(\frac{\partial^4 G}{\partial\eta^4}\right)_{\eta=0}>0 \tag{2.33}$$

也必须得到满足. 同时从对称的意义上看, 吉布斯自由能是 η 的偶函数, 即

$$G(P,T,-\eta)=G(P,T,\eta)$$

因此奇数项系数也必须为零, 得

$$A(P,T_c)=0,\quad C(P,T_c)=0,\quad B(P,T_c)>0, \tag{2.34}$$

通常在相变点 T_c 附近可以取一级近似, 二次项系数 A 是温度的线性函数即

$$A(P,T)=a(P)(T-T_c) \tag{2.35}$$

式中, $a(P)>0$. B 对温度的依赖比较弱, 这里把它当作正的常数, 忽略掉高阶项, 系统的自由能可以写成

$$G(P,T,\eta)=G_0+A(P,T)\eta^2+B\eta^4 \tag{2.36}$$

又由 $\dfrac{\partial G}{\partial \eta}=0$, 可以得到

$$\eta_{(A+2B\eta^3)}=0 \tag{2.37}$$

这是一个含有序参量与温度 t 和压力 P 的关系, 称为状态方程. 从这个方程可得到 η 的两个解为

$$\eta=0 \tag{2.38}$$

$$\eta=\pm\left(-\frac{A}{2B}\right)^{1/2}=\pm\left[\frac{a(T_c-T)}{2B}\right]^{1/2} \tag{2.39}$$

(2.39) 式中的序参量对温度的依赖关系表明, 在相变点转变是连续的, 如图 2.5[根据 (2.36) 式] 所展示, 为了简化, 这里取高温相的自由能 G_0 为能量零点. 对于 $T\geqslant T_c$, 极小值出现在 $\eta=0$ 的相是稳定的; 但是当 $T<T_c$ 时, $\eta=0$ 对应于自由能取最大值, 故只有非零解才是稳定的, 相应于有序相 (低对称相) 的出现.

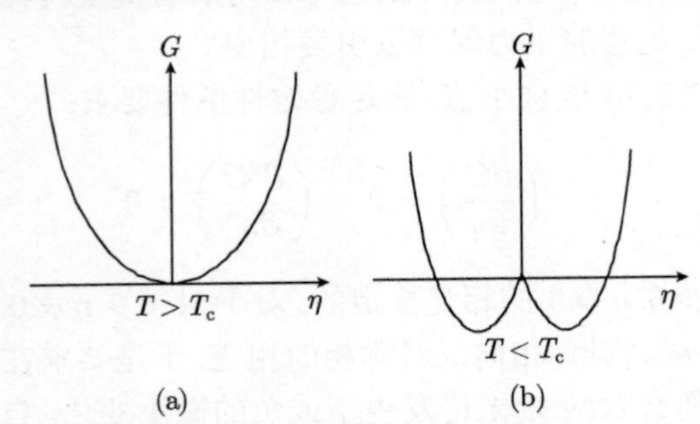

图 2.5 作为标量序参量函数的二级相变点附近的自由能

(a) $T>T_c$ 时, 自由能随 η 变化; (b) $T<T_c$ 时. 自由能随 η 变化

相变给系统带来了许多不同寻常的物理性质, 特别是热力学量会发生剧烈的变化. 根据朗道的自由能表示式 (2.31) 可以求相变点附近的熵、比热、压缩系数、热膨胀系数、敏感率等. 2.2 节讲过只要知道一个特性函数, 就可以通过求偏导数而求得均匀系统的全部热力学函数. 例如, (2.36) 式对 T 求偏导数, 可求熵

$$S=-\frac{\partial G}{\partial T} \tag{2.40}$$

当 $T > T_c$ 时, 系统处于高对称相, $\eta = 0$, 因此

$$S = -\frac{\partial G_0}{\partial T} = S_0 \tag{2.41}$$

当 $T < T_c$ 时, $\eta \neq 0$, 可得

$$S = S_0 + \frac{a^2}{2B}(T - T_c) \tag{2.42}$$

显然当 $T = T_c$ 时, $S = S_0$, 因此熵在相变点是连续的. 这种 $G(P, T, \eta)$ 的一阶微商在相变点的连续性说明, 相变至少是二级的.

2.4.3 存在外场时的朗道理论

前已述及, 朗道理论最初成功地用于二级相变, 但也可以推广处理一些弱一级相变. 对这类弱一级相变, 序参量的概念依然有效.

在大量系统中, 相变涉及成对的共轭变量, 这些共轭变量的乘积通常是能量. 比如在气液相变中的压强 p 和体积 V, 顺磁–铁磁相变中的磁场 H 和磁化强度 M, 顺电–铁电相变中的电场 E 和极化强度 P, 顺弹–铁弹相变中的应力 σ 和应变 ε.

设外场为 h, 引起附加自由能项为 $-\eta h$, 这样朗道的自由能表示式修正为

$$G_h(p, T, \eta) = G_0 + a(T - T_c)\eta^2 + B\eta^4 - \eta h \tag{2.43}$$

由于外场的存在, 即使是相当微弱的, 也导致了任何温度时序参量不为零, 即是说使高对称相的对称性下降, 无序相与有序相的差异缩小. 图 2.6 表示外场附加项使得自由能对序参量 η 是不对称的. 注意在临界温度 T_c 以上, 自由能的最小值不在 $\eta = 0$ 处, 在 T_c 以下, 自由能的两个极小值也不再相同.

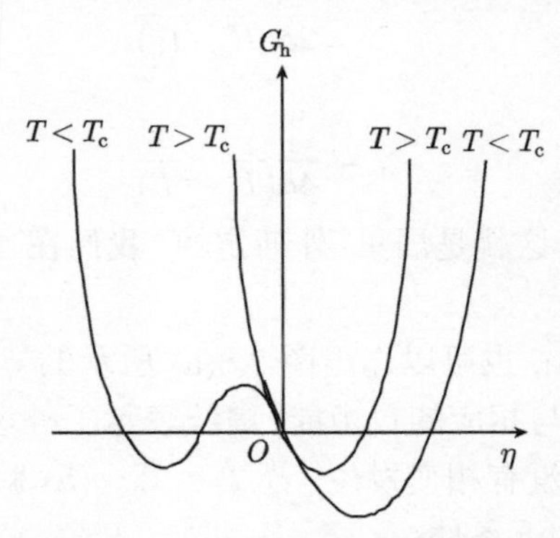

图 2.6 外场对于自由能曲线的影响

同样, 利用平衡条件 $\partial G_h/\partial \eta = 0$ 可以得到新的状态方程:

$$2a(T - T_c)\eta + 4B\eta^3 = h \tag{2.44}$$

当外场固定不变时, 可以做出图 2.7 所示 η-T 的曲线. 敏感率一般定义为序参量对与之共轭的外场的偏微商, 在铁电体、铁磁体、铁弹体中, 序参量分别对电场、磁场、应力场的微商称为极化率、磁化率、弹性顺度, 表达如下:

$$\chi = \left(\frac{\partial \eta}{\partial h}\right)_{T, h\to 0} \tag{2.45}$$

对 (2.44) 式求导数, 得出

$$\frac{\partial \eta}{\partial h} = \frac{1}{2a(T-T_{\rm c}) + 12B\eta^2} \tag{2.46}$$

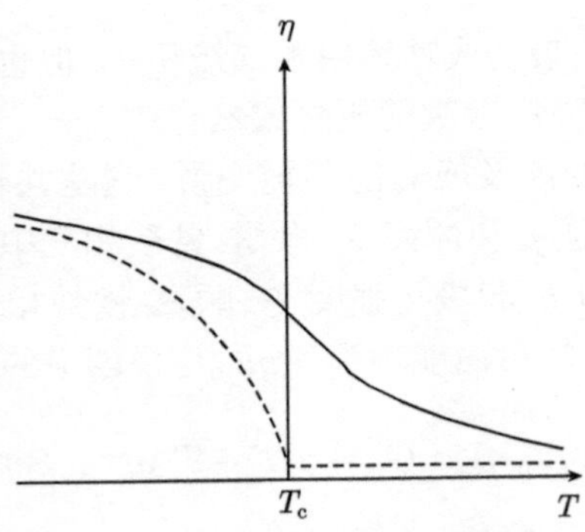

图 2.7　在外场固定为 h 时, 序参量 η 作为温度的函数, 虚线对应 $h=0$ 的情形

这样, 代入 $h\to 0$ 时的 η 值, 可得

当 $T > T_{\rm c}$ 时

$$\chi = \frac{1}{2a(T-T_{\rm c})} \tag{2.47}$$

当 $T < T_{\rm c}$ 时

$$\chi = \frac{1}{4a(T_{\rm c}-T)} \tag{2.48}$$

当 $T\to T_{\rm c}$ 时, $\chi\to\infty$. 这就是居里–外斯定律, 我们在 1.2.2 节计算有效场后得到过它.

根据状态方程 (2.43), 也可以作出图 2.8(a) 所示的 $\eta-h$ 在不同温度下的曲线, 图 2.8(b) 实线是序参量与相应的自由能, 虚线表示了外场引起的不对称性. $T > T_{\rm c}$ 时, η 与 h 呈线性关系, 没有相变发生; 若 $T < T_{\rm c}, \eta(h)$ 就不是 h 的单值函数了, 而出现多值, 其范围可由如下条件:

$$\frac{\partial h}{\partial \eta} = 2a(T-T_{\rm c}) + 12B\eta^2 = 0 \tag{2.49}$$

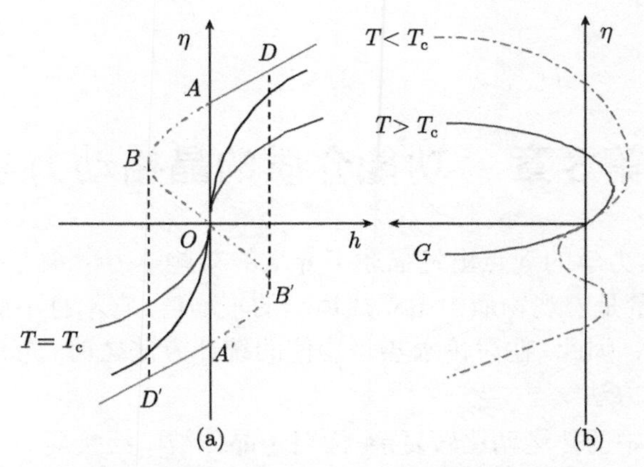

图 2.8 不同温度下 η–h 曲线, 一级相变出现于 $T < T_c$

(a) 不同温度下 η–h 曲线; (b) 不同温度下 G–h 曲线

$$h_i = \left(\frac{2}{3}\right)^{\frac{3}{2}} \frac{[a(T_c - T)]^{3/2}}{B^{1/2}} \tag{2.50}$$

来确定, 即在 $|h| < h_i$ 范围内. 显然, 线段 BO 和 $B'O$ 对应不稳定状态. 线段 AB 和 $A'B'$ 对应自由能为极小值, 但要比 AD 和 $A'D'$ 分别对应的极小值要大, 这是外场导致的不对称性所引起的, 这样 AB 和 $A'B'$ 对应于亚稳态. 实线都对应了稳定状态. 如果给定温度 $T < T_c$, 外场变化时, 经过 $h = 0$ 会发生一级相变. 当 h 从正值下降至零, $\eta(h)$ 沿 DA 变化; 当反向场出现时, 可能沿亚稳态曲线 AB 变化, 但不可能越过 B 点, 而不稳定状态不可能实现, 故不会沿 BO 变化, 而从 B 点会直接跳到 D' 点; 外场反向再变化完成一周循环就可得到电滞回线或磁滞回线. 值得强调的是, 热力学关于平衡态的唯象论可以定性地解释诸如电滞回线此类的现象, 但因铁电体中存在电畴这样破坏体系的宏观均匀性的结构, 平衡态热力学方法不再适用.

参 考 文 献

方俊鑫, 殷之文.1989. 电介质物理学. 北京：科学出版社

黄昆. 1988. 固体物理学. 北京：高等教育出版社

李景德. 1984. 热电弛豫效应中山大学学报, 76(2):21

孟中岩, 姚熹. 1979. 电介质理论基础. 北京：国防工业出版社

Lines M E, Glass A M. 1977. Principles and Applications of Ferroelectrics and Related Materials. Oxford: Clarendon Press

第3章　功能介质的晶格动力学

第 2 章从热力学的观点出发描述了介质的某些热力学量之间的相关参数. 但是, 由于热力学量是宏观物质中微观热运动的平均值, 它本身不能直接计算出彼此独立的物性参数. 因此, 在讨论求热平均值的统计方法之前, 先介绍描述宏观物质中微观热运动的方法.

凝聚态物质中的热运动比较复杂, 而对于晶体被广泛接受的描述方法就是晶格动力学. 本章只讨论晶体中的热运动; 对于导电的固体, 其中的载流子也存在热运动, 它主要涉及电传导问题; 对于非晶固体由于其中的原子排列没有规则, 截至目前还没找到描述热运动的有效方法, 这些本章都暂不讨论.

在讨论晶体热运动时, 先要了解束缚原子体系、原子实这两个概念. 一般在讨论晶体结构的时候, 我们把组成晶体的原子看成是处在自己的平衡位置上, 从而使整个晶体的势能最低. 实际上, 晶体内的原子并不是在各自的平衡位置上固定不动, 而是围绕其平衡位置振动, 即所谓的热振动, 而且各个原子的振动也并非是孤立的, 而是相互联系的, 所以晶体可以看成一个大分子, 称其为束缚原子体系. 在束缚原子构成的体系中, 原子核和它的内层电子可合并称为原子实. 晶体的热运动表现为各原子实在其平衡位置附近做微小振动, 而价电子的运动则等效为对振动位移提供恢复力. 这样的处理方法实际上就等于不考虑核运动与电子运动之间的能量交换, 所以是近似绝热的.

实际晶体中各个原子振动的关联性, 决定了在晶体中形成各种形式的波, 当振动微弱时, 原子间的非谐的相互作用才可以忽略, 即在简谐近似下, 这些模式才是相互独立的.

3.1　束缚系统的晶格振动

3.1.1　束缚原子体系的振动

考虑 N 个相互束缚的原子系统中, 原子实偏离其平衡位置做微小位移的运动. 第一个原子的位移矢量在直角坐标系的分量记为 u_1, u_2, u_3, 第二个原子实的位移分量为 $u_4, u_5, u_6, \cdots$, 第 N 个原子实的位移分量为 $u_{3N-2}, u_{3N-1}, u_{3N}$. 因为系统的总能量 $\varPhi$(为原子实坐标的函数) 可由量子化学考虑价电子的运动时得到, 因此就可以将 $\varPhi$ 对 $u_j(j=1,2,3,\cdots,3N)$ 展开, 取各原子实处于平衡位置时的总能量

作为能量的计算起点, 于是有

$$\Phi(u_1,\cdots,u_{3N})=\frac{1}{2}\sum_{jj'}f_{jj'}u_ju_{j'}+\frac{1}{6}\sum_{jj'j''}f_{jj'j''}u_ju_{j'}u_{j''}+\cdots \tag{3.1}$$

其中

$$f_{jj'}=\left.\frac{\partial^2\Phi}{\partial u_j\partial u_{j'}}\right|_0 \tag{3.2}$$

$$f_{jj'j''}=\left.\frac{\partial^3\Phi}{\partial u_ju_{j'}u_{j''}}\right|_0 \tag{3.3}$$

为 Φ 的微商在 $u_1=u_2=\cdots=u_{3N}=0$ 上的值. 因为在展开点上 Φ 为极小值, 故展开式一次项消失. 称 (3.1) 式右边第一项为简谐项, 其余项为非简谐项. 如果原子实的平衡位置为对称中心, 则展开 (3.1) 式中所有的奇次项均应等于零, 使展开式中保留偶次项, 但一般说来, 奇次项是可能出现的.

一般由于各原子实的位移 u_j 足够小, 使得展开 (3.1) 式中的高次项可以略去, 则有

$$\Phi(u_1,\cdots,u_{3N})=\frac{1}{2}\sum_{jj'}f_{jj'}u_ju_{j'} \tag{3.4}$$

称这样的近似为简谐近似, 这时 Φ 为 $3N$ 个变量 u_j 的二次型, $f_{jj'}$ 称为力系数. $3N\times3N$ 个力系数不是完全相互独立的, 由 (3.2) 式的微商规则可知

$$f_{jj'}=f_{j'j}$$

$3N\times3N$ 个力系数排列成的矩阵

$$\boldsymbol{F}=\begin{bmatrix} f_{11} & \cdots & f_{1,3N}\\ \vdots & & \vdots\\ f_{3N,1} & \cdots & f_{3N,3N}\end{bmatrix} \tag{3.5}$$

称其为力系数矩阵, 它是个对称方阵. 在线性代数中可以证明, 若矩阵 $\boldsymbol{F}$ 的所有主子行列式均大于零, 则可以找到一个线性坐标变换

$$u_j=\sum_{j'}a_{jj'}Q_{j'},\quad j,j'=1,2,3,\cdots,3N \tag{3.6}$$

使 (3.4) 式化为恒正的齐二次标准型

$$\Phi=\frac{1}{2}(g_1Q_1^2+g_1Q_2^2+\cdots+g_{3N}Q_{3N}^2) \tag{3.7}$$

其中的新系数 g_1, g_2, $\cdots$, g_{3N} 为正实数. 这个变换过程相当于将矩阵 $\boldsymbol{F}$ 对角化. 反解 (3.6) 式可得逆变换

$$Q_{jj'} = \sum_j b_{j'j} u_j, \quad j, j' = 1, 2, \cdots, 3N \tag{3.8}$$

使能量展开式化为二次标准 (3.7) 式的新变换 $Q_{j'}$ 称为简正坐标, 简正坐标也是描述原子实小位移的坐标. u_j 所描述的是单一原子实的某位移分量; 而 $Q_{j'}$ 所描述的是 N 个原子实一起做位移的集体运动, 在这种运动中, 根据 (3.6) 式每个原子实的位移分量均同 $Q_{j'}$ 成比例, 比例常数为 $a_{jj'}$. 一种比例方式的集体位移称为一个模, 共有 $3N$ 个不同的模. 若记第 j' 个模运动的等效惯性为 $m_{j'}$ 则系统的运动方程为

$$m_{j'}\ddot{Q}_{j'} = -\frac{\partial \Phi}{\partial Q_{j'}} = -g_{j'}Q_{j'}, \quad j' = 1, 2, \cdots, 3N \tag{3.9}$$

方程 (3.9) 给出 $3N$ 个相互独立简谐振动, 每种简谐振动的频率由方程 (3.9) 解出为

$$\omega_j = \sqrt{g_j/m_j}, \quad j = 1, 2, \cdots, 3N \tag{3.10}$$

用简正坐标 Q_j 描述的第 j 个简正模的动能为 $\frac{1}{2}m_jQ_j^2$, 势能为 $\frac{1}{2}g_jQ_j^2$, 故总能量为

$$U_j = \frac{1}{2}m_j\frac{\partial^2 Q}{\partial j^2} + \frac{1}{2}m_j\omega_j^2Q_j^2 \tag{3.11}$$

系统的总能量为 $3N$ 个独立的简正模的能量之和, 即

$$U = \sum_j U_j \tag{3.12}$$

可以称 g_j 为第 j 简正模的恢复力系数.

3.1.2 简谐振动模

在 3.1.1 节中, 关于 N 值的大小是没有原则性限制的, 即使理论上不能给出关于 Φ 的明显的表达式, 也可以根据系统的一些已知条件使 (3.4) 式中所含的非零独立力系数的数目大大减少, 然后凭实验测量半经验地确定这些力系数; 当 N 很大时, 要具体示出模的振动花样会十分困难; 然而通过如下实验结论可获得比较清楚的物理图像: 只要是有限大小的 N, N 个原子组成的束缚原子系统中, 原子实在平衡位置附近的微小运动在简谐近似下表现为 $3N$ 个独立振子的简谐振动. 在 $3N$ 个简谐模中, 有 3 个平移模, 表现为系统整体在三维空间的平移; 还有 3 个旋转模, 描述系统以质点为定点的刚体旋转; 如果系统是线性的, 即当所有原子实的平衡位置

均落在一条直线上时, 则旋转模只有两个; 所有这些平移模和旋转模的频率都等于零.

图 3.1 示出了 N=3 时的小分子的一些振动模. 这时系统的自由度等于 9. H_2O 分子中 3 个原子实的平衡位置在一个等腰三角形的顶点上, 键角为 104.45°, 两个 H—O 键长都等于 0.960Å. 取水分子质量中心的平移坐标分量为 Q_1、Q_2、Q_3, 分子以质量中心为定点的转动欧拉角取为 Q_4、Q_5、Q_6, 余下的 3 个简正坐标 Q_7、Q_8、Q_9 所描述的集体位移方式已示于图中. 分子质心的平移和分子整体旋转都不影响它的内能 Φ, 相应的共 6 个模的恢复力系数等于零, 根据 (3.10) 式, 这六个模的频率都等于零. 在图 3.1 示出的 H_2O 分子的余下 3 个模中, 用箭头表示每个模的集体位移花样. 对于某个模 $Q_j(j=7、8、9)$, 3 个原子一起沿各自连接的箭头的方向与 Q_j 成比例地做位移, 箭头长度等于比例系数. 由图中可以看出, Q_7 描述键角的振动, Q_8 描述键长的振动, 模 Q_9 的振动将引起分子对称性的变化. 这 3 个模的频率的测量值依次为 4782.9×10^{10}Hz、10792×10^{10}Hz、11267.25×10^{10}Hz, 落在红外范围.

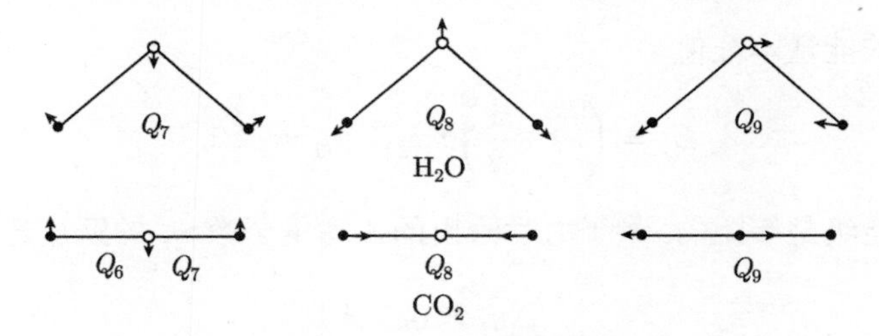

图 3.1 小分子的振动模

CO_2 是一个直线型分子, 描述其转动只需要确定分子轴的方向角的两个简正坐标 Q_4 和 Q_5. 因此, CO_2 分子有 4 个频率不等于零的振动模, 参见图 3.1, 其中 Q_6 和 Q_7 描述互相垂直的两个方向上的键角振动, 因为 CO_2 分子具有轴对称, 故 Q_6 和 Q_7 的振动频率应相等. 不同的振动模的频率相等的现象称为简并.

除此之外, 如果还出现某个模 Q, 它的频率等于零, 则方程 (3.9) 对于这个模变为

$$\ddot{Q}=0$$

这时, 模的运动将使系统不能回复到原来的平衡位置, 导致系统的结构发生变化, 当系统的宏观条件变化使系统的某个模 Q 的恢复力系数 $g\to0$, 则称这个模为软模. 在固态相变中常会出现软模, 关于软模将在 3.3 节中详细介绍. 类似地, 若有某个模的力系数为负值, 即频率为虚数时, 这个模也将导致系统的结构不稳定.

3.1.3 小振动能量的量子化

前两节用经典力学的方法描述了束缚系统的晶格振动, 下面将用量子力学的方

法加以介绍. 量子力学中解决问题的方法有两种: 一种是波动力学求解波函数和本征值的方法; 另一种是矩阵力学方法. 下面将从波动力学出发, 讨论束缚原子系统的简谐振动问题, 从而得到系统能量量子化的重要物理图像.

在简正振动的能量表达 (3.11) 式中, 为公式的简洁起见, 可将 $\sqrt{m_j}$ 吸收到 Q_j 中去, 即作变换 $\sqrt{m_j}Q_j \to Q_j$. 则 (3.11) 式可改写为

$$U_j = \frac{1}{2}\frac{\partial^2 Q}{\partial j^2} + \frac{1}{2}\omega_j^2 Q_j^2, \quad j = 1, 2, \cdots, 3N \tag{3.13}$$

按照量子力学规则, 这个独立振子的哈密顿算符为

$$\hat{H}_j = -\frac{\hbar^2}{2}\frac{\partial^2}{\partial Q_j^2} + \frac{1}{2}\omega_j^2 Q_j^2 \tag{3.14}$$

由此解本征方程

$$\hat{H}_j \varPsi = E_j \varPsi$$

可得到振子的能量本征值

$$E_j = \left(\eta_j + \frac{1}{2}\right)\hbar\omega_j, \quad \eta_j = 1, 2, \cdots \tag{3.15}$$

这个振子的能级是等距的, 量子力学给出的振动量子数 η_j 的跃迁选择定则为

$$\Delta\eta_j = 0, \quad \pm 1 \tag{3.16}$$

在束缚原子系统中, 简谐振动能量的变化是量子化的, 系统的总振动能量可写为

$$E = \sum_j E_j \equiv \sum_j \left(\eta_j + \frac{1}{2}\right)\hbar\omega_j, \quad j = 1, 2, \cdots, 3N \tag{3.17}$$

在 (3.14) 式中, 右边第二项为势能, 这里的势能只出现简正坐标的二次项, 这样的振子称为线性振子; 当势能出现三次或更高次项时, 振子成为非线性的. 量子力学计算表明, 对于非线性振子, 当振动量子数 η_j 不太大时, 能级仍近似等距, 但能级间的距离随 η_j 的增大而减小, 当 η_j 很大时, 相邻能级距离趋于零. 非线性阵子的量子跃迁不受选择定则 (3.16) 式的限制.

如果在势能展开 (3.1) 式中记入非简谐项, 振子就会出现上述非线性情况. 此外, 如果这时将 $\varPhi$ 对简正坐标展开, 还将出现诸如

$$Q_j^2 Q_{j'}, \quad Q_j^2 Q_{j'}^2 \quad \cdots, \quad j \neq j'$$

的等高次交叉项. 这些项将导致不同的模的振动不再完全相互独立, 而是可以相互转换能量. 不同振动模之间的能量交换是使系统能够趋向热平衡的根本原因.

从图 3.1 示出的一些振动模中容易看出, 除了 CO_2 分子的模以 Q_8 表示外, 其他的模在振动过程中均伴随着电偶极矩的振动, 这些模都是极性的. 极化模的振动可以发射同频率的电磁波, 也可以受同频率的电场激发而出现共振吸收. 在凝聚态物质中, 这种振动模与光子之间的相互作用和能量交换是近年来电介质物理学基础研究的重要方向之一, 这种研究使物质的介电响应问题深入发展到一个全新的领域.

3.1.4 二次量子化

前面介绍了利用波动方程来讨论简谐振动的量子力学方法. $\hat{H}_j$ 的本征函数 Ψ 的共轭平方描述了振动过程中原子实在空间各位置上出现的概率密度, 这种描述方法对于小分子来说, 物理图像是十分清楚而有用的, 但是当系统中原子的数目 N 很大时, 要画出模矢量图就十分困难, 更无法用概率密度的方法来描述. 因此, 下面将介绍量子力学中处理多体问题的另一种更为简单而有效的方法. 在介绍之前需要指出的是: 区别于一般晶格动力学中的讨论方法, 我们只从原理和物理图像出发来讨论束缚原子系统, 而不对系统中原子数目 N(只认为 N 为有限值) 以及束缚方式作任何限制. 因此, 所建立的物理图像适用于小分子、大分子、晶体和非晶体, 只要 $2\leqslant N<\infty$ 即可.

下面将从矩阵力学出发, 将束缚原子系统的振动问题进行第二次量子化. 在 (3.14) 式中, Q_j 是第 j 个独立振子的简正坐标, 相应的动量算符为

$$\hat{P}_j=-\mathrm{j}\hbar\frac{\partial}{\partial Q_j} \tag{3.18}$$

因此, 系统的总哈密顿算符可写为

$$\hat{H}=\sum_j\frac{1}{2}(\hat{P}_j^2+\omega_j^2\hat{Q}_j^2) \tag{3.19}$$

在 (3.19) 式中, 我们进一步把坐标 Q_j 也看成算符, 所以在它的头顶上也作了算符的标记, 根据量子力学, 坐标算符和动量算符之间存在对易关系, 即

$$[\hat{Q}_j,\hat{P}_{j'}]\equiv\hat{Q}_j\hat{P}_{j'}-\hat{P}_{j'}\hat{Q}_j=\mathrm{j}\hbar\delta_{jj'} \tag{3.20}$$

$$[\hat{Q}_j,\hat{Q}_{j'}]=0,\quad [\hat{P}_j,\hat{P}_{j'}]=0 \tag{3.21}$$

定义算符的线性变换

$$\left\{\begin{aligned}\hat{Q}_j&=\sqrt{\frac{\hbar}{2\omega_j}}(b_j+b_j^+)\\ \hat{P}_j&=\frac{1}{\mathrm{j}}\sqrt{\frac{\hbar\omega_j}{2}}(b_j-b_j^+)\end{aligned}\right\} \tag{3.22}$$

式中, b_j 和 b_j^+ 是两个新的算符, 由 (3.22) 式可以反解出它们的表达式为

$$\left\{\begin{aligned} b_j &= \sqrt{\frac{\omega_j}{2\hbar}}\hat{Q}_j + \frac{\mathrm{j}}{\sqrt{2\hbar\omega_j}}\hat{P}_j \\ b_j^+ &= \sqrt{\frac{\omega_j}{2\hbar}} - \frac{\mathrm{j}}{\sqrt{2\hbar\omega_j}}\hat{P}_j \end{aligned}\right\} \tag{3.23}$$

根据定义, 并利用 (3.20) 式和 (3.21) 式, 经过很简单的代数运算后可以得到新定义的算符具有如下对易关系:

$$\begin{aligned} &[b_j, b_{j'}] = \delta_{jj'} \\ &[b_j, b_{j'}] = [b_j, b_{j'}^+] = 0 \end{aligned} \tag{3.24}$$

以 (3.22) 式代入 (3.17) 式可以看到, 化简后得到

$$\hat{H} = \sum_j \left(b_j^+ b_j + \frac{1}{2}\right)\hbar\omega_j \tag{3.25}$$

比较 (3.25) 式和 (3.17) 式可以看到, 如果记量子数 η_j 的状态为 $|\eta_j\rangle$, 只要适当选取表象, 使

$$b_j^+ b_j|\eta_j\rangle = \eta_j|\eta_j\rangle \tag{3.26}$$

则在 $b_j^+ b_j$ 表象中, (3.25) 式就变为

$$\hat{H} = \sum_j \left(\eta_j + \frac{1}{2}\right)\hbar\omega_j \tag{3.27}$$

结果和 (3.17) 式一致, 而省去求解 $\hat{H}$ 的本征方程和寻找波函数 Ψ 的麻烦, 这个表象为粒子数表象, 称 $(b_j^+ b_j)$ 为粒子数算符, 称具有能量 $\hbar\omega_j$ 的粒子为声子.

在算符 $(b_j^+ b_j)$ 为对角化的表象 (3.26) 中, 因为

$$\begin{aligned} \eta_j &= \langle\eta_j|b_j^+ b_j|\eta_j\rangle \\ &= \sum_{\eta_j'}\langle\eta_j|b_j^+|\eta_j'\rangle\langle\eta_j'|b_j|\eta_j\rangle \\ &= \sum_{\eta_j'}|\langle\eta_j'|b_j|\eta_j\rangle \geqslant 0 \end{aligned}$$

故本征值 $\eta_j \geqslant 0$, 利用对易关系 (3.24) 式, 容易证明

$$[b_j^+ b_j, b_j] = b_j^+, \quad [b_j^+ b_j, b_j] = -b_j \tag{3.28}$$

由 (3.28) 式可以得到

$$b_j^+ b_j(b_j|\eta_j\rangle) = (\eta_j - 1)(b_j|\eta_j\rangle)$$

$$b_j^+ b_j(b_j^+|\eta_j\rangle) = (\eta_j + 1)(b_j^+|\eta_j\rangle) \tag{3.29}$$

可见 b_j 作用于态 $|\eta_j\rangle$ 为使声子数目减少一个, 而 b_j^+ 作用于态 $|\eta_j\rangle$ 为使声子数目增加一个, 故称 b_j 为湮没算符, 而称 b_j^+ 为产生算符.

在粒子数表象中, 整个系统的哈密顿算符 $\hat{H}$ 的本征态可写为

$$|\eta_1, \eta_2, \cdots, \eta_{3N}\rangle = |\eta_1\rangle|\eta_2\rangle\cdots|\eta_{3N}\rangle \tag{3.30}$$

前面我们假设了各本征矢是归一化的, 归一常数可查找量子力学教科书. 此外, 还必须认为

$$b_j|0\rangle = 0 \tag{3.31}$$

因为声子数不能取负值.

在上面所介绍的二次量子化的方法中, 把束缚原子系统中原子实运动的问题简化为声子的产生和湮没问题而不问声子内部的结构细节, 这在系统的原子数 N 很大时是十分方便的. 因为此时只要知道了各种声子的数目, 就可以利用统计方法得出系统热力学状态的特征函数, 从而根据热力学理论就可得出系统的各种宏观性质参数. 至于声子的相关内容以下章节将详述, 在计算声子内部结构时, 需要用波函数来描述.

3.2　晶体中的声子

在简谐近似情况下, 系统的能量仅保留了位移分量的二次项, 晶格的原子振动可以描述为一系列线性独立的谐振子, 声子就是晶格振动中的简谐阵子的能量量子, 它的能量量子为 $\hbar\omega$, 它是一种集体激发的振动形式. 在实际晶体中, 能量展开式中是存在三次项及高次项的, 晶格振动就不是严格的线性独立谐振子. 当原子位移小时, 三次项及高次项与二次项相比为一小量, 则可把这些高次项看成微扰项. 这样, 这些谐振子就不再是相互独立的, 而是相互间发生作用, 这就是所谓的非简谐振动系统, 声子与声子间交换能量.

声子能量为 $\hbar\omega$, ω 是格波的角频率. 相应于声频波角频率的声子称为声学声子, 相应于光频波角频率的声子称为光学声子. 声频波和光频波又有纵波和横波之分, 相应的声子就分别称为纵向声学声子 (LA)、横向声学声子 (TA) 和纵向光学声子 (LO)、横向光学声子 (TO).

(1) 声子是晶体中所有原子实参与的集体运动 (collective motion), 服从玻色统计分布, 为玻色子, 具有量子化能量 $\hbar\omega$, 既可产生也可消灭.

(2) 在简谐近似中, 声子间无相互作用 (声子之间是相互"透明"的, 就像两束光相遇后互不干涉地离开对方一样), 故晶格振动的每个状态能被任何数目的不可区分的声子占据, 声子仅与晶格振动的能量值有关, 即与温度有关, 在 $T=0$ 时, 没有声子被激发.

(3) 对非简谐振动系统, 声子与声子之间就存在着相互作用, 致使激发晶格振动的频率降低.

(4) 晶格振动跟温度有关, 温度越高晶体振动越激烈, 晶体内声子数就越多, 平均声子数由温度决定, 即有

$$\bar{n} = \frac{1}{\mathrm{e}^{\hbar\omega/kT} - 1}$$

声子是格波激发的量子, 不能脱离固体而存在, 且波源的运动不会改变 (某坐标系中的) 波速, 在多体系理论中称为集体振荡的元激发或准粒子, 具有波的干涉、衍射和周期性等特性.

3.2.1　晶体的理想化近似

实际晶体都是有限尺寸的, 而对于一个孤立晶体中的原子振动, 不可能存在来自界面以外的作用力, 也可以说这时的边界条件是自由的. 若晶体含有 N 个晶胞, 每个晶胞可以看成是一个结构单元, 每个结构单元含有 n 个原子, 则振动总自由度 $3nN$ 很大, 要处理这么大自由度的振动问题十分困难. 因此, 通常都采用人为假设的其他边界条件, 将有限尺寸的实际晶体改变为充满三维空间的无限尺寸的理想晶体. 这时, 因为理想晶体具有平移对称性, 就可以用平移群方法将理论简化.

在理想晶体中, 每个晶胞的 n 个原子有 $3n$ 种简谐振动模花样, 每个花样以波矢量 $\boldsymbol{q}$ 在理想晶体中传播形成波, 称为格波. 格波能量量子化后的一份能量称为声子. 这样, 只要找到 $3n$ 种模花样以及可能出现的 $\boldsymbol{q}$, 声子模的花样就全部可以决定, 从而自由度降低为 $3n$, 通常 n 是一个不大的数目. 尽管这种理想化的处理方法有不足之处, 但已经习惯地被广泛采用了. 下面讨论在理想晶体中可能出现的波矢 q, 它常用来作为描述声子的一个量子数.

为简单起见, 设晶体具有正交对称的简单格子, 沿晶体的正交轴取 3 个平移基矢 $\boldsymbol{a}_1$、$\boldsymbol{a}_2$、$\boldsymbol{a}_3$, 以之为棱的晶胞中只含有一个格点. 假设一个格点代表的化学结构单元中原子的数目为 n, 我们把格点的位置选在这 n 个原子平衡位置的质量中心. 记一个真实的有限大小的晶体沿 3 个正交轴方向的晶胞数目为 N_1、N_2、N_3, 这个有限晶格中格点的数目 $N=N_1N_2N_3$, 而晶体中原子的总数为 nN, 在 $\boldsymbol{a}_1$ 方向晶体的长度 $L_1=Na_1$, 其他两个方向的长度类似地为 $L_2=N_2a_2$, $L_3=N_3a_3$.

晶体中 nN 个原子实, $3nN$ 个自由度的振动可以按前面描绘的物理图像作如下分析: 把每一个格点所代表的 n 个原子实的运动分成 $3n$ 支, 其中 3 支代表晶胞中 n 个原子实的质量中心, 即格点的平移运动; 其余 $3n-3$ 支描述各原子相对于质心的各种运动. 此时, 因为这 n 个原子实处于晶体之中, 其间有相互作用力, 故质心位移的恢复力系数一般来说不一定等于零; 而其他 $3n-3$ 种相对位移的恢复力系数当然应该全不等于零, 否则晶体结构不能稳定. 显然, 晶胞质心平移运动在晶体中的传播过程形成了普通的声波, 故称这三支为声学支; 其余 $3n-3$ 种方式的运动, 按照上节的关于小分子的振动模的讨论可以看出, 这些振动往往因伴随有电矩的振动而与光子发生耦合, 故称为光学支, 每一支可以用一个简正坐标描述. 设某支的简正坐标沿 L_1 方向的大小分布有如图 3.2 中实线所示的任意方式, 在数学方法上可以将这种分布按图中虚线所示拓展到无限空间, 于是出现以 L_1 为周期的 $\boldsymbol{a}_1$ 方向无限空间的波, 根据傅里叶分析, 经过拓展的曲线 (实线加上虚线) 波形可以分解为一系列简谐波的叠加, 这系列谐波的波长依次为

$$\infty, \quad L_1, \quad \frac{L_1}{2}, \quad \frac{L_1}{3}, \cdots$$

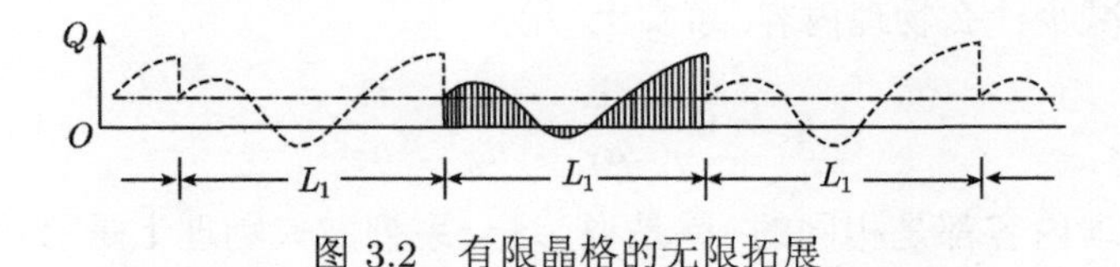

图 3.2 有限晶格的无限拓展

这些谐波的波矢量的 $\boldsymbol{a}_1$ 方向分量 q_1 相应地等于

$$q_1 = 0, \quad \pm\frac{1}{L_1}, \quad \pm\frac{2}{L_1}, \quad \pm\frac{3}{L_1}, \cdots \tag{3.32}$$

也就是说, 波矢分量 q_1 不可能取分立值 (3.32) 以外的任何值. 我们把有限长 L_1 上的波拓展成了 $\boldsymbol{a}_1$ 方向无限空间的周期波, 这种拓展纯粹是数学形式上的, 在这种无限数学拓展中具有物理意义的只是其中的一段, 若沿 $\boldsymbol{a}_1$ 方向格点的平衡位置记为

$$\boldsymbol{R}_1 = l_1\boldsymbol{a}_1, \quad l_1 = 1, 2, \cdots, N_1 \tag{3.33}$$

则上述拓展在数学上等效于引入了一个循环边界条件

$$Q(\boldsymbol{R}_1) = Q(\boldsymbol{R}_1 + N_1\boldsymbol{a}_1) \tag{3.34}$$

其中的简正坐标 Q 可适用于 $3n$ 支中的任一支振动.

通过上面的讨论可以看出, 波矢分量之所以取分立值 (3.32), 这是因为 N_1 和 L_1 为有限大, 如果 $N_1 \to \infty$, $L_1 \to \infty$, 则由 (3.32) 式可以看到, 这时的 q_1 是可以

连续取值的. 在 L 为有限大的情况下, (3.32) 式表明, 仍可以有无限多个分立的 q_1. 下面将指出, 由于晶格是由分立的点构成的, 这无限多个 q_1 只对应于有限个具有物理意义的参量.

波矢分量 q_1 是用来描述沿 $\boldsymbol{a}_1$ 方向排列的分立的格点上简正坐标的相对大小. 图 3.3 示出了 $\boldsymbol{a}_1$ 方向上所有格点的 Q 相等的情况. 在物理上, 这只是一种实际情况, 但数学上却可以用无限多种方法来描述这同一种情况. 图中只画出了 $q_1=0$(点划线) 和 $q_1=1/a_1$(点线) 的两种方法, 这两种方法并无实质性的差别, 因为它们都是描述简正坐标 Q 在空间格点上为常值的同一种情况.

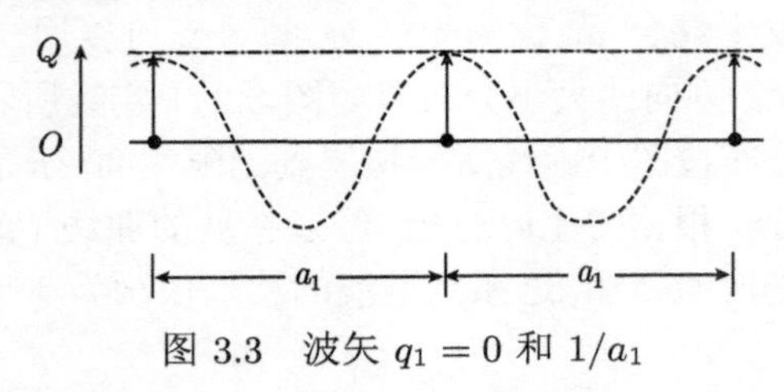

图 3.3 波矢 $q_1 = 0$ 和 $1/a_1$

图中相邻两格点之间不存在其他的格点, 用点线代替点划线描述 Q 的分布, 既不增加也不减少什么物理内容, 事实上, 用

$$q_1 = 0, \quad \frac{1}{a_1}, \quad \frac{2}{a_2}, \quad \frac{3}{a_3}, \cdots$$

所描述的物理内容都是相同的, 就是说, 这一系列波矢物理上是等效的, 类似地从图 3.4 中可以看出, 波矢

$$q_1 = \frac{1}{2a_1}, \quad \frac{3}{2a_1}, \quad \frac{5}{2a_1} \cdots$$

在物理上也是相互等效的, 出现这种等效性, 是由于采用连续的数学方法描述分立的物理对象而引起的.

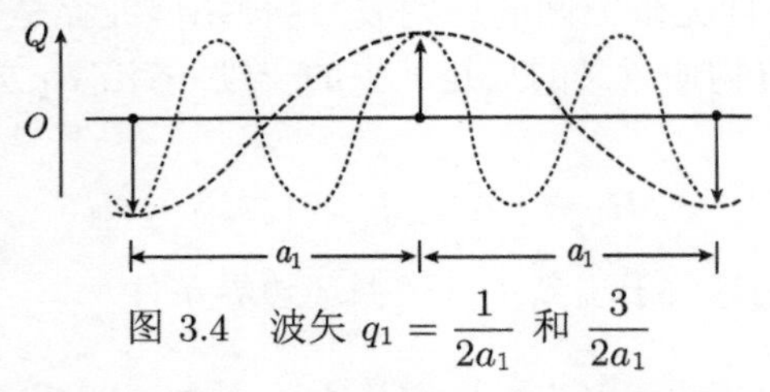

图 3.4 波矢 $q_1 = \dfrac{1}{2a_1}$ 和 $\dfrac{3}{2a_1}$

综合上面的讨论, 可以归结为 q_1 出现周期性, 周期等于 $1/a_1$. 但是, 晶体中的波要形成驻波才能稳定, 故 $\pm q_1$ 值总是成对出现的. 根据这个条件, 选定波矢长为最小的那个周期的区间

$$-\frac{1}{2a_1} \leqslant q_1 \leqslant \frac{1}{2a_1} \tag{3.35}$$

称其为第一布里渊区, q_1=0 为布里渊区的中心, $q_1=\pm\frac{1}{2a_1}$ 为布里渊区的边界. 依照波矢长 $|q_1|$ 由小到大的顺序, 还可以定义第二, 第三,$\cdots\cdots$ 布里渊区, 各不同布里渊区在物理上是等效的, 因此可限制 q_1 在第一布里渊区中取值, 根据 (3.32) 式, 在第一布里渊区内相邻两个容许的 q_1 的间隔为

$$\frac{1}{L_1}=\frac{1}{N_1a_1}$$

故周期长为 $1/a_1$ 的布里渊区中容许出现的 q_1 值共有 N_1 个, 恰好等于这个方向上的格点数目.

类似地, 对于 $\boldsymbol{a}_2$ 和 $\boldsymbol{a}_3$ 方向, 第一布里渊区的范围为

$$-\frac{1}{2a_2}\leqslant q_2\leqslant\frac{1}{2a_2},\quad -\frac{1}{2a_3}\leqslant q_3\leqslant\frac{1}{2a_3} \tag{3.36}$$

式中, q_2 和 q_3 容许出现的个数分别为 N_2 和 N_3. 故不等效的波矢量共有

$$N_1N_2N_3=N(\text{个}) \tag{3.37}$$

恰好等于有限晶格中格点的总数. 因为每一个波矢量都可以用来标志 $3n$ 支振动模中的任一支, 故由 nN 个原子组成的晶体中, 原子实的振动共可分解为 $3nN$ 个独立的模, 恰好等于系统的自由度.

在上一节中, 我们用一个附标 j 来区分不同的声子模的简正坐标或产生、湮没算符. 在晶体中, 根据上面的讨论引入波矢量 q 以后, 就可以将可能的不同取值数目等于系统自由度的附标 j 分解为两个附标, 其中一个仍用 j 标记, 但规定 j=1, 2, 3, $\cdots$, $3n$, 用来区分不同的声子支; 另一个附标就是矢量量子数 q, 它共有 N 个不等效的取值. 这样, 简正坐标、产生和湮没算符就用新的标记改写为

$$Q(j,q),\quad b^+(j,q)\text{和}\quad b(j,q)$$

除此之外, 前面所讨论结果均仍适用. 这种新的标记的物理意义为: 波矢量 q 描述了声子在晶体所局限的空间中的传播性质, 即整体运动性质; 而 j 标记声子的内部细致结构. 在经过二次量子化后, 实质上已把晶体中大量原子实的集体振动在简谐近似下看成为互相独立的 $3nN$ 种不同的粒子. 电子、光子、声子都是粒子或准粒子, 都具有用波矢量描述的空间传播性质, 也都有内部的细致结构. 晶体中声子的内部细致结构有时会复杂一点, 要分成 $3n$ 支.

3.2.2 布里渊区

一个正交晶系简单格子的晶体, 其平移基矢为 $\boldsymbol{a}_1$, $\boldsymbol{a}_2$, $\boldsymbol{a}_3$, 定义晶体的倒易基矢为

$$\boldsymbol{b}_1=\frac{\boldsymbol{a}_2\times\boldsymbol{a}_3}{(\boldsymbol{a}_1\boldsymbol{a}_2\boldsymbol{a}_3)},\quad \boldsymbol{b}_2=\frac{\boldsymbol{a}_3\times\boldsymbol{a}_1}{(\boldsymbol{a}_1\boldsymbol{a}_2\boldsymbol{a}_3)},\quad \boldsymbol{b}_3=\frac{\boldsymbol{a}_1\times\boldsymbol{a}_3}{(\boldsymbol{a}_1\boldsymbol{a}_2\boldsymbol{a}_3)} \tag{3.38}$$

以 $\boldsymbol{b}_1$、$\boldsymbol{b}_2$、$\boldsymbol{b}_3$ 为基矢构成的格子称为晶格的倒格子, 倒格子的格点可以表示为

$$\boldsymbol{K} = k_1\boldsymbol{b}_1 + k_2\boldsymbol{b}_2 + k_3\boldsymbol{b}_3 \tag{3.39}$$

式中, k_1、k_2、k_3 为零或正、负整数, 以 (3.39) 式定义的倒格子和以公式

$$\boldsymbol{R} = l_1\boldsymbol{a}_1 + l_2\boldsymbol{a}_2 + l_3\boldsymbol{a}_3 \tag{3.40}$$

定义的格子互为倒格子. 这样定义的倒格子给出了前面提到的波矢量的周期性, 就是说, 波矢量 $\boldsymbol{q}$ 和 $(\boldsymbol{q}+\boldsymbol{K})$ 在物理意义上是等效的. 称晶格所存在的空间为正空间, 倒格子所存在的空间为倒易空间, 波矢量是倒易空间的矢量, 布里渊区是倒易空间的区间. 按空间距离的度量单位来说, 正空间矢长单位为 cm, 倒空间矢长单位为 cm^{-1}.

定义 (3.39) 式和 (3.40) 式可以推广到 $\boldsymbol{a}_1, \boldsymbol{a}_2, \boldsymbol{a}_3$ 不互相垂直的任何简单或复合的晶格中. 任意晶体的布里渊区的划分方法可以叙述为：选定一个倒格点为原点, 由原点到其他倒格点作倒格子矢, 每一倒格矢有一个垂直平分平面, 所有这些平面构成了布里渊区划分的边界, 倒易空间被这些平面划分成许多部分, 其中包含原点在内的那一部分倒易空间就是第一布里渊区, 其余布里渊区被分割成小块对称地分布在第一布里渊区周围. 图 3.5 示出了一个简单立方晶体的倒格子的一个坐标平面, 中央的格点取为波矢的原点, 图中共示出了 25 个倒格点, 以及按上述方法作出的 20 个布里渊区边界平面与坐标平面的截线. 图中用不同的花纹标出了原点附近的六个布里渊区, 其中含原点的部分属于第一布里渊区, 其余布里渊区分成许多小块对称地分布在周围, 相同花纹的部分属于同一布里渊区. 简单立方晶体的第一

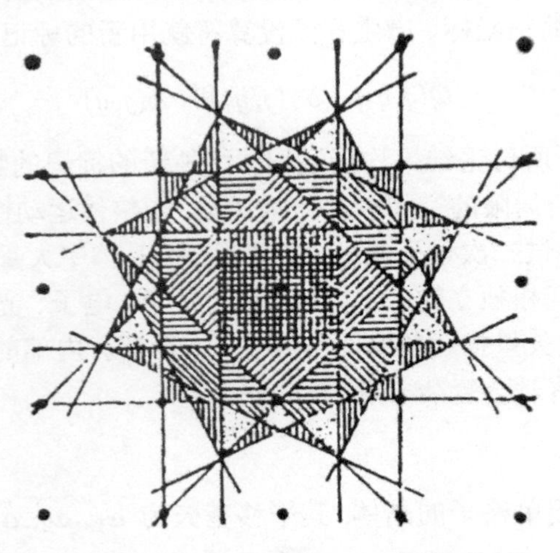

图 3.5　简单立方晶体的布里渊区截面

布里渊区是一个正立方体, 每一个布里渊区的体积都等于 $(b_1b_2b_3)$. 按照上述方法, 可以作出各种对称性的晶体的第一布里渊区, 对于体心立方晶体为一个正十二面体, 对于面心立方晶体为十四面体.

按空间群区分的晶格共 230 种, 因此也有 230 种倒格子. 简单立方晶格的倒格子仍为简单立方, 体心立方和面心立方互为倒格子, 一个晶格和它的倒格子属于相同的点群.

声子在晶体中的运动, 与真空中基本粒子的运动有许多相似之处, 因此常称声子为一种准粒子. 按照微观运动的概念, 一个声子的能量等于 $\hbar\omega$, 动量为 $2\pi\hbar q$, $2\pi\hbar$ 就是普朗克常量. 在统计物理中, 坐标空间和动量空间构成了六维的相空间, 注意到波矢量同动量之间只相差一个乘法常数, 因此也可以用波矢空间 (即倒易空间) 代替动量空间来构成相空间.

微观粒子之间的相互作用遵从能量守恒和动量守恒定律, 声子和声子之间以及声子和其他粒子之间的相互作用也遵从这两个定律, 但动量守恒表现为波矢守恒. 若两粒子的波矢量作用前为 $\boldsymbol{q}_1, \boldsymbol{q}_2$, 而作用后变为 $\boldsymbol{q}_1', \boldsymbol{q}_2'$, 则波矢守恒定律为

$$\boldsymbol{q}_1 + \boldsymbol{q}_2 = \boldsymbol{q}_1' + \boldsymbol{q}_2' + \boldsymbol{K} \tag{3.41}$$

式中, 附加了一个任意倒格矢 $\boldsymbol{K}$, 因为波矢空间具有 (3.39) 式定义的倒格子周期性. (3.41) 式对于固体中热平衡的建立是很重要的, 利用它可以有效地解释固体中的热阻现象.

在前面曾提到, 大量原子组成宏观固体后, 一般说来声子模的矢量图是很复杂的. 例如, 对于非晶固体, 类似于图 3.1 的模矢量图不可能作出来; 然而对于晶体, 由于其中原子的规则排列, 经过上述近似处理后, 声子的模矢量图就有可能作出来, 因为在 $3nN$ 个自由度中, 因子 N 的数量级可以大到 10^{23}, 我们用波矢量 q 的方法把这些自由度分离出来, 只要作出 $3n$ 支模的花样, 声子模在整个晶体中的图像就很清楚, 而 n 往往是一个不太大的整数, 问题简化为相当于作出一个小分子的模花样.

3.2.3 声学支和光学支振动

为了把物理图像说得更具体一些, 下面介绍一维情况的两个简单例子. 在一维单原子链的情况下, 各原子实只能沿链轴方向移动, $n = 1$, 势能展开式为

$$\varPhi = \frac{1}{2}\sum_{\delta} f\delta^2 \tag{3.42}$$

式中, δ 为振动位移引起的最近邻距离的改变值, 上式为对所有的最近邻对求和. 假设各原子实的平衡位置为等距配置的, 故力常数 f 为固定值, 一维格子常数记为 a,

原子实质量记为 m, 振动频谱只有一个声学支, 即

$$\omega^2 = \frac{4f}{m}\sin^2(\pi qa), \quad -\frac{1}{2a} \leqslant q \leqslant \frac{1}{2a} \tag{3.43}$$

图 3.6 示出了第一布里渊区的振动频谱 $\omega = \omega(q)$ 和各原子实沿链轴方向位移波形. 函数 $\omega(q)$ 称为声子的色散关系, 声子沿链轴方向传播速度

$$v = \frac{\omega}{2\pi}\cdot\lambda = \frac{\omega}{2\pi q} \tag{3.44}$$

图 3.6 中可以看到, 当 q 很小时, ω 与 q 呈线性关系, 此时 v 为常数, 这就是通常的弹性振动声速.

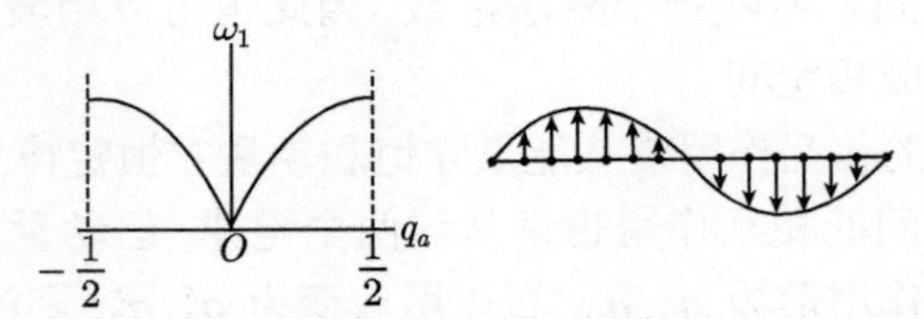

图 3.6　单原子链纵向振动频谱和位移

对于 AB 型一维双原子链, 设 A 原子和 B 原子以等距离 $a/2$ 交错配置于一直线上, 格子周期为 a, n=2, 此时的势能展开式仍有 (3.42) 式的形式, 而频谱可以分为二支

$$\begin{cases} \omega_1^2 = \dfrac{f}{Mm}\left[(m+M) - (m^2+M^2+2mM\cos 2\pi qa)^{1/2}\right] \\ \omega_2^2 = \dfrac{f}{Mm}\left[(m+M) + (m^2+M^2+2mM\cos 2\pi qa)^{1/2}\right] \end{cases} \tag{3.45}$$

式中, m 为 A 原子质量; M 为 B 原子质量. 对于这两支振动模中的每一支, 两种原子实沿链轴位移振幅之比为

$$\begin{cases} \left(\dfrac{A}{B}\right)_1 = \dfrac{2f\cos\pi qa}{2f - m\omega_1^2} > 0 \\ \left(\dfrac{A}{B}\right)_2 = \dfrac{2f - m\omega_2^2}{2f\cos\pi qa} < 0 \end{cases} \tag{3.46}$$

当 q 不太大时, (3.46) 式可以近似为

$$\begin{cases} \left(\dfrac{A}{B}\right)_1 = 1 \\ \left(\dfrac{A}{B}\right)_2 = -\dfrac{M}{m} \end{cases} \tag{3.47}$$

图 3.7 示出了两支模的频谱 $\omega_1(q), \omega_2(q)$ 和相应的模振幅 Q_1、Q_2, 其中, 小圆圈代表 A 原子, 黑点代表 B 原子, 并假设了 $m < M$. (3.47) 式表明, 模 Q_1 相当于

一对原子的质心的振动, 而模 Q_2 为两原子的相对振动, 并保持质心位置不变, Q_1 为声学支, Q_2 为光学支.

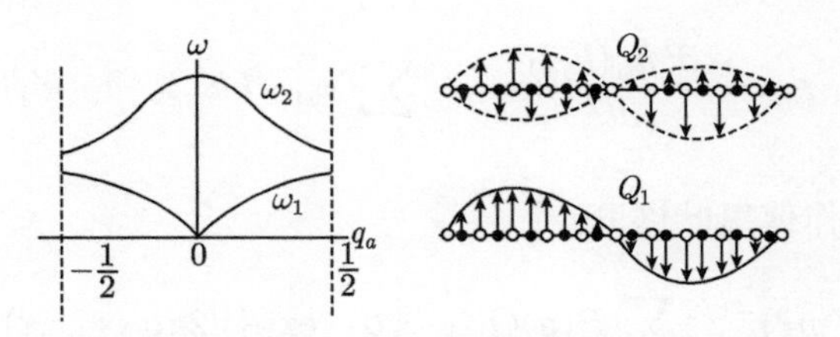

图 3.7 双原子链纵向振动频谱和位

当 $q=0$ 时, (3.43) 式和 (3.45) 式两种情况都给出了一个声学支的零频率, 对应于一维原子链沿链轴方向的平移. 除此之外, 不再有其他的零频率.

在双原子链中, 若一维格子的格点 (一个格点代表一对原子 AB) 数目 $N\to\infty$, 则 $\omega_1(q)$ 和 $\omega_2(q)$ 成为两个连续的频谱, 其间出现一个间隙.

图 3.7 用双原子链为例说明了声子模分为声学支和光学支. 应该指出, 声子的这种物理图像纯粹是人为地引入循环边界条件所造成的; 如果除去这种附加条件, 即认为双原子链是有限长的, 其两端的原子没有受到来自链以外的任何作用力, 这相当于如实地采用自由边界条件, 同样的双原子振动方程给出的解将完全不同. 具体计算表明, 这时的解完全没有图 3.7 给出的声学支或光学支模花样的特征, 而且, 在频谱间隙中也出现了新的简谐振动频率.

3.2.4 三维理想晶体

对于任意晶格, 在附加循环边界条件下均可找到三个平移基矢 $\boldsymbol{\alpha}_1$、$\boldsymbol{\alpha}_2$、$\boldsymbol{\alpha}_3$, 而将格点位置记为

$$\boldsymbol{R}=l_1\boldsymbol{\alpha}_1+l_2\boldsymbol{\alpha}_2+l_3\boldsymbol{\alpha}_3 \tag{3.48}$$

以 l 代表数组 (l_1,l_2,l_3), 在 $\boldsymbol{R}$ 点上出发以 $\boldsymbol{\alpha}_1$、$\boldsymbol{\alpha}_2$、$\boldsymbol{\alpha}_3$ 为棱组成的平行六面体可称为第 l 个单位晶胞, 其中所含原子按统一规律编号为 k =1,2,$\cdots$,n, 第 l 个单胞中的第 k 个原子的位置矢量可以写为

$$\boldsymbol{r}(k,l)=\boldsymbol{R}(l)+\boldsymbol{x_k} \tag{3.49}$$

其质量设为 m_k, 各原子实在平衡位置 $\boldsymbol{r}(k,l)$ 附近做小振动势移 $\boldsymbol{u}(k,l)$ 的直角坐标分量记为 $u_\alpha(k,l)$, α=1,2,3, 晶体的总势能 $\varPhi$ 对 u_α 作展开, 取简谐近似后得到

$$\varPhi=\frac{1}{2}\sum_{lk\alpha}\sum_{l'k'\beta'}\varPhi_{\alpha\beta}(kk',ll')u_\alpha(k,l)u_\beta(k',l') \tag{3.50}$$

其中

$$\varPhi_{\alpha\beta(kk',ll')}=\left.\frac{\partial^2\varPhi}{\partial u_\alpha(k,l)\partial u_\beta(k',l')}\right|_{u=0} \tag{3.51}$$

若晶体有 N 个单胞, 则共有 $3nN \times 3nN$ 个力系数 ϕ, 这些力系数并非完全互相独立, 利用展开 (3.51) 式即可写出 $3nN$ 个运动方程

$$m_k = \frac{\partial^2 u_\alpha(k,l)}{\partial t^2} = -\sum_{l'k'\beta'} \phi_{\alpha\beta}(kk', ll') u_\beta(k', l') \tag{3.52}$$

将位移对波矢 $\boldsymbol{q}$ 作傅里叶展开, 令

$$u_\alpha(k,l) = (Nm_k)^{-1/2} \sum_q B(\boldsymbol{q}) Q(\alpha, k; \boldsymbol{q}) \cdot \exp\{\mathrm{j}[2\pi \boldsymbol{q} \cdot \boldsymbol{r}(k,l) - \omega(\boldsymbol{q})t]\} \tag{3.53}$$

式中, $B(\boldsymbol{q})$ 为与 $\boldsymbol{q}$ 有关的复常数, 它反映了各谐波在叠加时可能出现的相位差. 以 (3.53) 式代入 (3.52) 式得到

$$\omega^2(\boldsymbol{q}) Q(\alpha, k; \boldsymbol{q}) = \sum_{k'\beta} D(kk', \alpha\beta; \boldsymbol{q}) Q(\beta, k'; \boldsymbol{q}) \tag{3.54}$$

其中,

$$D(kk', \alpha\beta; \boldsymbol{q}) = (m_k m_{k'})^{-1/2} \sum_{l'} \phi_{\alpha\beta}(kk', ll') \cdot \exp\{2\pi \mathrm{j}[\boldsymbol{r}(k', l') - \boldsymbol{r}(k,l)]\} \cdot \boldsymbol{q} \tag{3.55}$$

任给一个 $\boldsymbol{q}$, 由 (3.55) 式可计算出 $3n \times 3n$ 个参数 D, 以这些参数代入 (3.54) 式得到 $3n$ 个方程, 这个含 $3n$ 个 Q 的线性方程组可用矩阵形式写为

$$\omega^2(\boldsymbol{q}) Q(\boldsymbol{q}) = D(\boldsymbol{q}) Q(\boldsymbol{q}) \tag{3.56}$$

上式的方程有非零解的条件为它的久期行列式等于零:

$$|D(\boldsymbol{q}) - \omega^2(\boldsymbol{q}) \boldsymbol{\Lambda}| = 0 \tag{3.57}$$

式中, $\boldsymbol{\Lambda}$ 为 $3n \times 3n$ 单位矩阵, 久期方程 (3.57) 给出 ω 的 $3n$ 个正根, 记为 $\omega_j(\boldsymbol{q}), j = 1, 2, \cdots, 3n$. 以每一个 ω_j 代入方程 (3.56) 可解出一组 Q, 记为 $Q_j(\alpha, k; \boldsymbol{q}), j = 1, 2, \cdots, 3n$.

因为方程 (3.52) 含有 $3nN$ 个变单元 $u_a(k,l)$, 而用变换 (3.53) 式后得到的方程 (3.54) 只含有 $3n$ 个变元 $Q(\alpha,k; \boldsymbol{q})$, 故求解的工作化简了. 根据前述方法, 每给定一个波矢 $\boldsymbol{q}$, 都可得到 $3n$ 支解 $\omega_j(\boldsymbol{q})$ 和 $Q_j(\alpha, k; \boldsymbol{q})$. 若将第一布里渊区用格网等分成许多小体元, 每体元中取一个 $\boldsymbol{q}$ 为代表来计算 ω_j 和 Q_j, 就可以大致上看出 $3nN$ 个解的全貌.

3.3 软　模

3.3.1 铁电软模

前面已经提到过软模, 一个晶体的力系数与晶体所处的条件有关, 温度、应力、外电场等都会影响力系数的值. 若晶体的宏观参数变化时能使某个模的恢复力系数减小乃至趋向于零, 则这个振动模就是软模. 对于一个弹簧振子来说, 这相当于弹簧的软化. 随着振动模软化到出现零频率时, 晶体中各原子的位移因失去恢复力而不能回到原来的平衡位置, 因而原子将移到新的平衡位置而出现新的晶格结构, 如果新结构相应的新力系数中不再出现额外的零值, 则结构就能稳定下来.

对于晶体的新结构, 当宏观参数朝相反方向变化时, 通常都会转变成为原来的结构. 因此, 在新结构中通常也存在一个相应的软模, 当宏观参数朝相反方向变化时它软化. 新相的这个软模和原来的软模分属于新旧两种结构的晶体, 但它们所描述的原子位移方式有一定关系, 在转变点上两个模的频率都等于零. 当宏观参数朝一个方向变化, 例如当温度 T 下降时, 晶体的一个模逐渐软化, 在转变温度 T_c 上这个模的频率减小到零, 晶体结构的变化使这个模消失, 新结构中出现的相应的软模的频率在 T_c 上也等于零, 当 T 由 T_c 继续下降时, 新的软模硬化使频率升高, 这是二级相变中出现的情况. 由于非简谐效应, 还会出现另一种情况: 当新旧两个软模的频率都还略大于零, 当 $T < T_c$ 时, 原来的软模消失, 新的软模随温度继续下降而硬化, 一级相变中就会出现这种情况. 总之, 软模经常是成对出现的.

软模取决于宏观条件下束缚原子系统中原子的外层电子运动状态, 正是这些外层电子的运动状态同时决定了系统的平衡结构和力系数.

软模的概念最初是从解释铁电相变机理而提出来的. 早期, 把软模的起因归结为库仑力长程作用中的有效场修正, 这种有效场修正在晶格动力学基础上产生了类似于莫索提 (Mossotti) 灾难的问题, 软模的这种理论基础太狭窄了, 因为在非极性相变和金属相变中也观察到了软模, 而金属中显然不存在有效场修正问题. 至于声学软模, 那就更难和库仑作用联系了. 因此, 近年来的软模理论是直接建立在广泛的实验事实基础上, 并成为从哈密顿模型出发的微观唯象理论, 软模的哈密顿理论既可用于光学支软模, 也可以用于声学支软模, 这种发展了的微观唯象理论已反过来影响铁电软模理论.

3.3.2 非谐作用下的软模

因为在简谐近似下得出的振模频率与温度无关, 所以简谐近似不能说明模软化的过程. 铁电模的软化, 或者一般地说振模频率随温度的变化, 原因在于非谐相互作用, 即晶格势能中有原子位移三次项及更高次项的贡献.

Cochran 为了解释铁电相变而在晶格动力学基础上提出了软模概念, 他考虑一个由两个原子组成的立方晶体, 而且只考虑两个沿立方晶胞边的光学振动, 得到 $q=0$ 时光学横模的频率取决于短程恢复力和长程库仑力两部分的贡献. 对于 TO 模来说, 这两部分是相消的. 如果这两部分力大小相等, 则促使原子回到平衡位置的力等于零, 原子偏离平衡位置的位移将被冻结 (当软化到频率为零时, 原子不能回复到原来的平衡位置, 称为冻结), 即原子进入新的平衡位置, 晶体由一种结构变为另一种结构. 之后,Barker 把他的物理思想突出而简化成了数学方法, 下面按照 Barker 的方法来介绍铁电软模.

观察 AB 型晶体光学中波矢量 $\boldsymbol{q}\to 0$ 的一个模的振动. 取 A 原子的位移称为简正坐标 Q, 这时晶体中所有同类原子位移方向相同, 大小相等. 当 A 和 B 原子不荷电时的力系数记为 g, 折合质量记为 m, 则运动方程为

$$m\ddot{Q}=-gQ$$

若 A 原子荷电 Z, B 原子带电荷 $-Z$, 则离子的长程库仑作用产生局部电场 E, 它的方向与 Q 平行, 记入长程库仑作用后运动方程变为

$$m\ddot{Q}=-gQ+ZE \tag{3.58}$$

振动位移引起晶体产生极化强度

$$P=\frac{1}{V}(ZQ+\alpha E) \tag{3.59}$$

式中, V 为单胞体积; α 为正、负离子极化率之和. 当晶体为立方结构时, 对于 Q 与 $\boldsymbol{q}$ 垂直的横光学支振动, 电场为

$$E_t=\frac{4\pi}{3}P \tag{3.60}$$

而对于纵波声子, 还要记入退极化场 $-4\pi P$, 即

$$E_l=\frac{4\pi}{3}P-4\pi P=-\frac{8\pi}{3}P \tag{3.61}$$

应用 (3.60) 式或 (3.61) 式和 (3.59) 式消去 P 后, 解出 E 代入 (5.58) 式, 分别得到

$$m\ddot{Q}_t=-\left[g-\frac{4\pi Z/3V}{1-4\pi\alpha/3V}\right]Q_t \tag{3.62}$$

$$m\ddot{Q}_l=-\left[g+\frac{8\pi Z/3V}{1+8\pi\alpha/3V}\right]Q_l \tag{3.63}$$

式中, 用下标 t 和 l 来区分横光支和纵光支模. 于是, 立即得到两支模的振动频率为

$$\omega_t^2=\frac{g}{m}-\frac{4\pi Z}{3Vm}\cdot\frac{1}{(1-4\pi a/3V)} \tag{3.64}$$

$$\omega_l^2 = \frac{g}{m} + \frac{8\pi Z}{3Vm} \cdot \frac{1}{1+(8\pi a/3V)} \tag{3.65}$$

在 (3.65) 式中, 右边所有物理量均为正值, 故纵光学支模恒有 $\omega_l^2 > 0$, 不会软化. 在 (3.64) 式中, 由于出现了两个负号, 情况就不同了, 只要 $(1 - 4\pi a/3V)$ 的值合适, (3.69) 式右边两项可以互相抵消而使 $\omega_t = 0$.

一个顺电性晶体, 若热膨胀系数为正, 则当温度下降时晶体单胞体积 v 减小, 于是 (3.64) 式右边第二项增大而使 $q \to 0$ 的横光支模软化; 同时根据 (3.65) 式, 温度下降将使纵光支模硬化.

将 (3.62) 式写为

$$m\ddot{Q}_t = -g_e Q_t$$

只要唯象地假设总的恢复力系数 g_e 与温度有关, 并且在某个温度下可以出现 g_e=0, 而不必限制 g_e 与温度的关系应归因于内场洛伦兹 (Lorentz) 修正, 因为凝聚物质中的内场修正仍是个有争议的问题, 而在微观理论中严格地按多体问题的方法处理时, 是不存在内场修正这个概念的.

作为一个唯象理论, 还可以考虑得更广泛一点: 将恢复力系数中非简谐效应的高次项也考虑进去, 于是 $q \to 0$ 的长波横光学支模的振动方程可写为

$$m\ddot{Q}_t = -(g_e Q_t + \beta Q_t^3 + \gamma Q_t^5) \tag{3.66}$$

式中, g_e,β 和 γ 是一些特定的理论参数, 可以通过同实验相比较来决定. 于是, 晶体势能可由上式右边的括号内积分得到

$$\Phi = \frac{1}{2}g_e Q_t^2 + \frac{1}{4}\beta Q_t^4 + \frac{\gamma}{6}Q_t^6 \tag{3.67}$$

式中, 略去了积分常数.

图 3.8 示出了 $BaTiO_3$ 晶体的一个单位晶胞. 在高温原型相, 晶体的空间群为 O_h^1, Ba 位于单胞顶角, O 位于面心,Ti 位于体心. 当温度低于 T_c=120°C 时, 空间群转变为 C_{4v}^1, 根据 X 射线及中子衍射测出的四方相钛离子和氧离子相对于单胞体心和面心的位移, 可定性地画出软模矢量图, 如图 3.8 中箭头所示. 在温度 T_c 两侧的两个相的不同的软模均可用图 3.8 的模矢量描述, 其不同在于高温相离子的平衡位置在体心或面心上, 而低温相的平衡位置则偏离了体心或面心.

假设在某个温度 T_0 附近 (3.67) 式中的理论参数 β 和 γ 对温度变化受到的影响不大, 而将 g_e 作线性近似展开为

$$g_e = \alpha(T - T_0) \tag{3.68}$$

只要在 T_0 附近若干个温度点上测出相应于这对软模的频率 ω_t 和 ω_t', 就可以用拟合法定出 3 个理论参数 α、β 和 γ, 从而代入 (3.67) 式得到晶体的势能函数 Φ.

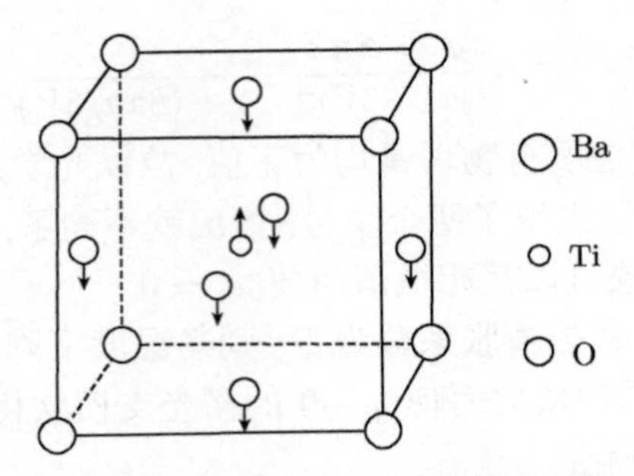

图 3.8　立方 $BaTiO_3$ 的软模矢量图

上面讨论的横光学支简正模的波矢量 $\boldsymbol{q} \to 0$, 矢端落在布里渊区的中心, 在高温顺电相时晶体有较高对称性, 当温度下降时, 这个模软化 (每个晶胞中正、负离子将保持同样的相对位移, 整个晶体呈现均匀的自发极化) 而导致晶体结构不稳定, 最后转变为对称性较低的低温铁电相, 这种模常被称为 Cochran 模或铁电模 (指一对模). 其中, 高温顺电相的模只能是拉曼 (Raman) 激发的, 但低温铁电相的模同时是拉曼激发和红外激发的.

波矢量矢端落在布里渊区边界上的软模一般会出现在离子晶体中, 这时相邻晶胞同类原子的位移方向相反, 大小相等, 参见图 3.4, 与这种横光支软模相联系的相变为反铁电相变. 软模理论的提出使晶格动力学的发展有了更大的突破.

3.4　赝　自　旋

3.4.1　伊辛模型

伊辛于 1925 年提出描写铁磁体的简化模型. 设有 N 个自旋组成的 d 维晶格 $(d = 1, 2, 3)$, 对于一维伊辛模型, 第 i 格点自旋为 $S_i = \pm 1 (i = 1, 2, \cdots, N), \pm$ 为上下. 只考虑最近邻相互作用, 相互作用能为 $\pm\varepsilon, \varepsilon > 0$ 为铁磁性, $\varepsilon < 0$ 为反铁磁性.

设自旋取 $\pm$ 的粒子数分别为 N_+ 和 N_-, 单自旋磁矩为 μ_B, 总磁矩为

$$M = (N_+ - N_-)\mu_B \tag{3.69}$$

若外场为 B, 则分布为 $\{S_i\}$ 时系统的能量为

$$E_I\{S_i\} = -\varepsilon \sum_{(i<j)} S_i S_j - \mu_B B \sum_{i=1}^{N} S_i \tag{3.70}$$

若取近邻据点数为 γ, 则求和总数 $\gamma N/2$ 项, 配分函数

$$Z_I(\beta, B) = \sum_{\{S_i\}} e^{-\beta E_I(S_i, B)} = \sum_{S_i} \cdots \sum_{S_N} e^{-\beta E_I(S_i, B)} \tag{3.71}$$

伊辛模型具有普遍性 —— 可统一讨论相变. 而且伊辛模型解具有以下特征: 一维, 容易解, 但无相变; 二维, 严格解, 铁磁相变; 三维, 无严格解, 一直探索不同的近似解.

3.4.2 有相互作用的赝自旋系统

横场伊辛模型从粒子分布有序化的角度研究铁电相变, 并且把粒子的两个可能位置等效为赝自旋的两种可能取向, 现以 KH_2PO_4 为例加以说明.

KH_2PO_4 是一种含氢键的铁电体, 其居里温度 T_c=123K, T_c 上下分别属于 $\bar{4}2m(D_{2d})$ 和 $mm2(C_{2v})$ 点群, 该晶体的基本结构单元为 PO_4 四面体, 四面体的一对棱与四方 (顺电) 相和正交 (铁电) 相晶胞的 c 轴垂直, 四面体顶角的每一个氧原子各与另一四面体顶角的氧原子通过氢键相联结, 氢键位于晶胞 (四方或正交晶系) 的 ab 平面内. 图 3.9 示出了一个 PO_4 四面体及有关的 4 个氢键, 氢键中质子 (氢核) 有两个可能的位置, 相应于两个势阱, 如图 3.10 所示. 中子衍射实验得出: 在 T_c 以上, 质子在氢键中两个位置等概率分布, 即两个位置占据率均为 50%; 在 T_c 以下, 质子择优地占据其中一个位置, 而且随着温度降低, 两个位置占据率的差别加大, 晶体的极化出现在 c 轴. 实验表明各种温度下自发极化与质子在两个位置占据率之差成正比. 在图 3.10 中, 四面体 PO_4 的两个 "上" 质子靠近它, 两个 "下" 质子远离它, 同时 P 离子沿 c 轴 (向 "下") 产生电偶极矩. 显然, 这种铁电相变是通过质子的有序化实现的.

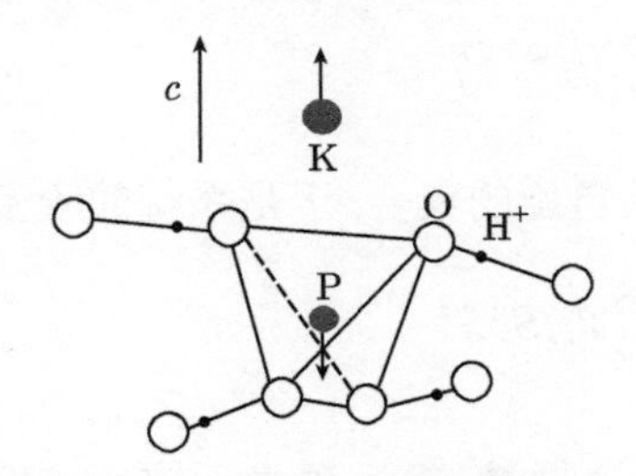

图 3.9 KH_2PO_4 晶体中氢核运动和 K, P 位移的示意图

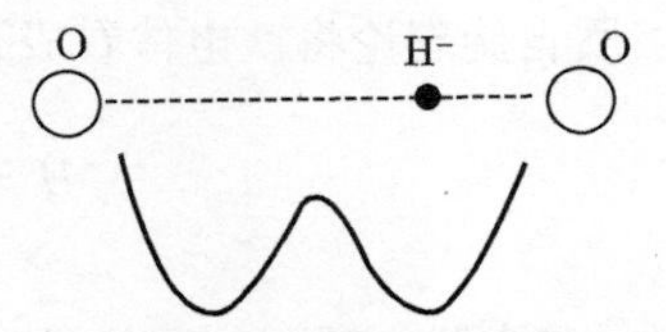

图 3.10 氢键和其中质子的双阱

通过粒子分布有序化实现的铁电相变称为有序无序型铁电相变, 呈现这种相变的铁电体称为有序无序型铁电体.

为了处理粒子在两个可能位置的分布, 德让纳 (Gennes) 认为可以借用磁性理论中成熟的伊辛模型, 于是提出了赝自旋的概念, 将粒子在两个可能位置的择优占据等效为赝自旋在两个可能方向的择优取向.

假设粒子在势阱中只有两个能级, 分别对应于对称和反对称的波函数, 赝自旋算符可写成如下 3 个 2 行 2 列的矩阵, 即泡利矩阵

$$S^x = \begin{bmatrix} 0 & \frac{1}{2} \\ \frac{1}{2} & 0 \end{bmatrix}, \quad S^y = \begin{bmatrix} 0 & \frac{-\mathrm{i}}{2} \\ \frac{\mathrm{i}}{2} & 0 \end{bmatrix}, \quad S^z = \begin{bmatrix} \frac{1}{2} & 0 \\ 0 & \frac{-1}{2} \end{bmatrix}$$

它们的本征值均为 1/2 或 −1/2, S^z=1/2 表示赝自旋朝 “上”, 或粒子占据二势阱之一; S^z=−1/2 表示赝自旋朝 “下”, 或粒子占据另一势阱. 利用粒子的产生和湮灭算符可以证明, $\langle S^z \rangle$ 量度了左右位置上粒子占据数之差, 即量度了有序化程度, 因此称 S^z 为坐标占据算符或偶极矩算符, $\langle S^x \rangle$ 量度了对称和反对称能态的占据数之差, S^x 称为隧道贯穿算符.

赝自旋算符与自旋算符一样, 满足如下的对易关系:

$$[S_i^x, S_j^y] = \mathrm{i}\delta_{ij} S_i^z \tag{3.72}$$

$$[S_i^y, S_j^z] = \mathrm{i}\delta_{ij} S_i^x \tag{3.73}$$

$$[S_i^z, S_j^x] = \mathrm{i}\delta_{ij} S_i^y \tag{3.74}$$

任一赝自旋算符 S_i 的取向受其他赝自旋的影响, 它们之间的相互作用强度由 J_{ij} 表示, 相互作用能为 $-\sum\limits_j J_{ij} S_i^z S_j^z$. 另外, 粒子的隧道贯穿效应意味着自旋有能量 $-\Omega S_i^x$, Ω 为隧穿频率, 近似等于对称和反对称态能级之差. 于是, 单粒子哈密顿量为

$$H_i = -\Omega S_i^x - \sum_j J_{ij} S_i^z S_j^z \tag{3.75}$$

赝自旋理论将铁电体看成有相互作用的赝自旋的集合, 于是系统的哈密顿量为

$$H = -\Omega S_i^x - \frac{1}{2} \sum_j J_{ij} S_i^z S_j^z \tag{3.76}$$

式中, 右边第二项即是无外场时伊辛模型的哈密顿量, 第一项表示该系统受到一个横向 (与自旋取向垂直的方向) 场的作用, 这个模型称为横场伊辛模型.

尽管赝自旋理论是建立在有序. 无序体系基础之上的, 但他还适用于位移体系. 有关赝自旋理论还有海森伯等模型, 可参阅电介质物理丛书.

参 考 文 献

方俊鑫, 殷之文. 1989. 电介质物理学. 北京：科学出版社
黄昆. 铁电弛豫效应. 1988. 固体物理学. 北京：高等教育出版社
李正中. 1985. 固体物理. 北京：高等教育出版社
李景德, 沈韩, 陈敏. 2003. 电介质理论. 北京：科学出版社

张良莹, 姚熹. 1991. 电介质物理. 西安：西安交通大学出版社

钟维烈. 1996. 铁电体物理学. 北京：科学出版社

Arlt G ,Sasko P J. 1980. An analysis of lattice strain due to disclination dipole walls in Fe-Pd martensite Appl.Phys., 51:4956

第 4 章　功能介质的晶体结构与微介观设计

4.1　晶体构造的周期性和对称性

4.1.1　空间点阵理论

晶体外形上的规律性, 特别是外形上的对称性和面角守恒, 很早就使人们臆测其内在结构的规律性, 几个世纪中对晶体的观察与研究说明, 晶体最一般的特点是晶体结构中空间点阵式的周期性. 点阵是反映晶体结构中周期性的科学抽象, 总结这一规律的就是晶体的空间点阵理论. 按照这个学说, 晶体内部构造可以概括为由一些相同的点在空间有规则地作周期性的无限分布, 这些点代表原子、离子、分子或其集团的重心, 这些点的总体称为空间点阵. 空间点阵学说成功地解释了晶体外形上的种种规律性, 正确地反映了晶体内部结构的特征, 并为 X 射线衍射实验所证实. 下面对空间点阵学说的内容和意义加以说明:

(1) 空间点阵学说中所称的点是一个几何点, 因为它既不表示具体质点的成分和种类, 也不表示质点的大小, 因而只具有几何意义; 另外, 空间点阵中的点, 在一般情况下, 并不代表质点本身, 而是指质点集团的重心, 因而它代表晶体构造中的等同点 (即质点种类相同, 周围环境也相同的点). 由此看来, 抽象的空间阵点并不能脱离具体的晶体结构而单独存在, 它不是一个无物质基础的纯粹几何的图形. 空间点阵中的点代表晶体结构中质点集团的重心在空间所处的几何位置, 一般称为结点, 如图 4.1 所示: 图中圆圈 “○” 代表原子, 而黑点 “•” 代表结点. 当晶体是由完全相同的一种原子组成时, 这些结点才代表质点的真正位置. 必须指出, 晶体结构中的每一质点集团并非固定在一点上静止不动的, 它们在热运动的影响下进行着微小的振动. 实际上, 严格地说, 结点是这些质点集团的重心在振动时的平衡位置.

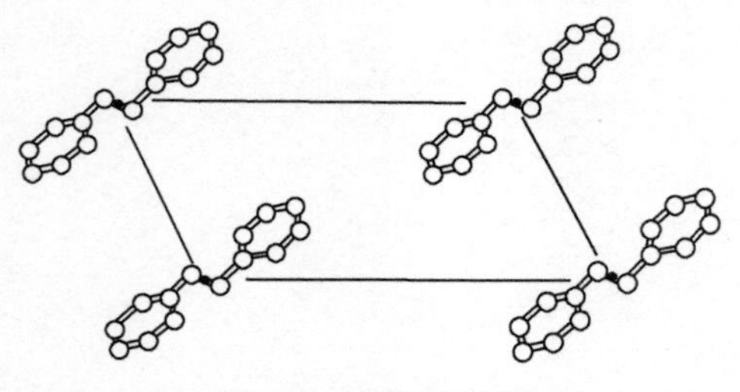

图 4.1　点阵示意图

(2) 空间点阵学说概括了晶体结构的周期性. 由于空间点阵是晶体结构中各类等同点共有的抽象的几何形象, 因此可以指定结点代表晶体结构中任何一类等同点. 很明显, 无论代表哪一类等同点, 结点都具有周期重复性. 因此, 整个晶体结构可以看作是由某一质点沿着空间三个不同的方向, 各按一定的距离, 周期性地平移而成. 每一平移距离称为该方向上的周期. 晶体中同一方向上的周期完全相同, 不同方向上的周期一般并不相同. 点阵中每个结点周围的情况都是完全一样的. 晶体构造的周期性常用以阐明晶体结构几何理论上的许多问题, 从这一原则出发, 不可避免地要推导出, 空间点阵是一个在各方向上都伸展至无限远处的无限图形. 由质点 (原子、离子、分子) 排列成的晶体结构当然不会占有无限大的空间, 但是仍不妨碍我们将空间阵点视为一个无限图形. 理由有二：第一, 晶体结构相邻两质点间的距离的长度数量级为几个到几十个埃, 即 $10^{-8} \sim 10^{-7}$cm, 因此在一晶体内 1cm 线段上所排列的质点, 其数目很大, 视其为无限大也不是不可以; 第二, 晶体在适当环境中, 如果原料供应不断, 有无限长大的可能性, 虽然这是一个不可能实现的可能性, 但却具有这样的趋势.

(3) 既然空间点阵是结点在三维空间中规律排列成的无限图形, 那么, 这样的图形很难绘制, 而且也不易识别, 因为构成此图形的结点都不是连续地悬空排列起来的. 为了识别出图形及探讨问题方便起见, 可以通过结点作许多平行的直线族和平行的晶面族, 这样就使空间点阵及其中的直线点阵和平面点阵具有明显的几何形象, 因此空间点阵与空间格子这两个名词被用作同义词, 结点平面或面网与平面点阵是同义词, 结点直线或行列与直线点阵也是同义词.

晶体结构中原子排列的根本性特征是构晶 “粒子” 在晶体中的周期性排列. “周期性” 就是指晶胞的重复排列, 具体说就是构晶粒子在空间排列上按照一定的方式, 每隔一定距离地重复出现, 这个距离就称为**周期**. 显然, 沿不同的方向有不同的周期.

晶体中构晶 “粒子” 排列的周期性规律, 可以用抽象为在空间有规律分布的几何学上的点来表示, 这就构成了**点阵**(也称晶格). 因此可以说, 点阵是微粒有规则排列的具体方式, 也是反映结构周期性的几何形式. 所以, 点阵并不是任意的一组点, 而是有其严格的定义, 这就是：“按连接其中任意两点的向量进行平移后能够复原的一组点”, 这样的一组点才能够称为点阵.

如图 4.2 所示, 由无限多个等同的圆球沿直线排列并相互接触形成一直行 (称等径圆球密置列), 这些球的中心点所排列成的点列, 就是最简单的点阵, 称为一维直线点阵 (单维点阵, one-dimensional lattice). 显然, 按照连接图中任意两点的向量 $\boldsymbol{a}$ 进行平移后, 整个点列是能够恢复的.

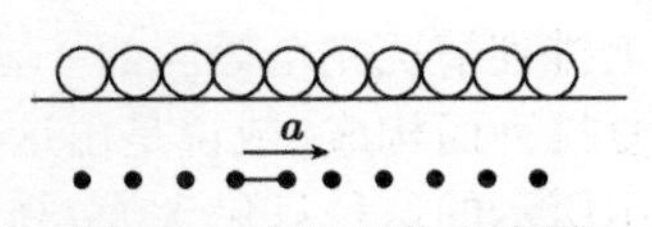

图 4.2 直线点阵示意图

这里所谓的平移, 是存在于晶体中的一种平移对称操作, 就是使图形中所有的点 (称为点阵点, lattice points) 在同一方向上移动同一距离的操作. 图 4.2 中连接两个阵点, 表示移动方向和距离的向量, 称为平移向量. 该图中 $\boldsymbol{a}$ 是连接直线点阵中相邻两点的平移向量, 称为直线点阵的基本向量或素向量. 向量的长度, 即各阵点所移动的距离 a 就是反映晶体内部结构周期性的点阵点周期.

点阵必须是由无穷多个周围环境相同的阵点所组成, 从图 4.2 可看出, 按 $\pm\boldsymbol{a}$, $\pm2\boldsymbol{a}, \pm3\boldsymbol{a}, \cdots$ 等不同周期进行平移后, 点阵都能复原. 像分子中的对称操作构成分子的点群一样, 晶体中的平移操作也构成一个平移群. 把能够使点阵复原的全部平移操作包括素向量 (如 $\boldsymbol{a}$) 和复向量 (如 $\pm2\boldsymbol{a}, \pm3\boldsymbol{a}, \cdots$) 共同组成的向量群, 称为平移群. 如相应于直线点阵的平移群, 以数学语言表示为

$$\boldsymbol{T}_m = m\boldsymbol{a}, \quad m = 0, \pm1, \pm2, \cdots \tag{4.1}$$

平移群的代数表达式是反映结构周期性的代数形式.

如图 4.3(a) 所示的 “平面点阵”(也称二维点阵). 当沿 $\boldsymbol{a}$ 和 $\boldsymbol{b}$ 的方向将全部阵点以直线连接, 则会得到如图 4.3(b) 所示的 “平面格子”, 可见平面格子与平面点阵是同义词. 同样, 整个平面格子是由无数多个与其相应的小平行四边形并置而成的 (当然, 若沿 $\boldsymbol{a}'$ 和 $\boldsymbol{b}'$ 方向将全部阵点以直线连接, 则会得另一套与图 4.3(b) 不同的平面格子及其相应的无数小平行四边形. 可见, 同一平面点阵, 可以有不止一套的表现形状不同的平面格子与其相适应). 从平面点阵图中还可以看出, 平面格子中每一个小平行四边形的四个顶点位置上都有阵点存在, 即阵点数为 4, 但是, 每个顶点位置的阵点都为 4 个平行四边形所共用, 因此, 只有 1/4 个阵点是属于一个平行四边形的, 这样平均分配的结果是, 每个小平行四边形只有一个阵点, 即 $4\times(1/4)=1$.

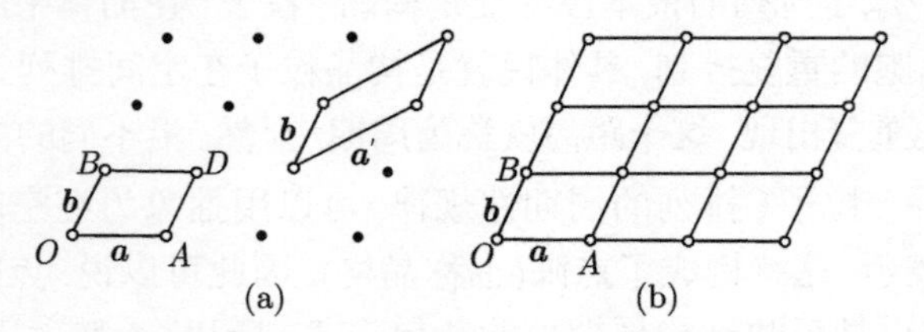

图 4.3　平面点阵 (平面格子) 示意图

(a) 平面点阵; (b) 平面格子

在平面格子中每一个小平行四边形都具有完全等同的结构内容, 即在微观结构上排列情况完全等同的 “基本单位”, 整个平面格子是由这个基本单位周期性地重复排列而构成, 或说是由这个单位在同一个平面上平移而得到. 把图 4.3(a) 和 (b) 中所示的这种只包含 (分摊) 到一个阵点的单位称为**素单位**; 而把分摊到两个或两个以上的阵点的单位称为**复单位**. 值得注意的是, 在同一个平面点阵中, 因连接点阵的方式不同可以划出不同的单位. 如图 4.4 中给出了四种不同的单位 (实际上

可以划出无限多种), 其中Ⅰ和Ⅱ是素单位, Ⅲ和Ⅳ是复单位. 在Ⅳ的一套向量 $\boldsymbol{a}'''$ 和 $\boldsymbol{b}'''$ 是互相垂直的, 单位呈现出较规则的矩形而且其中心位置有一个阵点, 这样的单位称为**带心矩形单位**, 有时选择这种形式的单位来研究平面点阵比较方便. 因此, 一般在划分平面格子时, 应该尽量选取具有比较规则形状的较小的平行四边形单位, 称其为**正当单位**(可以是素单位, 也可以是复单位). 图中Ⅰ、Ⅱ、Ⅳ都属于正当单位.

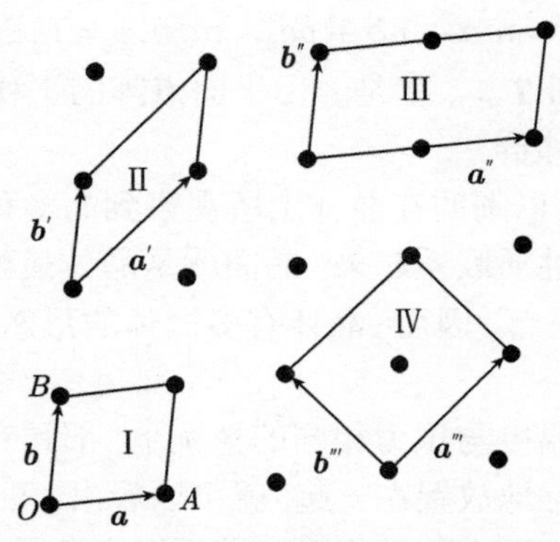

图 4.4 平面点阵的素单位和复单位

规定平面点阵素单位的一套向量, 如上图中的 $\boldsymbol{a}$ 和 $\boldsymbol{b}$($\boldsymbol{a}'$ 和 $\boldsymbol{b}'$) 称为点阵的一套素向量. 同样, 能使平面点阵复原的全部平移操作也构成点阵的平移群, 可用一套素向量的线性组合表示, 其限制条件是素向量的系数只能为正、负整数和零), 其数学表达式为

$$\boldsymbol{T}_{m,n} = m\boldsymbol{a} + n\boldsymbol{b}, \quad m, n = 0, \pm1, \pm2, \pm3, \cdots \tag{4.2}$$

当把直线点阵和平面点阵的情况推广到三维空间时, 对于无限多个等径圆球在空间所排列的"密置堆"或"密置堆结构", 把其中每个圆球的中心点都抽象出来, 就排成了如图 4.5(a) 所示的"空间点阵"或"三维点阵".

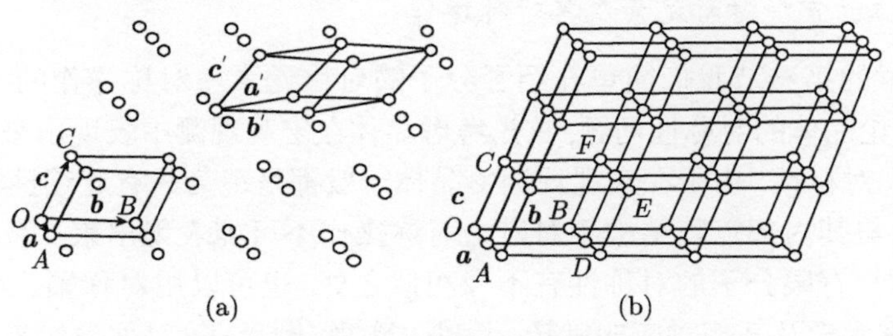

图 4.5 空间点阵示意图

(a) 空间点阵; (b) 立体格子

同样, 由一套素向量 $\boldsymbol{a}$, $\boldsymbol{b}$, $\boldsymbol{c}$ 所规定的小平行六面体就是这个空间点阵的素单

位 (当然, 由 $\boldsymbol{a}'$, $\boldsymbol{b}'$, $\boldsymbol{c}'$ 所规定的小平行六面体也是这个空间点阵的另一个素单位). 如果由向量 $\boldsymbol{a}$, $\boldsymbol{b}$, $\boldsymbol{c}$ 顶端所指向的阵点, 即图中的 A、B、C 三点不是与 O 点最相邻的点, 则每个小平行六面体就会摊到两个或多个阵点, 那么由它们所确定的就不再是素单位而是复单位了. 如图 4.5(b) 所示, 即是由上述单位周期性地重复排列或在空间平移而得到的空间格子或立体格子. 能够使空间点阵复原的全部平移操作构成的平移群可表示为

$$\boldsymbol{T}_{m,n,p} = m\boldsymbol{a} + n\boldsymbol{b} + p\boldsymbol{c}, \quad m, n, p = 0, \pm 1, \pm 2, \cdots \tag{4.3}$$

显然, 如果 $p = 0$, 则 $\boldsymbol{T}_{m,n}$ 就是表示平面点阵的平移群; 如果 p, $n = 0$, 则 $\boldsymbol{T}_m$ 就是表示直线点阵的平移群.

(4) 空间点阵理论可以阐明在晶体上所观察到的多种性质, 也只有用空间点阵理论才能将晶体的宏观性质联系起来. 晶面就是晶体最外面, 晶棱是晶体最外面的行列, 而顶点则相当于阵点. 因而, 晶体有多面体的形态是其点阵构造在晶体的形态上的反映.

同一品种的物质在温度与压力相同的情况下, 都具有相同的空间点阵, 假如把两个相同的结晶点阵平行地放置在一起, 就可以看出：一个结晶阵点的任何两个面网的夹角与另一点阵中的两个与其相对应的面网夹角是相同的. 因此, 无论晶体的形状、大小如何, 只要它们的成分、构造相同, 则它们对应的晶面之间的角度是恒等的.

晶体是具有空间点阵的固体, 这种规则排列是质点间的引力和斥力达到平衡的结果. 因此, 无论是使质点间的距离增大或减小, 都将导致质点的势能增加. 至于气体、液体、非晶体, 由于它们内部质点排列是无规则的 (因为质点间的距离一般都不等于平衡距离), 因此它们的势能一定较晶体大, 所以在相同的热力学条件下, 晶体的内能应为最小, 晶体的其他性质都可以用空间点阵理论来解释.

4.1.2　晶体的宏观对称性

1. 晶体的宏观对称元素及其对称操作

在本章的第一节我们简单介绍了分子的对称元素与对称操作的相关知识. 这里, 将要讨论晶体的对称性问题, 首先考虑晶体在宏观观测中表现出来的对称性, 即晶体的宏观对称性. 由于在宏观观测中晶体一般都呈现为具有连续性的、有限外形的物体, 而与其内部点阵结构相对应的对称操作不可能表现出来. 因此, 晶体的宏观对称性, 与有限分子的对称性有不少相似之处, 也可以用对称轴、对称面、对称中心等对称元素及其相对应的旋转、反映、反演 (倒反) 等对称操作来描述, 并且都可以把它们分别归属于若干种不同类型的点群. 但是, 在讨论晶体对称性时传统习惯上所采用的对称元素和对称操作的符号和名称, 与讨论分子对称性所采用的不完全相同, 它们之间的差别列于表 4.1 中.

表 4.1 描述分子对称性与晶体对称性所用对称元素及其对称操作符号对照表

分子对称性		晶体宏观对称性	
对称元素符号	对称操作符号	对称元素符号	对称操作符号
对称轴 C_n	旋转 C_n	旋转轴 $n(=2\pi/\alpha)$	旋转 $\mathrm{L}(\alpha)$ 或 L_n
对称面 σ	反映 σ	反映面 (镜面)m	反映 M
对称中心 i	反演 i	对称中心 i	倒反 I
象转轴 S_n	旋转反映 S_{n_n}	—	—
—	—	反轴 $\overline{n}$	旋转倒反 $\mathrm{L}(\alpha)\mathrm{I}$

与分子的对称操作是移动分子的核骨架到与原先位置毫无区别的位置上的动作一样, 晶体中的对称操作是把对称图形中某一部分的任一点变到一个等同部分相应点上去的动作, 这一动作结束后图形与原来无任何区别. **等同图形**是指 "具有对称性的物体的相应各部分", 它包括能完全重合的相等图形和互成镜像 (如左右手) 的对映体. 把对称图形中所包括的等同部分的数目称为对称图形的**阶次**. 阶次的大小代表了对称性的高低.

(1) 反映面 m: 晶体中的反映面就是镜面, 以符号 m 表示. 其阶次为 2, 相应的对称操作称为反映, 以符号 M 表示. 许多分子或晶体互成镜像关系, 称为对映体 (图 4.6). 许多晶体自身具有反映面, 显然这类晶体不存在对映体.

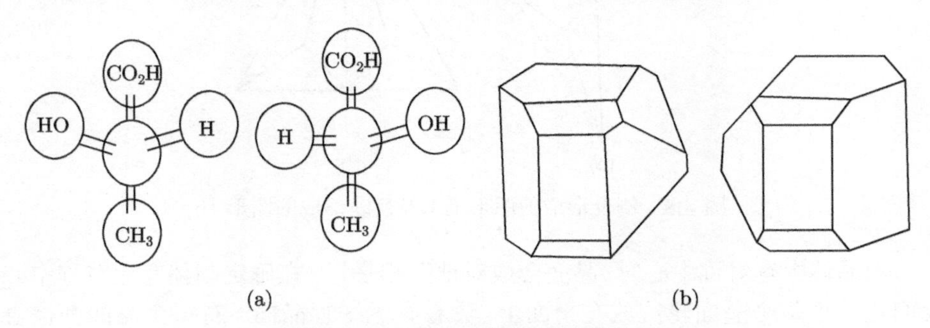

图 4.6 反映面与对映体的镜像关系

(a) 乳酸分子; (b) 酒石酸晶体

在图 4.7(a) 的立方体中, 反映面垂直平分 4 条平行棱, 这样的反映面共有 3 个; 图 4.7(b) 中的反映面穿过两相对棱. 因在立方体中相对棱有 6 对, 故反映面也有 6 个. 这样, 在立方体中共有 9 个反映面.

(2) 对称中心 i: 具有中心对称性的固体包含有该对称元素, 其相应的对称操作称为倒反, 以符号 I 表示. 进行倒反操作时有一点不动, 若把这一不动点作为坐标原点, 则它是将一个图形中的全部点对于该不动点反演的操作, 也即将坐标为 (x,y,z) 的点移动到 $(-x,-y,-z)$. 对称中心使图形分成两个等同部分, 它们互成左右形, 阶次为 2. 进行倒反操作时, 图形对应点的连线通过对称中心, 为对称中心所平分. 与反映操作一样倒反操作也引起左右形, 这可以从图 4.8(a) 和 (b) 中看出, 若把经过倒反操作的直角三角锥绕短直角边转动 180°, 便可得到与反映操作相应的左右形, 因为旋转不会引起左右形, 因此可知是倒反引起了左右形.

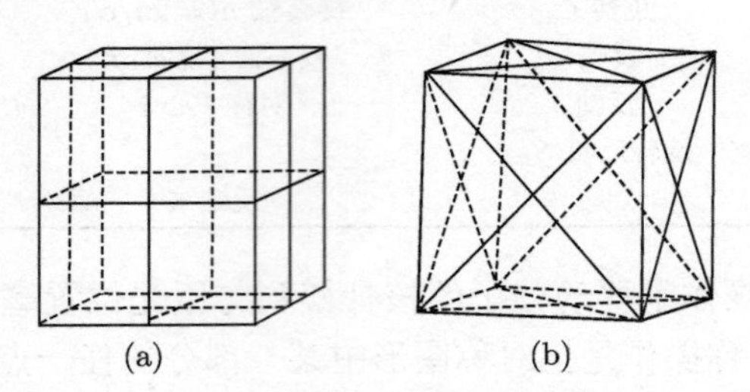

图 4.7　立方体中反映面的分布情况

(a) 反映面垂直平分 4 条平行棱; (b) 反映面穿过两相对棱

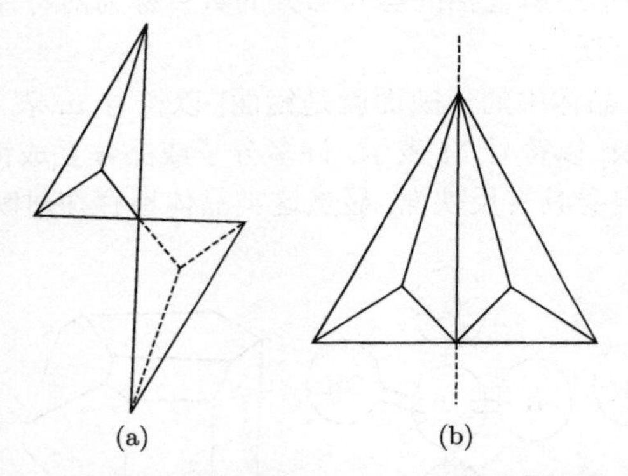

图 4.8　倒反形成的图形 (a) 及反映形成的图形 (b)

当晶体中有对称中心时, 晶面会成对地互相平行. 在确定晶体有无对称中心时, 我们往往把每个晶面轮流放在平面上, 看看有无平行晶面. 对每个晶面都检查后, 才能断定晶体有无对称中心.

(3) 旋转轴 n: 若在图形中可找到一条直线 L, 绕此直线将图形旋转某一角度可使图形复原, 则此直线称为旋转轴 (以符号 n 表示). 图 4.9(a)~(c) 给出了立方体中所有的旋转轴. 立方体绕穿过其相对面中心的直线旋转 90°、180°、270°、360° 都能复原 [图 4.9(a)]; 立方体绕其体对角线旋转 120°、240°、360° 同样能复原 [图 4.9(b)]; 立方体绕其相对棱中点连线旋转 180°、360° 也能复原 [图 4.9(c)]. 这说明在同一几何体上会有不同的旋转轴.

为了对旋转轴进行分类, 引入**基转角**的概念. 把能使图形复原的最小旋转角度称为该旋转轴的基转角. 容易证明, 任何旋转轴的基转角 α 总能找到一个正整数 n, 使 $n \times \alpha = 360°$. 如果 $\mathrm{L}(\alpha)$ 为对称操作, 则 $\mathrm{L}(2\alpha)$、$\mathrm{L}(3\alpha)$、$\cdots$、$\mathrm{L}(n\alpha)$ 也为对称

操作. 假定 360° 不能被 α 整除, 则必然可以找到一个对称动作 $\mathrm{L}(m\alpha)$.

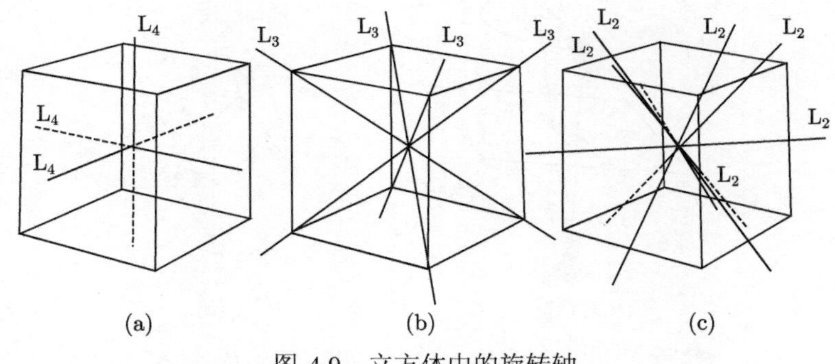

图 4.9 立方体中的旋转轴

(a) $3\mathrm{L}_4$; (b) $4\mathrm{L}_3$; (c) $6\mathrm{L}_2$

使 $360° - m\alpha < \alpha$, $\mathrm{L}(m\alpha)$ 是对称操作, 即旋转了 $m\alpha$ 后的图形能复原. 显然, 如果再继续旋转 $360° - m\alpha$ 角度, 则仍然能达到复原的效果, 因为有

$$m\alpha + 360° - m\alpha = 360° \tag{4.4}$$

由此 $\mathrm{L}(360° - m\alpha)$ 亦为旋转对称动作, 但 $360° - m\alpha < \alpha$, 这样 α 当然不是最小基转角了, 这与假设矛盾. 换言之, 只要 α 是最小的基转角, 总能选得一个整数, 使 $n \times \alpha = 360°$, (n 为该旋转轴的轴次).

运用基转角和轴次的概念可将立方体上的旋转轴归纳如下：穿过立方体相对面中心的旋转轴 [图 4.9(a)], 其基转角为 90°, 轴次 $n = 360°/90° = 4$, 称为 4 次旋转轴, 用 L_4 表示. 因立方体的相对面有三对, 故立方体共有 3 个 L_4; 相应于立方体体对角线的旋转轴 [图 4.9(b)] 的基转角为 120°, 轴次为 $n = 3$, 称为 3 次旋转轴, 用 L_3 表示. 因相对角顶有 4 对, 故立方体共有 4 个 L_3; 同理, 穿过立方体相对棱的中点的旋转轴 [图 4.9(c)] 的基转角为 180°, 轴次为 $n = 2$, 用 L_2 表示, 因相对棱共有 12 条, 故这样的 L_2 共有 6 个.

从前面的讨论已知, 立方体上还有 9 个反映面 M(图 4.7) 和一个对称中心 i. 这样立方体的全部对称性为 $3\mathrm{L}_4 4\mathrm{L}_3 6\mathrm{L}_2 9\mathrm{MI}$.

(4) 反轴 $\bar{n}$: 反轴就是一根特定的直线 (旋转轴) 与该直线中心的一个点 (对称中心) 组合而成的对称元素 (以符号 $\bar{n}$ 表示). 与反轴相对应的对称操作是旋转和倒反组成的复合对称操作, 以符号 $\mathrm{L}(\alpha)\mathrm{I}$ 表示. 在进行旋转倒反操作时先绕某一直线转一定的角度 (α), 然后再通过该直线上某一点进行倒反 (或先倒反再旋转), 就能使图形复原. 晶体的反轴也只有 1、2、3、4、6 种, 为了区别于对称轴, 在轴的轴次上加一横来表示反轴, 如 $\bar{1}$、$\bar{2}$、$\bar{3}$、$\bar{4}$、$\bar{6}$.

1 次反轴就是对称中心, 即 $\bar{1}$ =i.

2 次反轴就是垂直于该轴的对称面 [见图 4.10(a)], 即 $\bar{2}$=m.

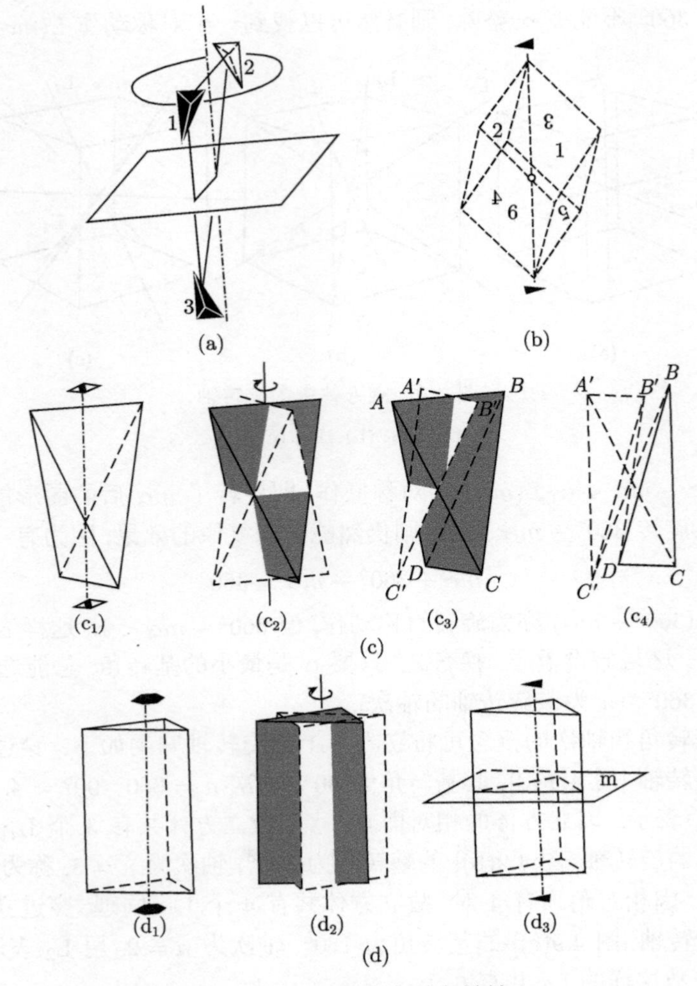

图 4.10　晶体的各种象转轴

(a) 2 重象转轴, 即 $\overline{2}$=m; (b) 3 重象转轴, 即 $\overline{3}$=3+i; (c) 4 重象转轴; (d) 6 重象转轴, 即 $\overline{6}$=3+m

3 次反轴的效果和 3 重对称轴加上对称中心的总效果一样, 即 $\overline{3}$ = 3+m, 图 4.10(b) 是一个具有 $\overline{3}$ 的晶体, 从晶面 1 开始, 通过 $\overline{3}$ 的逐次变换, 依次可以与晶面 5、3、4、2、6 重复, 即整个晶体可借助于 $\overline{3}$ 的对称变换而复原. 但是从图中可以看出, 与 $\overline{3}$ 重合的轴线本身就是一个三重对称轴, 同时晶体中还存在独立的对称中心 i, 从晶面 1、2、3 又分别与晶面 4、5、6 重复. 这样, 由 $\overline{3}$ 的对称变换而联系起来的六个晶面也可以不依靠 $\overline{3}$ 而借助于一个与 $\overline{3}$ 重合的 3 重对称轴及一个 i 两者的联合作用而相互重复, 从而使整个晶体复原.

4 次反轴是一个独立的重合对称素, 它的作用无法由其他对称元素或它们的组合来代替. 如图 4.10(c) 所示, (c_1) 表示一个具有 $\overline{4}$ 的晶体处于起始位置的位象, 当晶体饶 $\overline{4}$ 旋转 90° 而到达图 (c_2) 中虚线所示的位象时, 晶体尚未复原, 只有当它再通过中心点的反演操作后, 才使晶体复原. 为了看得清楚, 图 (c_3) 中只表示出了晶面 ABC 在旋转 90° 后所处的位象, 即过渡位置 $A'B'C'$ 的方位, 显然, 当它再通过中心点的反演后, 即可与原始位象中晶面 CDB 重复 [图 4.10(c_4)], 其余三个晶面也都可以发生重复, 即 $A'B'C'$ 与 CDA 重复, $C'D'A'$ 与 BAC 重复, $C'D'B'$ 则与 BAD 重复.

必须指出, 晶体图形围绕 $\overline{4}$ 轴旋转一周, 如不经反演操作, 晶体图形能够重合二次. 因此, $\overline{4}$ 包含一个和它重合的 2 重对称轴, 上述图形中的中心点并不是晶体的对称中心, 因为晶体若不旋转, 经过反演操作, 它的相等部分并不重合. 具有 $\overline{4}$ 的晶体必然没有对称中心.

图 4.10(d_1) 是一个横切面呈等边三角形的柱状晶体, 它具有一个 $\overline{6}$, 图 (d_1) 表示其处于起始位置时的位象, 图 (c_2) 中的虚线表示晶体绕 $\overline{6}$ 旋转 60° 后所处的位象, 显然, 此时晶体尚未复原, 需要再通过中心点的反演后晶体才达到复原. 但从图中还可以看出, 该晶体中与 $\overline{6}$ 相重合还存在着一个 3 重对称轴, 且垂直此 3 重轴还有一个对称面 m 存在 [图 4.10(d_3)]. 整个晶体既可以单纯借助于 $\overline{6}$ 的变换而复原, 也可以通过相互独立的 3 重对称轴和对称面 m 两者的共同作用而复原. 因此, 6 重象转轴的效果和 3 重对称轴加上垂直于该轴的对称面的总效果一样, 即 $\overline{6}$=3+m.

2. 晶体宏观对称元素的组合原理

由于晶体内部具有点阵结构, 因而在晶体结构中, 有些对称元素的取向及其可能存在的种类和数目就必定要受到点阵的限制; 同时, 两个对称元素组合必产生第三个对称元素, 因为晶体外形是有限图形, 对称元素组合时至少交于一点, 否则, 对称元素将有无限多, 这是与晶体的有限外形相互矛盾的. 因此, 我们有必要清楚 “晶体的对称性必须与点阵结构的周期性相适应” 的基本原理.

(1) “在晶体的空间点阵结构中, 任何对称轴 (包括旋转轴、反轴、微观对称元素中的螺旋轴) 都必须与一组直线点阵平行; 任何对称面 (包括晶面、微观对称元素质点滑移面) 都必须与一组平面点阵平行, 而与一组直线点阵垂直”.

(2) 对称性定律:“晶体中对称轴 (包括旋转轴、反轴、螺旋轴) 的轴次 n 并不是任意多重的, 而是仅限于 $n = 1, 2, 3, 4, 6.$” 这一原理称为 “晶体的对称性定律”. 这里可以通过简单的数学方法进行证明: 设在直角坐标系中某一晶格格点的位置向量为 $\boldsymbol{Tn} = m\boldsymbol{a} + n\boldsymbol{b} + p\boldsymbol{c}$($m$、$n$、$p$ 为整数), 某一旋转操作作用于该向量后, 使格点移动到 $\boldsymbol{Tn'} = m'\boldsymbol{a} + n'\boldsymbol{b} + p'\boldsymbol{c}$, 且有 $\boldsymbol{Tn'} = \boldsymbol{ATn}$, 其中 $\boldsymbol{A}$ 是旋转操作变换矩阵, 写成矩阵形式为

$$\begin{bmatrix} m' \\ n' \\ p' \end{bmatrix} = \begin{bmatrix} 1 & 0 & 0 \\ 0 & \cos\theta & -\sin\theta \\ 0 & \sin\theta & \cos\theta \end{bmatrix} \begin{bmatrix} m \\ n \\ p \end{bmatrix} \tag{4.5}$$

即

$$\left.\begin{aligned} m' &= m \\ n' &= n\cos\theta - p\sin\theta \\ p' &= n\sin\theta + p\cos\theta \end{aligned}\right\} \tag{4.6}$$

要使转动后晶体自身重合, m', n', p' 必须也为整数, 即 $(m'+n'+p')=$ 整数. 将上式的两边相加得到: 整数 $=(n+p)\cos\theta+(n-p)\sin\theta$; 此式对任何 m、n、p 都是成立的. 为简便我们取 $m=n=p=1$, 则有

$$整数 \ = 1 + 2\cos\theta \tag{4.7}$$

因为 $-1 \leqslant \cos\theta \leqslant 1$, 所以有: $-1 \leqslant 1+2\cos\theta \leqslant 3$, 也就是说 $(1+2\cos\theta)$ 只能取 $-1, 0, 1, 2, 3$ 这五个数值, 将这五个数值代入关系式 (2.8) 中, 可以求出基转角 θ 的允许值为 $2\pi/1$、$2\pi/2$、$2\pi/3$、$2\pi/4$、$2\pi/6$, 即在晶体中只能有 C_1、C_2、C_3、C_4、C_6 五种对称轴. 同样可以证明反轴等的轴次也只有这五种. 从晶体的对称性定律知道, 如果在点阵中出现 n 次旋转轴, 则在垂直于 L_n 的平面点阵中便有正 n 边形格子的几何图形. 从图 4.11 中可以直观地看出, 如果晶体中存在 $n=5$ 的对称轴, 则垂直于轴的平面上格点的分别是五边形, 而五边形不可能相互拼接而充满整个平面, 这样就不能保证晶格的周期性, 所以 C_5 不能存在.

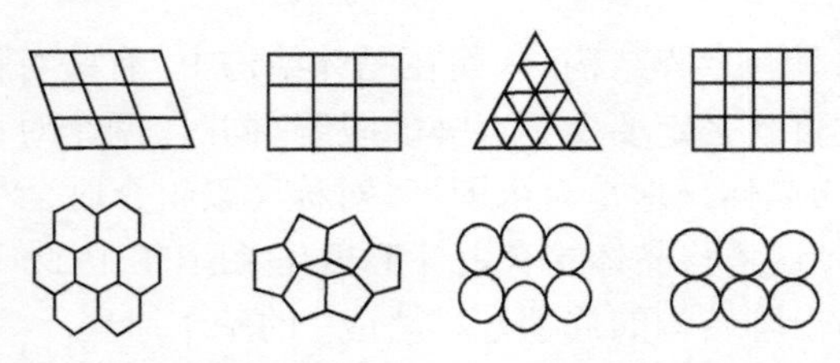

图 4.11 晶格点阵只允许 1, 2, 3, 4, 6 次旋转轴

注 现在已经发现一些具有五次旋转对称轴的固体. 这些具有五次旋转对称轴, 但不具备周期结构的固体称为**准晶体**.

(3) 反映面之间的组合定理: "两个反映面相交, 其交线为旋转轴, 基转角为反映面相交角的 2 倍". 如图 4.12 所示, 在两个反映面进行连续操作时:

$$A \to (Q) \to B$$

因为

$$\triangle OAC \cong \triangle OCQ, \quad \triangle QOD \cong \triangle DOB$$

这样 $\angle AOB = 2\beta$, β 是二反映面的夹角. 又 $OA = OB$, 图中两个反映面都垂直于纸面, 因此点 $A \to B$ 相当于绕两反映面交线转了 2β 角. 这说明 O 处是一基转角为 2β 的旋转轴.

若我们维持交线位置和二反映面夹角不变, 仅改变二反映面的取向, 则只能改变中间过渡点 Q 的位置, 而对 A、B 点相对位置无影响, 即动作效果仍然一样. 推论: 基转角为 α 的旋转轴可分解为两个反映面的连续操作, 但其夹角为 $\alpha/2$.

(4) 反映面与旋转轴的组合定理: "当一个反映面穿过旋转轴 L_n 时必有 n 个反映面穿过此旋转轴". 如图 4.13 中, L_n(这里是 L_3, $\alpha = 120°$) 可看成夹角为 $\alpha/2$ 的 m 和 m_1 的连续操作, 它们在空间的取向是任意的. 这样把穿过 L_n 的 m 和 m_1 重合起来再进行连续操作.

$$\mathrm{m} \cdot \mathrm{L}_n = \mathrm{m} \cdot \mathrm{m}_1 \cdot \mathrm{m}_2 = \mathrm{I} \cdot \mathrm{m}_2 = \mathrm{m}_2$$

其中 I 是等同操作, 是连续 2 次反映操作的结果; "·" 表示连操作, 这样 m_2 成为真实的反映面. 图 4.12 中, 在 A 处有一逗号, 经 L_n 操作, 则在 C 处也是一逗号, 但 m 使逗号 B 与 A 互为镜像, 这样 B 与 C 之间也互为镜像关系, m_2 也成为真实存在的反映面.

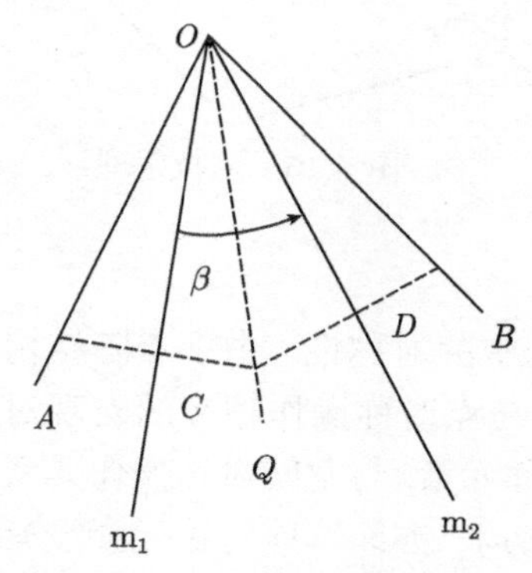

图 4.12 两个反映面的组合

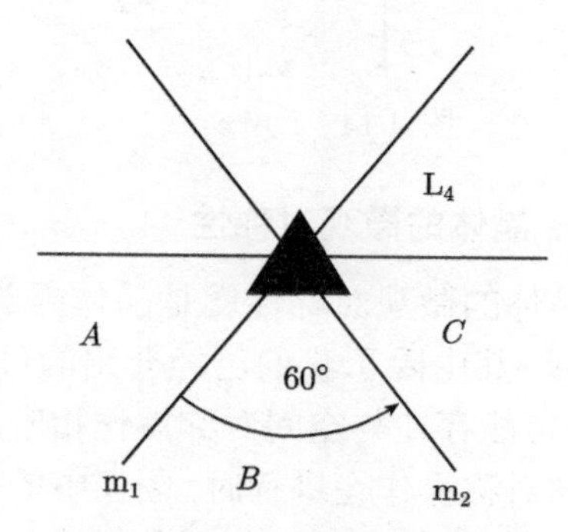

图 4.13 穿过 L_n 加反映面

在与 m 成 $\alpha/2$ 角度处有一反映面后, 可以推断每隔 $\alpha/2$ 角度便有一反映面, 共有 $2\pi/(\alpha/2) = 2n$ 个反映面. 但第 1 个与第 $(n+1)$ 个、第 2 个与第 $(n+2)$ 个反映面间的夹角为 $n \times (\alpha/2) = \pi$, 实际上相重合. 因此反映面的数目仅有 n 个, 与旋转轴的轴次相同. 万花筒具有 L_n 和 n 个反映面的对称性, 所以这个定理可形象地称为万花筒定理.

(5) 旋转轴与对称中心的组合定理: "如果在偶次旋转轴上有对称中心, 那么必有一反映面与旋转轴垂直相交于对称中心".

这里以 L_2 为例来说明, 如图 4.14 所示, L_2 使 $(x, y, z) \xrightarrow{\mathrm{L}_2} (-x, -y, z)$; i 使

$(-x,-y,z)\xrightarrow{\mathrm{i}}(x,y,-z)$; 即 $\mathrm{L_2\cdot i\equiv m}$, m 在 xy 平面内. 所有的偶次轴都包含有 $\mathrm{L_2}$ 的对称操作, 因此, 只要在偶次轴上有对称中心, 则必有反映面与它垂直相交于对称中心. 推论: 在有对称中心时, 图形中偶次轴数目和反映面数目相等.

(6) 旋转轴之间的组合 —— 欧拉定理: 两个旋转轴的适当组合产生第三个旋转轴. 这里以图 4.15 为例来加以说明. 从前面的定理可知: $\mathrm{L_\alpha=m_1\cdot m_2}$; $\mathrm{L_\beta=m_3\cdot m_4}$. 因为这两对反映面在空间的取向是任意的, 故可以使 $\mathrm{m_2}$、$\mathrm{m_3}$ 都在 $\mathrm{L_\alpha}$ 和 $\mathrm{L_\beta}$ 所确定的平面上彼此重合. 这时,

$$\mathrm{L_\alpha\cdot L_\beta=m_1\cdot m_2\cdot m_3\cdot m_4=m_1\cdot I\cdot m_4=m_1\cdot m_4}$$

因为 $\mathrm{L_\alpha}$ 和 $\mathrm{L_\beta}$ 的交点为 $\mathrm{m_1}$ 和 $\mathrm{m_4}$ 共有, 这样两个反映面必交于一直线, 这条直线就是新的旋转轴 $\mathrm{L_\gamma}$.

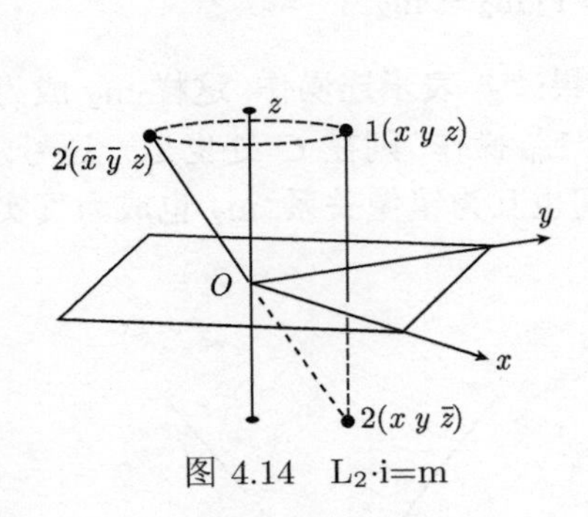

图 4.14 $\mathrm{L_2{\cdot}i{=}m}$

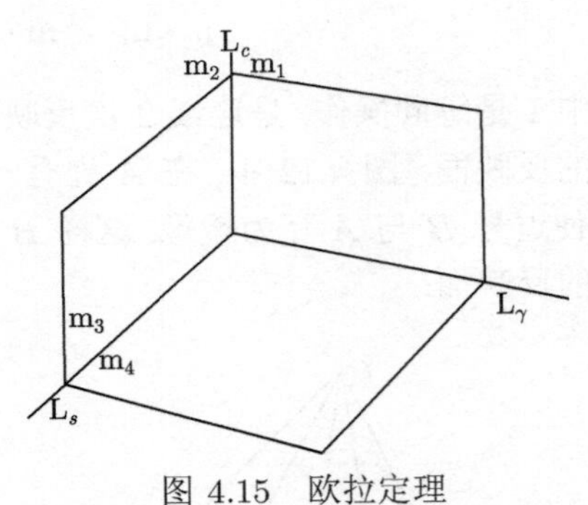

图 4.15 欧拉定理

4.1.3 晶体的微观对称性

晶体的微观对称性就是晶体内部点阵结构中的对称性. 由于点阵结构是无限的图形, 其中除了我们已经介绍的可能存在的与**点对称操作**相应的宏观对称元素外, 还可能存在与**空间对称操作**相应的一些对称元素. 与空间对称操作元素相联系的空间对称操作在进行时, 图像中的每一点都动了, 亦即这些对称元素没有共同通过的或相交的一点. 这类对称元素是有限大小的图形中所不可能包含的, 称为**微观对称元素**, 与其相应的空间对称操作群称为**无限群**. 我们在前面进行晶体结构的讨论时引入了平移操作和平移群的概念, 很显然, 平移即属于空间对称操作之一, 平移群是一种无限群. 平移操作所依赖的几何要素是**点阵**, 所以点阵就是与平移操作相应的对称元素, 而且它是微观对称元素的一种. 又由于点阵及其相应的平移是与一切晶体所共有的内部结构上的周期性特征直接密切相关的, 因此, 可以用这种对称元素及其相应的对称操作来描述晶体的最基本、最普遍的微观对称性.

1. 微观对称元素与空间对称操作

由于前面所介绍的各种宏观对称元素都存在于晶体结构中, 所以, 晶体的所有

宏观对称元素也都是晶体的微观对称元素. 此外, 在晶体结构中还存在有别的微观对称元素, 除点阵外还有**螺旋轴**和**滑移面**两种, 它们分别与**螺旋旋转**和**滑移反映**两种空间对称操作相应. 这样, 我们知道在晶体中共有七种微观对称元素及其相应的对称操作 (表 4.2).

表 4.2 晶体中的微观对称元素和对称操作

对称操作	对称元素	操作特点
倒反 I	对称中心	点操作
反映 M	反映面	
旋转 L(α)	旋转轴	
旋转倒反 L(α)I	反轴	
平移 T	(点阵)	空间操作
螺旋旋转 L(α)T	螺旋轴	
滑移反映 MT	滑移面	

点阵 (τ) 与平移操作 (T): 与点阵相应的空间对称操作是平移. 在进行平移操作时点阵的每一点都动, 在操作进行后仿佛每一点都没有动, 这就要求平移必然为无限图形所具有, 平移是晶体最本质的对称操作, 以符号 T 表示.

因为与点阵相应的对称阶次为 ∞, 所以平移只能使相等的图形叠合, 不能使左右形叠合.

螺旋轴 (n_m) 与螺旋旋转 (L(α)T): 与螺旋轴相应的对称操作是旋转和平移组成的复合对称操作. 动作进行时先绕一直线旋转一定的角度 L(α), 然后在与此直线平行的方向上进行平移操作 (或先平移后旋转). 该直线就称为螺旋轴, 以符号 n_m 表示 n 次螺旋轴, 其滑移分量为 (m/n)T.

在整个操作中, 每一个点都发生了变动, 因而它是一种空间对称操作. 与螺旋轴相应的对称操作的阶次为 ∞, 所以螺旋轴对称操作只能使相等的图形叠合, 而不能使左右形叠合. 为了使螺旋轴不与晶体中点阵周期相矛盾, 除轴次受点阵限制为 1, 2, 3, 4, 6 次外, 还必须使螺旋轴的滑移分量满足这样的条件:

$$n\boldsymbol{\tau} = s\boldsymbol{T}$$

式中, $\boldsymbol{T}$ 是平行于螺旋轴的直线点阵的素向量; n 是螺旋轴的轴次, (n 为 1、2、3、4、6)$n = 360°$/基转角. s 可以写成 $qn + m$ 的形式, 其中 q 和 $m(m < n)$ 都是整数. 即: $\boldsymbol{\tau} = ((qn + m)/n)\boldsymbol{T} = q\boldsymbol{T} + (m/n)\boldsymbol{T}$; 显然, $q\boldsymbol{T}$ 是平移群中平移向量. 这样, $\boldsymbol{\tau} = (m/n)\boldsymbol{T}$; 由此, 在晶体结构这样的无限周期重复图形中允许的螺旋轴如下:

$n = 1,\quad m = 0,\quad \boldsymbol{\tau} = 0$ 1 次轴;

$n = 2,\quad m = 0,\quad \boldsymbol{\tau} = 0$ 2 次轴;

$m=1,\quad \boldsymbol{\tau}=\frac{1}{2}\boldsymbol{T}$　　2_1 次螺旋轴;

$n=3,\quad m=0,\quad \boldsymbol{\tau}=0$　3 次轴;

$m=1,\quad \boldsymbol{\tau}=\frac{1}{3}\boldsymbol{T}$　　3_1 次螺旋轴;

$m=2,\quad \boldsymbol{\tau}=\frac{2}{3}\boldsymbol{T}$　　3_2 次螺旋轴;

$n=4,\quad m=0,\quad \boldsymbol{\tau}=0$　4 次轴;

$m=1,\quad \boldsymbol{\tau}=\frac{1}{4}\boldsymbol{T}$　　4_1 次螺旋轴;

$m=2,\quad \boldsymbol{\tau}=\frac{2}{4}\boldsymbol{T}$　　4_2 次螺旋轴;

$m=3,\quad \boldsymbol{\tau}=\frac{3}{4}\boldsymbol{T}$　　4_3 次螺旋轴;

$n=6,\quad m=0,\quad \boldsymbol{\tau}=0$　6 次轴;

$m=1,\quad \boldsymbol{\tau}=\frac{1}{6}\boldsymbol{T}$　　6_1 次螺旋轴;

$m=2,\quad \boldsymbol{\tau}=\frac{2}{6}\boldsymbol{T}$　　6_2 次螺旋轴;

$m=3,\quad \boldsymbol{\tau}=\frac{3}{6}\boldsymbol{T}$　　6_3 次螺旋轴;

$m=4,\quad \boldsymbol{\tau}=\frac{4}{6}\boldsymbol{T}$　　6_4 次螺旋轴;

$m=5,\quad \boldsymbol{\tau}=\frac{5}{6}\boldsymbol{T}$　　6_5 次螺旋轴;

在螺旋轴中还存在着这样的关系：(右螺旋)n_m =(左螺旋)n_{n-m}.

图 4.16 示出了具有二重螺旋轴的对称图形的情况. 从图中可以清楚地看出, 左边的图形经旋转 L(π) 后并没有复原, 而再经过平移 T(τ) 后即被复原到如右边的图形. 这里所对应的对称元素是二重螺旋轴 2_1. 能使这一图形复原的对称操作群为：L(π)T(τ)[L(π)T(τ)]^2=T(2τ), [L(π)T(τ)]^3=L(π)T(3τ), $\cdots$. 但应注意到, 在这一对称操作群中包括有一个素平移向量为 2τ 的平移. 由于螺旋轴应与晶体的点阵结构相适应, 这一平移应当也包括在与点阵相应的平移群中. 图 4.17 给出了硒晶体中无限长硒分子中的螺旋轴.

滑移面 (a 等) 与滑移反映 (MT)：与滑移面相应的对称动作是反映和平移组成的复合对称动作. 操作进行时先通过某一平面进行反映, 然后在此平面平行方向上进行平移 (也可先平移再反映), 该平面就称为滑移面. 它也是空间对称操作. 与滑移面对应的对称动作的阶次为 ∞.

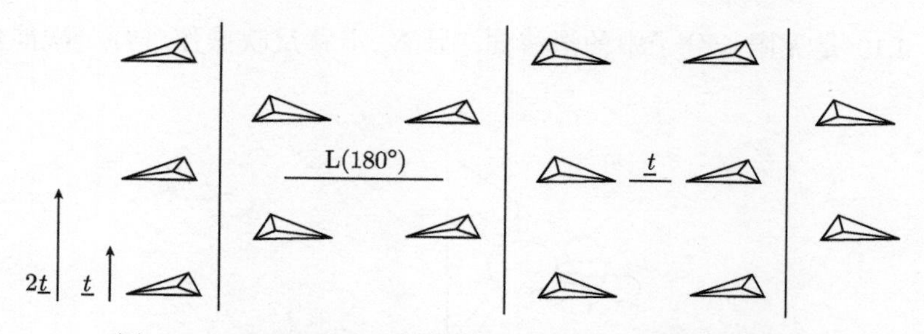

图 4.16 示出了具有二重螺旋轴 (2_1) 的对称图形的情况

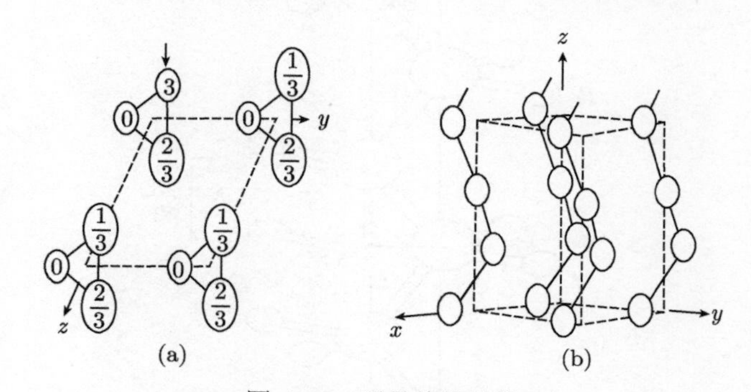

图 4.17 硒晶体的结构

(a) 垂直于 xy 平面的 3 次螺旋轴; (b) 无限长硒分子

在图 4.18 中, 左边的图形经过反映 M 后并没有复原, 而再经过平移 T(τ) 后即被复原为如右边的图形. 这里所对应的对称元素就是滑移面 (a). 能使这一图形复原的对称操作群为

$$\mathrm{MT}(\tau), \quad [\mathrm{MT}(\tau)]^2 = \mathrm{T}(2\tau), \quad [\mathrm{MT}(\tau)]^3 = \mathrm{MT}(3\tau), \cdots$$

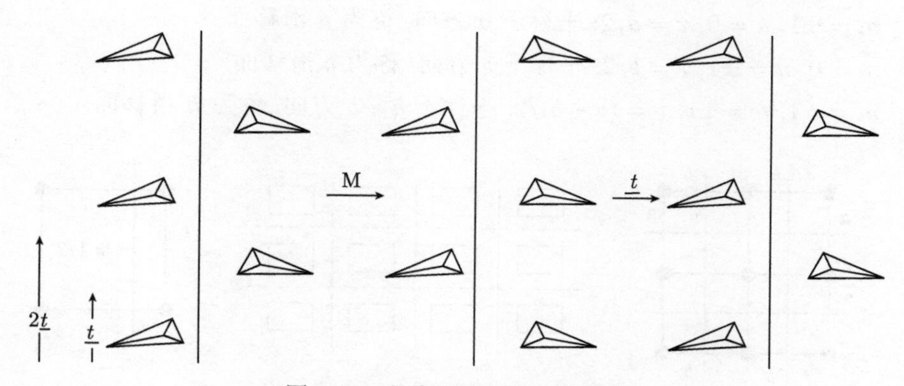

图 4.18 具有滑移面的对称图形

图 4.19 是无限长分子中的滑移面. 显然, 滑移反映操作进行一次能使左右形重合.

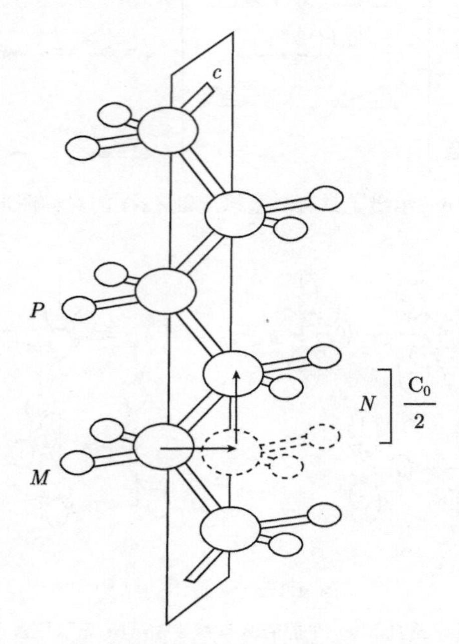

图 4.19　无限长分子中的滑移面

为使滑移面的滑移分量不与点阵矛盾, 在两次滑移动作之后, 合并滑移分量必须在平移群内 [图 4.20(a)], 即: $[\mathrm{MT}(\tau)]^2 = \mathrm{I}\cdot 2\tau = 2\tau = ma + nb$, 式中 m、n 为整数, 而且只能为 1 或 0, 因为如果 m、n 为 2, 则 $2\tau = 2(a+b)$, 得出

$\tau = (a+b)$, 这样的滑移面实际上是反映面 [图 4.20(b)]. 因此:

$m = \pm 1$, $n = 0$, $\tau = a/2$; 平行于 a 方向, 称为 a 滑移面.

$m = 0$, $n = \pm 1$, $\tau = b/2$; 平行于 b 方向, 称为 b 滑移面.

$m = \pm 1$, $n = \pm 1$, $\tau = (a+b)/2$; 平行于 $a+b$ 方向, 称为 n 滑移面.

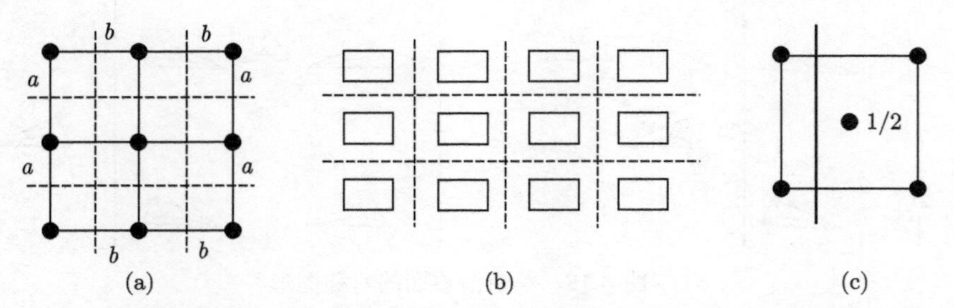

图 4.20　(a)NaCl 中的 a、b 滑移面; (b) 反映面 m; (c)α–铁中的 n 滑移面

同理, 我们把 $\tau = c/2$ 的滑移面称为 c 滑移面, $\tau = (a+c)/2$ 和 $\tau = (b+c)/2$ 的滑移面也称为 n 滑移面, 它们分别平行于 $(a+c)$ 和 $(b+c)$ 方向. 当格子带心时, 根据平移群, τ 可写成为: $\tau = (m+r)a + (n+s)b$; m、n 取 0, ±1; r、s 取 0, ±1/2. 这样多出了一种滑移面: $\tau = (a+b)/4$.

同理, $\tau = (a+c)/4$ 和 $\tau = (b+c)/4$ 的滑移面也是可能的, 在金刚石晶体中有这种滑移面, 我们称为 d 滑移面 (图 4.21).

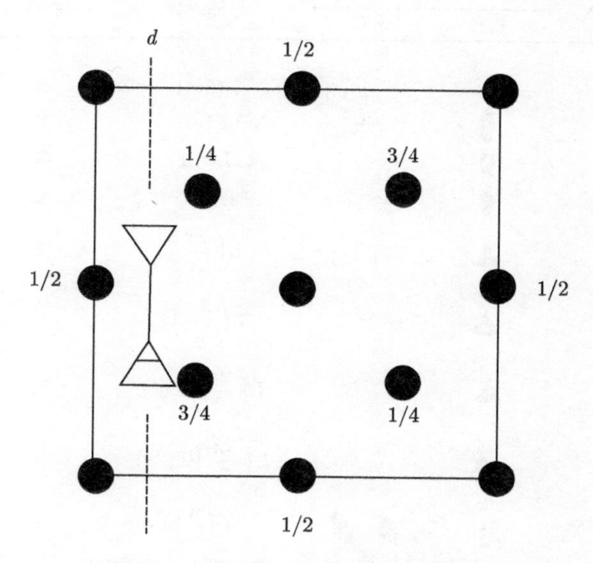

图 4.21 金刚石晶体中的 d 滑移面

可见滑移面按滑移的方向和距离可以分为 a, b, c, n, d 五种情况. a, b, c 表示其滑移方向分别平行于晶体的 a、b、c 轴, 滑移的距离是结点距离的 1/2, n, d 滑移面是沿着对角线方向的滑移, n 的滑移距离分别为 $(a+b)/2$, $(a+c)/2$, $(b+c)/2$, $(a+b+c)/2$(四方格子和立方格子), $(2a+b)/2$, $(2a+b+c)/2$(六方格子). d 的滑移距离为 $(a+b)/4$, $(a+c)/4$, $(b+c)/4$, $(a+b+c)/4$(四方格子和立方格子).

从上面对点阵、螺旋轴、滑移面相应的对称操作的讨论知道, 它们都是空间对称操作, 其阶次为 ∞, 该类型称为空间群. 与空间动作相应的对称元素分布于整个空间, 它只能存在于无限周期重复图形如晶体的微观结构中, 而不能存在于有限对称图形如晶体的宏观对称性中.

与旋转轴、反映面、对称中心、反轴相应的对称操作进行时至少有一点不动, 我们称其为点操作. 这样的对称元素在有限对称图形如晶体宏观对称性中存在, 在无限周期重复对称图形中 (如晶体的点阵结构中) 也存在. 能使对称图形复原的对称操作一共有 7 种：反映、倒反、旋转、旋转倒反 (或旋转反映)、平移、螺旋旋转、滑移反映. 其中旋转、平移、螺旋旋转不能使左右形重合, 只能使相等图形重合. 而反映、倒反、旋转倒反 (或旋转反映)、滑移反映能使左右形重合. 上述微观对称元素的符号列于表 4.3 和表 4.4 中.

表 4.3　晶体的微观对称元素之一 —— 轴对称元素的符号和国际记号

轴次 n	名称	符号 垂直	符号 平行	对称操作	阶次	附注
1	$\underline{1}$			$L(2\pi)$	1	
1	$\overline{1}$			$L(2\pi)I$	2	对称中心
2	$\underline{2}$			$L(\pi)$	2	
2	$\overline{2}$			$L(\pi)I$	2	镜面
2	2_1			$L(\pi)T(\tau)$	∞	$2\tau=$ 周期
3	$\underline{3}$			$L\left(\frac{2\pi}{3}\right)$	3	
3	$\overline{3}$			$L\left(\frac{2\pi}{3}\right)I$	6	$\underline{3}+\overline{1}$
3	3_1			$L\left(\frac{2\pi}{3}\right)T(\tau)$	∞	
3	3_2			$L\left(\frac{2\pi}{3}\right)T(2\tau)$	∞	
4	$\underline{4}$			$L\left(\frac{\pi}{2}\right)$	4	
4	$\overline{4}$			$L\left(\frac{\pi}{2}\right)I$	4	
4	4_1			$L\left(\frac{\pi}{2}\right)T(\tau)$	∞	
4	4_2			$L\left(\frac{\pi}{2}\right)T(2\tau)$	∞	$4\tau=$ 周期
4	4_3			$L\left(\frac{\pi}{2}\right)T(3\tau)$	∞	
6	$\underline{6}$			$L\left(\frac{2\pi}{6}\right)$	6	
6	$\overline{6}$			$L\left(\frac{2\pi}{6}\right)I$	6	$\underline{3}+\overline{2}$
6	6_1			$L\left(\frac{2\pi}{6}\right)T(\tau)$	∞	
6	6_2			$L\left(\frac{2\pi}{6}\right)T(2\tau)$	∞	
6	6_3			$L\left(\frac{2\pi}{6}\right)T(3\tau)$	∞	$6\tau=$ 周期

表 4.4　晶体的微观对称元素之二 —— 镜面与滑移面的符号和国际记号

对称面名称	记号	符号 垂直	符号 平行	对称操作	备注
反映面	m	——	⌐ ／	M	$\overline{2}$
滑移面	a	——	↓		$\tau=a/2$
	b	——	←	MT(τ)	$\tau=b/2$
	c	…………			$\tau=c/2$
	n	-·-·-·-·	↙	MT(τ)	$\tau=(a+b)/2$ $\tau=(a+c)/2$ $\tau=(b+c)/2$
	d	--▷——◁--	↘	MT(τ)	$\tau=(a+b)/4$ $\tau=(a+c)/4$ $\tau=(b+c)/4$

4.2　晶体的物理性质与晶体的对称性

晶体和各向同性的物体不同, 它的性质是和晶体媒质的特殊对称状态有关的, 也就是说, 晶体的物理性质和方向有关, 通常是各向异性的. 前面我们所讨论的晶体空间的对称操作在数学意义上就是熟知的线性变换, 也就是空间坐标变换,

4.2.1　空间坐标变换和晶体的对称操作

在讨论晶体问题时, 一般应采用斜坐标系, 但为方便起见, 这里采用直角坐标系并不会影响结论的正确性.

设旧坐标为 $Oxyz$, 新坐标为 $Ox'y'z'$, 如图 4.22 所示, 新坐标在旧坐标中的方向余弦为

$$a_{21}=\cos(y',x),\quad a_{22}=\cos(y',y),\quad a_{23}=\cos(y',z)$$

其余依次类推, 旧坐标在新坐标中的方向余弦为

$$a_{11}=\cos(x',x),\quad a_{21}=\cos(x,y),\quad a_{31}=\cos(x,z')$$

其余依次类推, 或写为

	x	y	z
x'	a_{11}	a_{12}	a_{13}
y'	a_{21}	a_{22}	a_{23}
z'	a_{31}	a_{32}	a_{33}

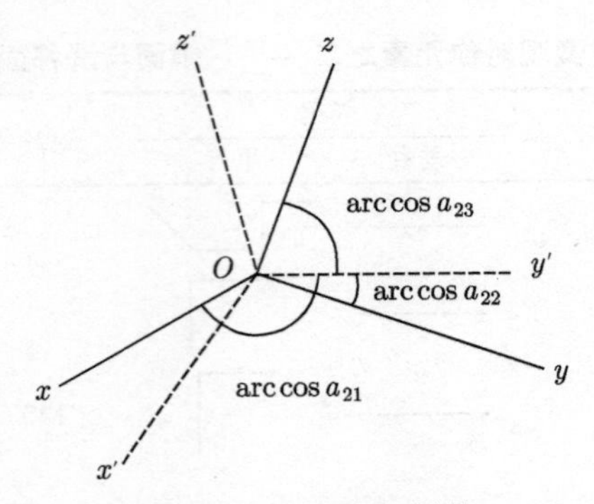

图 4.22　空间坐标转换

设有晶体图形经过某个对称操作，把晶格中任一点 (x, y, z) 变为另一点 (x', y', z')，这种变换可表示为空间坐标变换

$$\left.\begin{aligned} x' &= a_{11}x + a_{12}y + a_{13}z \\ y' &= a_{21}x + a_{22}y + a_{23}z \\ z' &= a_{31}x + a_{32}y + a_{33}z \end{aligned}\right\} \tag{4.8}$$

(4.8) 式也可以写成

$$x'_i = \sum a_{ij}x_j, \quad (i, j = 1, 2, 3 \text{ 或 } x, y, z) \tag{4.9}$$

如用矩阵表示，(4.9) 式可写成

$$x' = Ax \tag{4.10}$$

式中，

$$x' = \begin{bmatrix} x' \\ y' \\ z' \end{bmatrix}, \quad A = \begin{bmatrix} a_{11} & a_{12} & a_{13} \\ a_{21} & a_{22} & a_{23} \\ a_{31} & a_{32} & a_{33} \end{bmatrix}, \quad x = \begin{bmatrix} x \\ y \\ z \end{bmatrix} \tag{4.11}$$

式中，A 称为变换矩阵.

现在来讨论晶体对称性中几种简单对称变换的变换矩阵. 如将某图形绕 z 轴转过 θ 角，该图形中任一点 (x, y, z) 变为另一点 (x', y', z')，则变换关系是

$$\begin{aligned} x' &= \cos\theta x + \cos(90^\circ + \theta)y + \cos 90^\circ z = \cos\theta x - \sin\theta y \\ y' &= \cos(90^\circ - \theta)x + \cos\theta y + \cos 90^\circ z = \sin\theta x + \cos\theta y \\ z' &= \cos 90^\circ x + \cos 90^\circ y + \cos 0^\circ z = z \end{aligned}$$

于是

$$A = \begin{bmatrix} \cos\theta & -\sin\theta & 0 \\ \sin\theta & -\cos\theta & 0 \\ 0 & 0 & 1 \end{bmatrix}$$

表 4.5 列出一些与对称变换相应的变换矩阵.

表 4.5 列出一些与对称变换相应的变换矩阵

对称	坐标的方位	变换矩阵
$\bar{1}$	位置在坐标系原点上的对称中心	$\begin{bmatrix} -1 & 0 & 0 \\ 0 & -1 & 0 \\ 0 & 0 & -1 \end{bmatrix}$
2	2 重对称轴与 x 轴重合 (晶体绕 x 轴旋转 180°)	$\begin{bmatrix} 1 & 0 & 0 \\ 0 & -1 & 0 \\ 0 & 0 & -1 \end{bmatrix}$
m	以坐标系 $x=0$ 面作为对称面	$\begin{bmatrix} 0 & 1 & 0 \\ -1 & 0 & 0 \\ 0 & 0 & 1 \end{bmatrix}$
3	3 重对称轴与坐标系 z 轴相重合 (晶体绕 z 轴旋转 120°)	$\begin{bmatrix} -\frac{1}{2} & \frac{\sqrt{3}}{2} & 0 \\ -\frac{\sqrt{3}}{2} & -\frac{1}{2} & 0 \\ 0 & 0 & 1 \end{bmatrix}$
4	4 重对称轴与坐标系 z 轴相重合 (晶体绕 z 轴旋转 90°)	$\begin{bmatrix} 0 & 1 & 0 \\ -1 & 0 & 0 \\ 0 & 0 & 1 \end{bmatrix}$

4.2.2 张量的定义

在物理学的许多问题中, 常常要用到张量的概念, 其性质比向量复杂但为向量的推广.

在讨论向量时, 可以用一有方向的线段来给向量以简单的几何解释, 但对于张量来说, 就不可能具有这种简单明了的概念, 而只能依其在坐标变换中所具有的变换关系来确定它. 目前, 我们所大量遇到的问题是三维空间的问题, 所以这里只讨论三维空间中的正交张量, 以下简称张量. 在讨论正交张量时, 只需要考虑正交变换.

在正交变换中, 不同的物理量有不同的变换关系, 通常就是根据这种变换关系把物理量分为标量、向量、张量等.

1. 标量

一个量只需用一个数就足以描述, 在坐标转动时数值不变, 则称此量为标量. 如物体的密度 ρ、电位 φ、温度 t 等都是标量, 其变换关系是

$$\rho' = \rho, \quad \varphi' = \varphi, \quad t' = t \tag{4.12}$$

2. 向量

如果一个物理量, 是由三个分量组成, 而且在坐标转动时, 各分量的变换关系为

$$D_i' = \sum_{i=1}^{3} a_{ij} D_j, \quad i = 1, 2, 3 \text{ 和 } x, y, z \tag{4.13}$$

或

$$D_i' = a_{ij} D_j \tag{4.14}$$

这里略去了求和符号, 在近代物理学中, 常将求和符号省去而作这样的理解, 即凡是遇到重复出现的指标, 除特别声明外, 都意味着要对它的一切可能值求和. 式中 a_{ij} 为坐标转动后, 新坐标在旧坐标中的方向余弦, 即

$$a_{ij} = \cos(x_i', x_j), \quad i = 1, 2, 3 \text{ 和 } x, y, z \tag{4.15}$$

属于向量的物理量如电场强度 $\boldsymbol{E}$、电位移 $\boldsymbol{D}$ 等.

3. 张量

某些物理量如应力 X、应变 x、晶体的介电系数等必须用 9 个数才足以描述, 当坐标变换时, 各分量变换关系为

$$T_{ij}' = a_{ik} a_{jl} T_{kl} \tag{4.16}$$

式中, $T_{kl}(k、l = 1, 2, 3,$ 或 $x, y, z)$ 是某一物理量在旧坐标系中 9 个分量, T_{kl}' 是该物理量在新坐标系中的 9 个分量, a_{ik}、a_{jl} 是新旧坐标轴之间夹角的余弦, 则此物理量称为二阶张量. 张量也可以用矩阵表示, 如在各向异性的晶体中, 某一点的应力张量可用下列 9 个数组成的方阵来描述:

$$\begin{bmatrix} X_{11} & X_{12} & X_{13} \\ X_{21} & X_{22} & X_{23} \\ X_{31} & X_{32} & X_{33} \end{bmatrix}$$

并简写成 $X_{ij}(i, j = 1, 2, 3$ 或 $x, y, z)$. 当 $X_{12} = X_{21}$, $X_{13} = X_{31}$, $X_{23} = X_{32}$ 时, 称为对称张量, 即在对称张量的矩阵表示中和主对角线相对称的诸元素相等, 所以二阶对称张量有六个独立分量. 又如应变张量 x_{ij}, 介电系数张量 k_{ij} 等也都是二阶对称张量. 三阶张量、四阶张量的定义与此类似. 高阶张量的一般定义是: 由系数 $T_{ijkl}\cdots$ 所确定的物理量, 当坐标系变换时, $T_{ijkl}\cdots$ 按下式变换, 那么该物理量就称为 N 阶张量 (N 等于张量符号的角标数):

$$T_{ijkl}' = a_{im} a_{jn} a_{ko} a_{lp} \cdots T_{mnop} \cdots \tag{4.17}$$

式中, N 称为张量的秩 (或阶), N 阶张量的分量数目等于 3^N 个, 所以标量又称为零阶张量, 向量又称一阶张量. 由于晶体的对称性, 张量的独立分量数少于 3^N 个.

由晶体的对称性所知, 如果我们完成晶体的对称变换, 使晶体空间和它自己重合, 那么对称变换也将表现与晶体构造相一致的物理性质应该全和自己重合, 换句话说, 晶体的任何对称变换就是它的物理性质的对称变换. 不言而喻, 由张量定义推知, 对称变换将使表现晶体的物理性质的张量分量也应该全和自己重合, 这个准则称为诺埃曼原则. 对于所考虑的晶体构造, 一个表示性质的张量分量, 在以对称操作为转移的坐标变换下将保持不变, 即 $T'_{kl} = T_{kl}$, 它的正确性是很容易从反面关系来证明的, 如果说诺埃曼原则不成立, 那么只要把固态晶体单纯地旋转一下, 就可能变更它的物理性质了, 那当然是不对的. 这个原则虽然简单, 但用途广泛.

4.2.3 一阶张量表示的晶体物理性质

一阶张量所表示的晶体物理性质是一个向量性质, 如热释电系数和热磁系数是晶体的向量性质, 而这种晶体必然缺乏对称中心, 可论证于下:

设 D 是在某一坐标系里具有 D_1、D_2、D_3 分量的晶体向量, 如果晶体具有对称中心, 通过反演操作, 坐标变换有下面矩阵方程:

$$D' = \begin{bmatrix} -1 & 0 & 0 \\ 0 & -1 & 0 \\ 0 & 0 & -1 \end{bmatrix} D \tag{4.18}$$

由此可得到

$$D'_1 = -D_1, \quad D'_2 = -D_2, \quad D'_3 = -D_3 \tag{4.18a}$$

但是按照诺埃曼原则, 应有

$$D'_1 = D_1, \quad D'_2 = D_2, \quad D'_3 = D_3 \tag{4.18b}$$

比较 (4.18a) 式、(4.18b) 式可见, 只有当 $D_{-1} = D_{-2} = D_{-3} = 0$ 时, 它们才能完全一致. 这样, 不可避免的结论是: 一个具有对称中心的晶体不存在任何向量性质. 因此, 热释电性的必要条件是晶体不具有对称中心. 但是并不是所有不存在对称中心的晶体都能出现热释电性, 实际上在 21 种不具有对称中心的点群晶体中, 只有 10 个有可能出现热释电性.

4.2.4 二阶张量表示的晶体物理性质

晶体的电学、热学、力学、光学和磁学等许多物理性质需要用二阶张量来表征, 如介电系数、极化率、电阻率 (电导率)、热膨胀、热导率 (热阻率)、应力、应变、磁导率等具有二阶对称张量的性质; 温差电具有二阶不对称张量的性质; 晶体的旋光性 (旋光张量) 具有与赝标量同一方向变化的二阶张量的性质.

在一个坐标系中, 描述二阶对称张量需要 6 个对立参数, 二阶不对称张量有 9 个独立参数. 但是, 随着晶体由三斜晶系点群 1(对称性最低, 是完全各向异性体) 逐渐过渡到立方晶系, 对称程度不断增高, 而独立参数由 6 减少到 1; 二阶不对称张量也由三斜晶系 9 个独立参数减少到点群 $4mm$、$6mm$ 等的 2 个.

下面我们利用各晶系中晶体的对称程度不同, 确定表征晶体物理性质的二阶对称张量的独立参数, 设 T 是用二阶对称张量所表征的一般物理量.

1) 单斜晶系

单斜晶系包括三个点群, 它们的特征对称素是 2 重对称轴或镜面 (都在 b 方向上). 我们利用这一特征对称素, 在一个坐标系中, 定位一个二阶张量性质的分量: y 轴垂直于对称面, 另外两个轴位于对称面内, 于是得到下面变换矩阵

$$A=\begin{bmatrix}1 & 0 & 0\\ 0 & -1 & 0\\ 0 & 0 & 1\end{bmatrix}$$

根据二阶张量的定义, 可以得到

$$\begin{aligned}T'_{11}=&a_{11}a_{11}T_{11}+a_{11}a_{12}T_{12}+a_{11}a_{13}T_{13}+a_{12}a_{12}T_{22}\\&+a_{12}a_{11}T_{12}+a_{12}a_{13}T_{23}+a_{13}a_{11}T_{31}+a_{13}a_{12}T_{32}+a_{13}a_{13}T_{33}\end{aligned}\tag{4.19}$$

在这种情况下, 除了第一项以外, 其余各项都是零, 于是方程减少到

$$T'_{11}=T_{11}\tag{4.19a}$$

使用类似的方法, 还可以得到

$$T'_{22}=T_{22},\quad T'_{22}=-T_{12},\quad T'_{33}=T_{33},\quad T'_{13}=T_{13},\quad T'_{23}=-T_{23}\tag{4.19b}$$

按诺伊曼原则, 在坐标变换前后各分量必须相等, 即

$$\begin{aligned}&T'_{11}=T_{11},\quad T'_{12}=T_{12},\quad T'_{13}=T_{13}\\&T'_{22}=T_{22},\quad T'_{23}=T_{23},\quad T'_{33}=T_{33}\end{aligned}\tag{4.19c}$$

把 (4.19a) 式、(4.19b) 式和 (4.19c) 式相比较, 可见, 只有当 $T_{12}=T_{23}=0$ 时, 它们才能完全一致. 于是得到单斜晶系的物理性质的矩阵表示式为

$$T=\begin{bmatrix}T_{11} & 0 & T_{13}\\ 0 & T_{22} & 0\\ T_{13} & 0 & T_{33}\end{bmatrix}\tag{4.20}$$

式中, 独立分量为 T_{11}、T_{13}、T_{22}、T_{33} 四个.

2) 正交晶系

正交晶系包括三个点群, 其特征对称素是 2 个互相垂直的镜面或三个互相垂直的 2 重对称轴. 我们就利用 2 个互相垂直的镜面这样的特征对称素, 先让 y 轴垂直于对称面, 另外两个轴位于对称面里, 在这样的一个坐标系里, 可得变换矩阵

$$A=\begin{bmatrix}1 & 0 & 0\\ 0 & -1 & 0\\ 0 & 0 & 1\end{bmatrix}$$

类似于单斜晶系的计算得

$$T_{12}=T_{23}=0$$

在同一个坐标系里, 再让 x 轴垂直于另一个对称面, 另外两个轴位于对称面里, 又得下面变换矩阵

$$A=\begin{bmatrix}-1 & 0 & 0\\ 0 & 1 & 0\\ 0 & 0 & 1\end{bmatrix}$$

根据二阶张量的定义式, 应用这个变换矩阵, 类似于单斜晶系的处理, 就得到

$$\begin{gathered}T''_{11}=T_{11},\quad T''_{12}=-T_{12},\quad T''_{13}=-T_{13}\\ T''_{22}=T_{22},\quad T''_{23}=T_{23},\quad T''_{33}=T_{33}\end{gathered}$$

同样, 按照诺埃曼原则便有

$$T_{12}=T_{13}=0$$

综上所述就得出

$$T_{12}=T_{13}=T_{23}=0$$

因此, 正交晶系的物理性质的矩阵表示式为

$$T=\begin{bmatrix}T_{11} & 0 & 0\\ 0 & T_{22} & 0\\ 0 & 0 & T_{33}\end{bmatrix}\tag{4.21}$$

式中, 独立分量为 T_{11}、T_{22}、T_{33} 三个.

用上述类似的方法, 利用各晶系的特征对称素, 可以得到四角 (以 z 轴为 4 重对称轴)、三角 (以 z 轴为 3 重对称轴, x 轴为 2 重对称轴)、六角 (以 z 轴为 6 重对称轴)、立方晶系 (以立方体对角线为 3 重对称轴) 的物理性质的二阶张量的矩阵表示式如表 4.6 所示.

表 4.6　七大晶系的物理性质二阶张量的矩阵表示式

晶系	三斜	单斜	正交
张量矩阵	$\begin{bmatrix} T_{11} & T_{12} & T_{13} \\ T_{12} & T_{22} & T_{23} \\ T_{13} & T_{23} & T_{33} \end{bmatrix}$	$\begin{bmatrix} T_{11} & 0 & T_{13} \\ 0 & T_{22} & 0 \\ T_{13} & 0 & T_{33} \end{bmatrix}$	$\begin{bmatrix} T_{11} & 0 & 0 \\ 0 & T_{22} & 0 \\ 0 & 0 & T_{33} \end{bmatrix}$
晶系	四角 (三角、六角)①	立方	
张量矩阵	$\begin{bmatrix} T_{11} & 0 & 0 \\ 0 & T_{22} & 0 \\ 0 & 0 & T_{33} \end{bmatrix}$	$\begin{bmatrix} T_{11} & 0 & 0 \\ 0 & T_{11} & 0 \\ 0 & 0 & T_{11} \end{bmatrix}$	

① 经过极化处理后的压电陶瓷与六角晶系的物理性质的二阶张量矩阵相同.

上述论证完全适用于晶体的介电性质, 对于各向同性电介质有下面公式成立：

$$D = \varepsilon_0 E + P, \quad D = \varepsilon_0 k E, \quad P = \varepsilon_0 x E$$

式中, E 为外加电场; D 为电位移; P 为外加电场后在电介质内感应的极化强度, 三者方向相同; k 为介电系数; x 为极化率, 二者均为标量; ε_0 为真空电容率. 对于各向异性介电晶体上述公式仍然成立, 但 D、E、P 的方向彼此不同, k、x 二者不再是标量, 而是二阶对称张量, 这是因为：在各向异性的电介质中, 在某一方向的场强, 不仅引起介质分子在该方向上的极化, 同时还引起介质分子在其他方向的极化. 比如, 当晶体在 x 方向受到电场 E_x 作用时, 不仅发现在 x 方向产生有极化强度分量 P_x 存在, 而且在 y 方向和 z 方向也发现有极化强度分量 P_y 和 P_z, 在电场不太强时, 它们均与 E_x 成正比. 同样, 实验发现, 在晶体中沿 x 方向的电位移分量 D_x 不仅与 x 方向的电场 E_x 有关, 同时还与 y、z 方向的电场分量 E_x、E_z 有关, 而且, 在电场不太强时, D_x 和 E_x、E_y、E_z 之间存在着线性关系, D_y 和 D_z 也分别与 E_x、E_y、E_z 之间存在着线性关系, 可用数学式表示为

$$\varepsilon_{ij} = \varepsilon_0 k_{ij}$$

$$\left.\begin{aligned} D_x &= \varepsilon_{11} E_x + \varepsilon_{12} E_y + \varepsilon_{13} E_z \\ D_y &= \varepsilon_{21} E_x + \varepsilon_{22} E_y + \varepsilon_{33} E_z \\ D_z &= \varepsilon_{31} E_x + \varepsilon_{32} E_y + \varepsilon_{33} E_z \end{aligned}\right\} \tag{4.22}$$

式中, ε_{ij} 为 9 个实数, 它们是物质常数, 组成一个二阶对称张量, ε_{ij} 的 9 个分量中至多只有六个是独立的. 因此, 各向异性电介质晶体 D、E 各分量之间关系为

$$\begin{bmatrix} D_x \\ D_y \\ D_z \end{bmatrix} = \begin{bmatrix} \varepsilon_{11} & \varepsilon_{12} & \varepsilon_{13} \\ \varepsilon_{21} & \varepsilon_{22} & \varepsilon_{23} \\ \varepsilon_{31} & \varepsilon_{32} & \varepsilon_{33} \end{bmatrix} \begin{bmatrix} E_x \\ E_y \\ E_z \end{bmatrix}$$

各晶系电介张量 ε_{ij} 的独立分量与上述的晶体一般物理性质完全相同. 例如, 铌酸钡钠 ($Ba_2NaNb_5O_5$) 晶体、镓酸锂 ($LiGaO_2$) 晶体都是属于正交晶系 $2mm$ 点群, 故它们独立介电系数为 k_{11}、k_{22}、k_{33} 三个. 又如, 未经极化工序处理的压电陶瓷是各向同性的多晶体, 而经过极化工序处理的压电陶瓷则是各向异性的多晶体. 通常选 z 轴为极化轴, 由于极化处理后, 对 x 轴和 y 轴之间并没有造成什么差异, 所以通过 z 轴 (即与 z 轴重合) 的平面都是对称面, 或者说与 xy 平面平行的平面都是各向异性面, 这就要求 x 轴与 y 轴互换时介电系数应保持不变, 即

$$k_{11} = k_{22}, \quad k_{12} = 0$$

又 x、y 与 z 轴之间不能互换, 故有

$$k_{11} = k_{22} \neq k_{33}$$

至于介电系数 k_{13}、k_{23} 可通过绕 z 轴转 180° 后介电系数应保持不变证明

$$k_{13} = k_{33} = 0$$

总之, 经过极化工序处理后的压电陶瓷的对称性与六角晶系中的 $6mm$ 点群相近, 有 k_{11}、k_{33} 两个独立介电系数.

表 4.7 给出少数晶体介电张量的主值测量值.

表 4.7 给出少数晶体介电张量的主值测量值

晶体	晶系	k_1	k_2	k_3
罗息盐 (30)	单斜	350	9.4	
霰石 ($CaCO_3$)	正交	9.8	7.7	6.6
石英 (SiO_2)	三角	4.5		4.6
方解石 ($CaCO_3$)	三角	8.5		8.0
金红石 (TiO_2)	四角	89		173
氧化锌 (ZnO)	六角	9.2		11.0
氯化钠 (NaCl)	立方	5.6		

4.2.5 三阶张量表示的晶体物理性质

用三阶张量表示的最重要的晶体物理性质是电场强度 (或电位移) 与应力 (或应变) 之间的关系, 这就是前面曾说过的压电效应. 此外还有一次电光效应、非线性光学效应等.

晶体缺乏对称中心是呈现压电效应的必要条件, 下面来证明这个论点. 设晶体具有对称中心, 反演操作的矩阵是

$$\begin{bmatrix} -1 & 0 & 0 \\ 0 & -1 & 0 \\ 0 & 0 & -1 \end{bmatrix}$$

根据三阶张量的定义

$$T'_{ijk} = a_{il}a_{jm}a_{kn}T_{lmn} \tag{4.23}$$

考虑到上述变换矩阵后, 式 (4.23) 中系数 a_{il}、a_{jm}、a_{kn} 的组合除了足标有下面关系

$$i = l, \quad j = m, \quad k = n$$

等于 -1 以外, 其余都为 0. 结果, 变换公式缩减为

$$T'_{ijk} = -T_{ijk}$$

按照诺埃曼原则有

$$T'_{ijk} = T_{ijk}$$

换句话讲, 具有对称中心的晶体不能有任何三阶张量的性质, 也没有压电效应.

一般三阶张量的分量将有 3^3=27 个分量, 然而, 对于压电效应而言, 由于应力、应变是二阶对称张量, 只有六个独立分量, 因此, 这个三阶张量至多有 3×6=18 个独立分量. 在通用的坐标系里, 它的矩阵表示式为

$$\begin{bmatrix} T_{111} & T_{122} & T_{133} & T_{123} & T_{113} & T_{112} \\ T_{211} & T_{222} & T_{233} & T_{223} & T_{213} & T_{212} \\ T_{311} & T_{322} & T_{333} & T_{323} & T_{313} & T_{312} \end{bmatrix}$$

其中, T_{ijk} 足标 i 代表电参量的方向, 足标 j、k 代表应力或应变的方向, 因此, $T_{iji} = T_{iij}$, 即要了解上面的矩阵里 $T_{112} = T_{121}, T_{223} = T_{232}$ 等.

压电效应用压电系数张量 d_{ijk} 来表示, 它是三阶不对称张量. 同样, 随着对称程度的增高, 由三斜晶系点群 1 的 18 个独立分量减少到立方晶系点群 23 的 1 个独立分量. 但是, 确定压电系数张量的独立分量, 不能用整个晶系来证明, 而只能每个点群各自给出. 根据每一个点群的对称变换特征和诺埃曼原则, 用确定二阶张量独立分量的类似方法, 就可以确定每个点群压电系数张量的独立分量.

现在, 我们仅以正交晶系点群 222 为例来说明这个方法. 这个点群的对称素是三个互相垂直的 2 重对称轴, 对称轴平行于晶轴, 因此, 对称轴与通用的坐标轴相

重合, 其变换矩阵为

$$\begin{bmatrix} -1 & 0 & 0 \\ 0 & -1 & 0 \\ 0 & 0 & 1 \end{bmatrix}\begin{bmatrix} -1 & 0 & 0 \\ 0 & 1 & 0 \\ 0 & 0 & -1 \end{bmatrix}\begin{bmatrix} 1 & 0 & 0 \\ 0 & -1 & 0 \\ 0 & 0 & -1 \end{bmatrix} \tag{4.24}$$

根据三阶张量的定义 $d'_{ijk} = a_{il}a_{jm}d_{kn}d_{lmn}$ 和诺埃曼原则 $d'_{ijk} = d_{ijk}$, 考虑到第一个变换矩阵后, 就可得到除了下面情况外, 系数 a_{il}, a_{jm}, d_{kn} 的组合都为零, 这种情况是

$$i = l, \quad j = m, \quad k = n$$

并且每当足标由 1, 2 和 3, 两个 2 和一个 3, 两个 1 和一个 3, 或者全是 3 结合组成时将等于 +1, 具有别的任何足标所结合起来的任何项将必须是零. 因此, 三阶压电张量的矩阵表示为

$$\begin{bmatrix} 0 & 0 & 0 & d_{123} & d_{113} & 0 \\ 0 & 0 & 0 & d_{223} & d_{213} & 0 \\ d_{311} & d_{322} & d_{333} & 0 & 0 & d_{312} \end{bmatrix} \tag{4.25}$$

就剩下 8 个非零分量, 在这个矩阵的基础上, 利用第二个 2 重对称轴的变换矩阵, 再一次根据三阶张量的定义 [(2.23) 式] 和诺埃曼原则, 则系数 a_{il}, a_{im}, d_{kn} 组合必须等于零, 除非

$$i = l, \quad j = m, \quad k = n$$

因此, 三阶张量将仅仅有这样的项组成

$$d'_{ijk} = a_{i(i)}a_{j(j)}a_{k(k)}d_{ijk}$$

这样一来, 每当系数 a 的组合等于 -1 时, 将变为

$$d'_{ijk} = -d_{ijk} = d_{ijk} = 0$$

对于包括两个 1 和一个 3, 两个 2 和一个 1, 两个 3 和一个 1, 两个 2 和一个 3, 三个 1 或者三个 3 任何一组足标的组合, a 的组合都将是负值.

把这个结果应用到第一个变换所获得的矩阵元素上, 我们就得到压电张量的矩阵表示式为

$$\begin{bmatrix} 0 & 0 & 0 & d_{123} & 0 & 0 \\ 0 & 0 & 0 & 0 & d_{213} & 0 \\ 0 & 0 & 0 & 0 & 0 & d_{312} \end{bmatrix} \tag{4.25a}$$

若以同样的方式对第三个 2 重对称轴的变换矩阵进行坐标变换, 我们发现没有更多的项变为零. 因此, 在这个点群的晶体压电张量的独立分量只有三个:

$$d_{123} = d_{132}, \quad d_{213} = d_{231}, \quad d_{312} = d_{321}$$

由于应力、应变是二阶对称张量, 为了使问题简化起见, 常用单足标代替双足标, d_{ijk} 可以写成 $d_{im}(m = 1, 2, 3, \cdots, 6)$, 见表 4.8.

表 4.8　单足标与双足标对应关系

(ij)	11	22	33	32, 23	31, 13	12, 21
m	1	2	3	4	5	6

1、2、3 分别表示作用于 x、y、z 三个方向相垂直的坐标平面的伸缩应力和伸缩应变, 4、5、6 分别表示引起 x、y、z 三个坐标平面切应力和切应变的方向. 所以, 压电系数为两个足标, 对点群 222 而言为 d_{14}、d_{25}、d_{36} 三个.

常用的压电晶体 α–石英属于三角晶系 32 点群, 利用它的 z 轴是 3 重轴, x 轴是 2 重对称轴的对称性质, 采用上述类似的方法就可确定它的压电系数为 d_{11} 和 d_{14} 两个, 它们的数值分别为: $d_{11} = \pm 2.3 \times 10^{-12}\text{C/N}$, $d_{14} = \pm 0.73 \times 10^{-12}\text{C/N}$, 右旋石英取负号, 左旋石英取正号; 钛酸钡晶体 (四角晶系 $4mm$) 既具有压电性, 又具有铁电性, 利用它的 z 轴是 4 重对称轴和 x 面是对称面的对称性质就可确定它的压电系数为 d_{15}、d_{31}、d_{33} 三个, 它们的数值分别为 $d_{15} = 392 \times 10^{-12}\text{C/N}$, $d_{31} = -34.5 \times 10^{-12}\text{C/N}$, $d_{33} = 85.6 \times 10^{-12}\text{C/N}$. 采用上述的类似方法, 也很容易地导出其他晶体点群的压电张量的独立分量.

4.2.6　四阶张量表示的晶体物理性质

晶体具有四阶张量的物理性质有弹性柔顺常数、弹性劲度常数、二次电光系数、弹性光学系数、压光系数、电致伸缩等, 我们仅讨论晶体的弹性性质. 大家知道, 任何物体在外力作用下其大小和形状都要发生变化, 在弹性限度内, 撤消外力后, 物体会恢复原来的形状, 这种性质称为物体的弹性. 在弹性限度范围内, 应变与应力成正比称为胡克定律. 一维情况下胡克定律为

$$x_1 = s_{11} X_1 \tag{4.26}$$

式中, x_1 为一维应变; X_1 为一维应力; s_{11} 为比例系数, 称作弹性柔顺系数, 它的大小反映材料的拉长或压缩程度. 应力与应变之间的关系也可写成

$$X_1 = c_{11} x_1 \tag{4.27}$$

式中, 比例系数 c_{11} 称为弹性刚度系数或弹性模量, 它的大小反映材料的抗拉或抗压程度.

晶体的弹性性质一般说来是各向异性的, 三维情况下广义胡克定律的矩阵形式为

$$\begin{bmatrix} x_1 \\ x_2 \\ x_3 \\ x_4 \\ x_5 \\ x_6 \end{bmatrix} = \begin{bmatrix} s_{11} & s_{12} & s_{13} & s_{14} & s_{15} & s_{16} \\ s_{21} & s_{22} & s_{23} & s_{24} & s_{25} & s_{26} \\ s_{31} & s_{32} & s_{33} & s_{34} & s_{35} & s_{36} \\ s_{41} & s_{42} & s_{43} & s_{44} & s_{45} & s_{46} \\ s_{51} & s_{52} & s_{53} & s_{54} & s_{55} & s_{56} \\ s_{61} & s_{62} & s_{63} & s_{64} & s_{65} & s_{66} \end{bmatrix} \begin{bmatrix} X_1 \\ X_2 \\ X_3 \\ X_4 \\ X_5 \\ X_6 \end{bmatrix} \tag{4.28}$$

式中, s_{ij} 的足标 i、j 分别表示应变分量和应力分量. 由于应力、应变都是二阶对称张量, 所以弹性柔顺系数 s_{ij} 是一个四阶对称张量, 其 $s_{ij} = s_{ji}$, 因此它的独立分量至多为 21 个. 不同的晶体, 不仅弹性柔顺系数的数值不同, 而且弹性柔顺系数张量的独立分量数也不同, 利用晶体点群的对称性, 可采用上述类似的方法加以确定. 各向同性的多晶体, 独立分量的数目最少, 只有 2 个; 完全各向异性的晶体 (如三斜晶系的晶体) 独立分量的数目最多, 共 21 个; 其他晶系的晶体, 独立分量的数目介于 2 与 21 之间.

4.3 典型晶体构造与构造原理

离子晶体的结构元素是负离子. 晶体中质点的主要结合力是库仑静电力, 因此是没有方向性和饱和性的, 晶体中最近邻的质点必为异号离子, 这样一来, 配位数的概念要有些变动. 在单元素晶体中只有一类质点, 所以相邻最近的质点数就是配位数. 在离子晶体中最少有两类质点, 所以相邻的异号离子数才是配位数, 并且有必要区分正、负离子各自的配位数.

在简单离子化合物中, 一般都很容易用离子在晶胞中的位置说明整个结构及其中的配位情况. 但是在比较复杂的晶体结构中, 上述方法就不方便了. 这时宜采用正离子的配位多面体在空间按照一定的方式联结起来组成整个晶体结构. 所谓离子配位多面体是指若干个负离子按一定的方式包围起来的有规则的多面体, 正离子处在他们的中央.

Pauling 根据大量的实验数据以及理论分析总结出了下述五条规则. 虽然这些规则主要是针对离子晶体提出的, 但对于其他类型的晶体也有很大的参考意义.

第一规则: 在正离子周围总有一个负离子配位多面体, 正、负离子间的距离取决于半径之和, 而配位数取决于半径之比.

第二规则: 在一个稳定的离子化合物中, 每一负离子的电价等于或近似等于从邻近的正离子至该负离子的各静电键强度的总和.

第三规则: 晶体中配位多面体之间公用棱的数目越大, 尤其公用面的数目越大, 则结构的稳定性越低, 这个效应在含有高价低配位数的正离子晶体中特别巨大.

第四规则：含有一个以上的正离子晶体中，高电价低配位数的正离子具有尽可能相互远离的倾向. 因此，这一类正离子配位多面体有尽可能彼此互不结合的趋势.

第五规则：晶体中实质不同的结构单元种数应尽可能地趋于最小.

4.3.1　AX 结构

AX 型离子化合物的典型结构有四种：氯化铯 (CsCl) 型、氯化钠 (NaCl) 型、闪锌矿 (立方 ZnS) 型和纤锌矿 (六方 ZnS) 型，如图 4.23~图 4.26 所示.

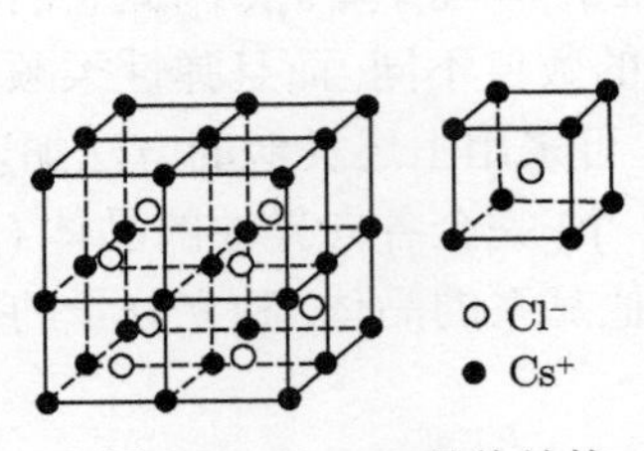

图 4.23　CsCl 晶体结构

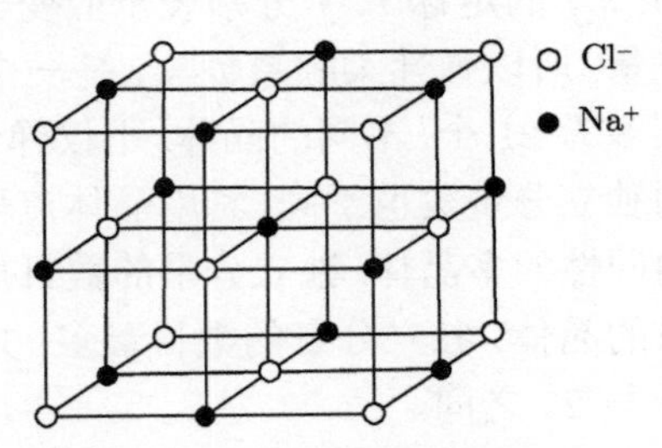

图 4.24　NaCl 晶体结构

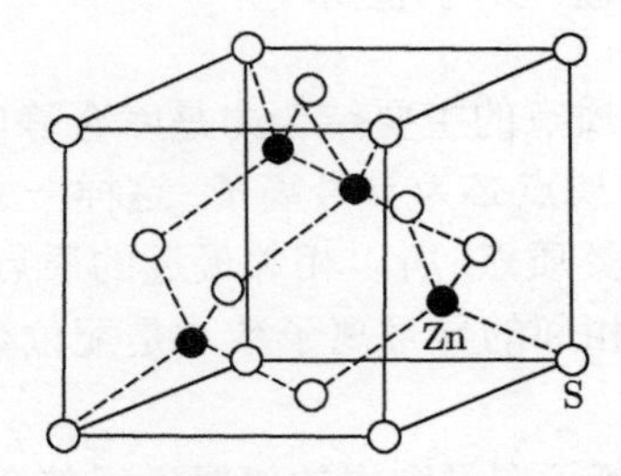

图 4.25　闪锌矿 (立方 ZnS) 型晶格

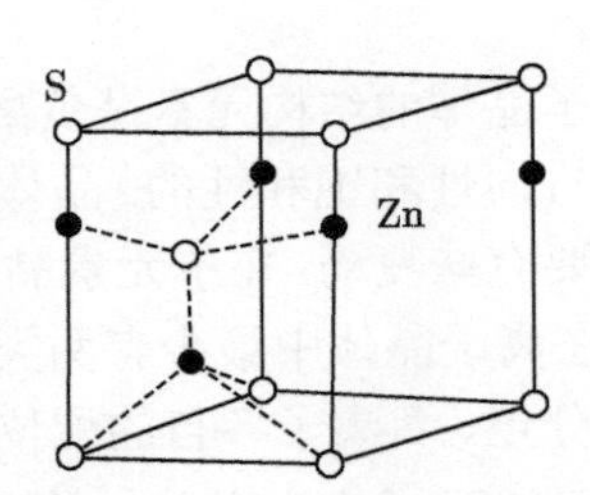

图 4.26　纤锌矿 (六方 ZnS) 型

若干 AX 卤化物的晶体结构列于表 4.9.

表 4.9　若干卤化物的结构

氯化铯结构 (配位数 8:8)	氯化钠结构 (配位数 6:6)	闪锌矿或纤维矿结构 (配位数 4:4)
. . . .	LiF LiCl LiBr LiI	. . . .
. . . .	NaF NaCl NaBr NaI	. . . .
. . . .	KF KCl KBr KI	. . . .
RbCl* RbBr* RbI	RbF RbCl RbBr RbI	. . . .
CsCl CsBr CsI	CsF CsCl . .	. . . .
. . . .	. . . .	CuF CuCl CuBr CuI
. . . .	AgF AgCl AgBr .	. . . AgI
NH_4Cl NH_4Br NH_4I*	. NH_4Cl* NH_4Br* NH_4I	NH_4F . . .

* 表示这种结构在常温常压下不存在.

碱金属卤化物：我们已详细讨论过碱金属卤化物的晶体结构，它们全都为氯化钠结构或氯化铯结构．所有这些化合物基本上都是离子性的，而其离子特性的程度取决于有关原子电负性之间的差别，因此，氟化铯的这种差别最大，而碘化锂的这种差别最小．正如我们已经知道，半径比 r^+/r^- 是确定某一卤化物取氯化钠型还是取氯化铯型的主要因素．但是，这并非是唯一的因素．对于有些卤化物 (例如 KF、RbCl 和 RbBr) 并不具有单纯根据几何因素预期的晶体结构．另外有一些在高温高压下出现的晶体结构不同于正常条件下的结构：RbCl、RbBr 和 RbI 在高压下具有氯化铯结构，而 CsCl 在高温下则具有氯化钠结构．

碘化银结构还有另一方面使人发生兴趣，这一化合物是三型性的．在室温时，稳定的 γ–型具有上述的闪锌矿结构；但在 137°C 时；它变为一种与纤锌矿结构密切相似的 β–型．在这两种结构中，碘原子所占的位置分别与立方和六方密堆积中的位置一样，所以，这两种结构可以看成是碘原子的密堆积，并在其四面体间隙中嵌入银原子．在 146°C 以上稳定的 α–AgI 中，碘原子形成不太紧密的立方体心排列，但是银原子现在没有固定位置，且能在整个结构中按流体状态自由地漂流．在此温度时，电导率陡然上升，而银原子骨架可以看成是单独"熔融"了，只有当达到真正的熔点 555°C 时，碘骨架才最后崩溃，碘化银的 α–型是缺陷结构的另一实例．

卤化铵：大多数铵盐中的铵离子 NH^{4+} 表现为半径约是 1.48Å的球形离子，这一半径与铷离子半径非常接近．所以，相应的铵盐和铷盐常常是等结构的．例如，NH_4Cl、NH_4Br 和 NH_4I 在足够高温时全都具有氯化钠结构，虽然在较低温度时它们也呈现氯化铯结构．然而，氟化铵是以 NH_4F 距离为 2.66Å，按纤锌矿结构结晶的，这一距离较根据离子半径 (1.48+1.36=2.84Å) 所预期的要小得多．造成氟化铵的这一反常性质的原因是重要的，请参考其他相关书目．

NH^{4+} 离子能存在于高对称性的氯化钠和氯化铯晶体中，这似乎和它的四面体构型不协调，这只有假定铵离子在热扰动能的影响下做自由旋转，实际上变成球形对称才能加以解释．我们会遇到许多其他结构实例，在这些结构中的离子和分子，或者在各种温度下，或者在高于某一转变温度下是自由旋转的．所有这些也是另一类缺陷结构实例．

氧化物和氢氧化物：大多数含氢化合物的晶体结构在性质上是如此特殊，因而它们最好另作一类来讨论．但是，有关的论点不适用这类盐氢化物或正电性较强金属的氢氧化物，因为许多这类化合物形成在性质上与卤化物相当的典型离子性结构．

所有碱金属的氢化物 AH 都是已知的，它们都是稳定的、熔点较高的无色晶体，而且全都具有氧化钠结构，在结构中氢以半径为 1.54Å的负离子 H^- 存在，这一半径介于 F^- 离子和 Cl^- 离子的半径之间，所以氢化物和卤化物间的结构相似性是易于理解的．

在迄今已研究过的为数有限的 AOH 氢氧化物中, OH^- 离子表现为半径是 1.53Å的球形体, 此半径再次介于 F^- 离子和 Cl^- 离子的半径之间, 而其中有些结构相似于相应的卤化物结构, 例如 KOH(高温时) 具有氯化钠结构.

氧化物和硫化物：组成为 AO 和 AS 的氧化物和硫化物显示远比 AX 卤化物更为多样化的晶体结构类型. 其中有些化合物主要是离子性的, 但有另一些其键合则明显是共价的; 此外, 在氧化物和硫化物之间还有某些重要差别, 一些结构总结见表 4.10.

表 4.10　若干 AX 氧化物和硫化物的晶体结构

氯化钠结构 (配位数 6:6)		闪锌矿结构 (配位数 4:4)		纤锌矿结构 (配位数 4:4)		PbO 及其有关结构 (配位数 4:4)		NiAs 结构 (配位数 6:6)
—	—	BeO	BeS	—	—	—	—	—
MgO	MgS	—	—	—	—	—	—	
CaO	CaS	—	—	—	—	—	—	—
SrO	SrS	—	—	—	—	—	—	—
BaO	BaS	—	—	—	—	—	—	—
VO	—	—	—	—	—	—	—	VS
MnO	MnS	—	—	—	MnS	—	—	—
FeO	—	—	—	—	—	—	—	FeS
CoO	—	—	—	—	—	—	—	CoS
NiO	—	—	—	—	—	—	—	NiS
—	—	—	—	—	—	PdO	PdS	—
—	—	—	—	—	—	PtO	PtS	—
—	—	—	—	—	—	CuO		—
—	—	—	ZnS	ZnO	ZnS	—	—	—
—	—	—	CdS	—	CdS	—	—	—
—	—	—	HgS	—	—	—	—	—
—	PbS	—	—	—	—	—	—	—

所有除铍以外的碱土金属氧化物, 以及某些过渡金属的氧化物具有典型的离子性氯化钠结构, 这是一种符合于它们的正、负离子半径比, 以及正、负离子电负性差别大的结构. 氧化铍 BeO 具有闪锌矿结构, 由于 Be^{2+} 的离子半径非常小, 这同样也与离子键模型相符合, 但是这个结构中的键也还可能带有一定程度的共价特性. 然而, 若将 BO 作为纯粹离子性处理, 那么, 它是离子性 AX 化合物中半径比小的足以给出 4:4 配位的闪锌矿结构的几个仅有的实例之一.

硫化物：碱土金属硫化物与相应的氧化物是等结构的 (表 4.9). 同时, 除 BeS 外, 它们基本都是离子结构. 硫化物 MnS 和 PbS 也具有氯化钠结构. V、Fe、Co 和 Ni 的硫化物的结构不同于氧化物的结构, 这表明硫化物中共价结合的倾向比氧化物中更强, 亦如从氧和硫的相对电负性所预料的那样. Pd 和 Fe 的硫化物具有与对应氧化物密切相似的晶体结构, 这再次显示了这些元素中 4 个 dsp^2 的特征平面分布.

4.3.2 AX_2 结构

AX_2 型离子化合物的重要结构有: 萤石 (CaF_2) 型、金红石 (TiO_2) 型、β–方英石结构 (SiO_2) 型.

卤化物: 许多 AX_2 卤化物基本是离子性的, 且具有由有关离子相对大小所决定的晶体结构. 因为负离子一般比较大, 所以, 这些离子围绕正离子的配位情况决定了结构排列. 正如氯化铯结构、氯化钠结构和闪锌矿结构那样, 围绕正离子的配位情况可以分别是 8–配位, 6–配位或 4–配位. 但是, 围绕负离子的配位情况显然仅是正离子配位数的一半, 所以, 可能的配位情况和相应的半径比条件见表 4.11.

表 4.11　半径比与配位数对应关系

配位	8:4	6:3	4:2
r^+/r^-	> 0.7	0.7∼0.3	< 0.3

所有这些可能配位情况的结构都已知了.

萤石结构: 在萤石结构中是 8:4 配位, 钙离子排列在立方晶胞的顶点和面心位置上, 而氟离子则位于 8 个八分之一晶胞的小立方体中心. 所以每一钙离子由 8 个位于一个立方体顶点的近邻氟离子配位, 而每个氟离子的 4 个近邻钙离子位于一个正四面体的顶点. 这是唯一存在的 8:4 配位结构, 如图 4.27 所示.

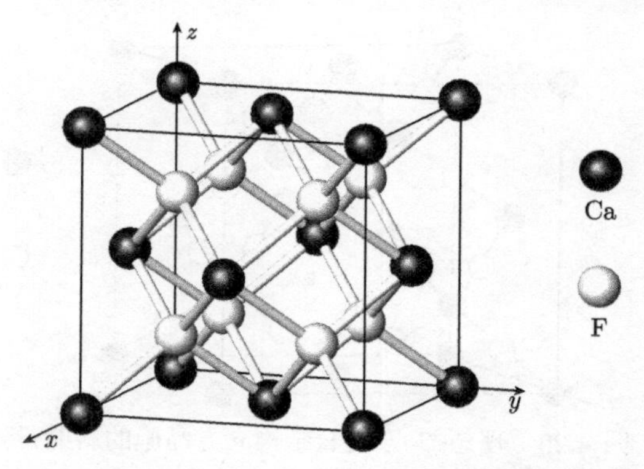

图 4.27　萤石 CaF_2 立方晶胞结构的斜射投影

金红石结构: 在几种 AX_2 结构中存在 6:3 配位, 其中最常见的是四方金红石结构 (图 4.28), 这是接一种 TiO_2 矿晶型的命名. 在此结构中, 每个 A 原子被位于略微变形的正八面体顶点上的 6 个 X 近邻围绕, 而 3 个与 X 原子配位的 A 原子则位于近乎等边三角形的顶点上. 若观察这一结构的几个晶胞则可以看到每个由 X 原子形成的配位八面体与相邻的八面体共有其两水平棱. 因此, 八面体连接成带, 按直立走向通过晶胞的中心和顶点, 贯穿于晶体结构中.

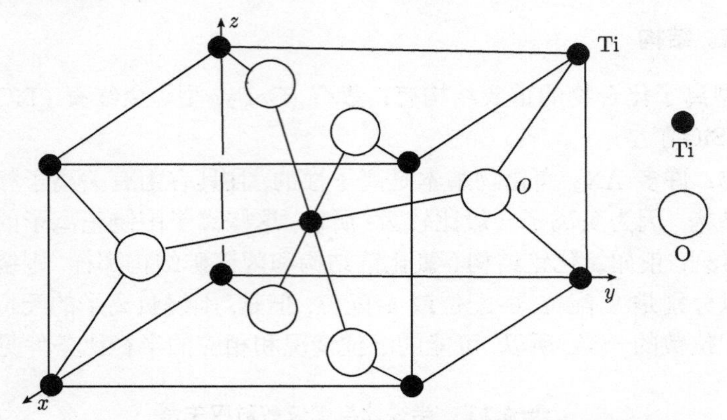

图 4.28　金红石 TiO_2 四方结构晶胞的斜射投影

β–方英石结构: AX_2 卤化物中配位为 4:2 的只存在于 BeF_2 中, 它具有理想的 β–方英石结构, 按一种 SiO_2 矿型命名. 该结构的立方晶胞示于图 4.29, 可以看到这个结构能够很简单地描述为: A 原子排列在金刚石中碳原子的位置上 (或者闪锌矿结构的锌和硫的位置上), 而 X 原子则位于每一对 A 原子连线的中点上. 因此, 每个 A 原子被 4 个位于一正四面体顶点上的 X 近邻包围, 而每个 X 原子则为排列在径向相对的两个 A 近邻配位.

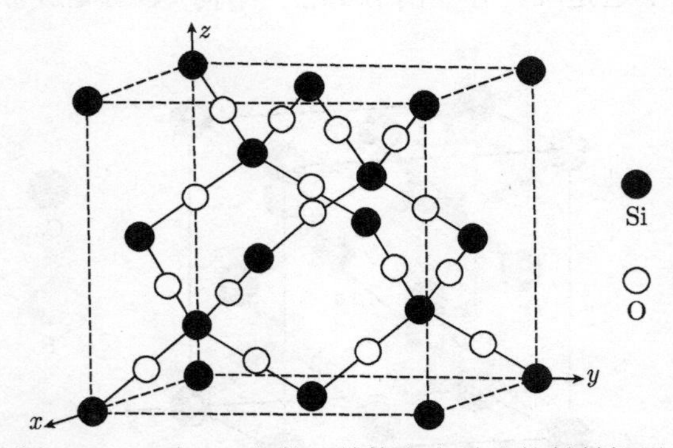

图 4.29　理想 β–方英石结构立方晶胞的斜射投影

刚才所述的三种结构在许多 AX_2 卤化物中都存在, 它们的键合主要是离子性的, 同时, 可以从表 4.12 看到, 所引用的化合物大都具有按有关离子半径比所预测的晶体结构. 可以概括地说, 对称性结构存在于 A 原子和 X 原子的电负性相差很大的卤化物中, 如它们常见于氟化物中, 较少见于氯化物和溴化物 (只有与强正电性的碱土金属才可能) 中, 而在碘化物中则不存在.

表 4.12 若干 AX_2 卤化物的离子半径比

萤石结构	$(r^+/r^- > 0.7)$	金红石结构	0.7～0.3	β–方英石结构	< 0.3
BaF_2	0.99	MnF_2	0.69	BeF_2	0.23
PbF_2	0.88	FeF_2	0.59		
SrF_2	0.83	CaF_2	0.59		
HgF_2	0.81	$CaCl_2$	0.55		
$BaCl_2$	0.75	ZnF_2	0.54		
CaF_2	0.73	CoF_2	0.53		
CdF_2	0.71	NiF_2	0.51		
$SrCl_2$	0.63	$CaBr_2$	0.51		
		MgF_2	0.48		

当电负性差别太小以致不能生成典型的离子性结构时, 就形成其他更复杂的结构型式. 这些复杂结构中, 许多只有有限的几种化合物, 但有其他很常见的结构需要在此说明.

氧化物: 由于氧的强电负性, 许多氧化物主要是离子性的, 并且具有已描述过的由 A^{4+} 和 O^{2-} 离子组成的氟石、金红石和 β–方英石类型的对称结构. 至于所取的具体结构则取决于几何因素, 正如表 4.13 中某些这类氧化物的离子半径比所示, 氯化镉和碘化镉层结构常见于含有较低电负性负离子的 AX_2 化合物中, 在氧化物中则不存在.

表 4.13 若干 AX_2 氧化物的离子半径比

萤石结构	$(r^+/r^- > 0.7)$	金红石结构	0.7～0.3	硅石结构	< 0.3
CeO_2	0.72	PbO_2	0.60	GeO_2	0.38
ThO_2	0.68	SnO_2	0.51	SiO_2	0.29
PrO_2	0.66	TiO_2	0.49		
PaO_2	0.66	WO_2	0.47		
UO_2	0.54	OsO_2	0.46		
NpO_2	0.63	IrO_2	0.46		
PuO_2	0.62	RuO_2	0.45		
AmO_2	0.61	VO_2	0.43		
ZrO_2	0.57	CrO_2	0.40		
HfO_2	0.56	MnO_2	0.39		
		GeO_2	0.38		

硅石结构: 硅石 SiO_2 的结构是特别重要的, 因为它和后面要讨论的硅酸盐矿物有密切关系. 硅石是同质多象的, 它有三种天然存在的稳定型式, 其温度范围为

石英 ($< 870°C$), 磷石英 (870.1470°C), 方石英 ($> 1470°C$)

此外, 每一类型还有结构上只有微小差异的 α 和 β 两种变体. 理想化的 β–石英石结构已经描述过了, 它与实际结构的差别是氧原子从联结硅原子对的直线上略

有位移, 所以, 与氧原子联结的两键不再共直线. 鳞石英结构也是 4:2 配位, 它和纤锌矿结构间的关系完全与方石英结构和闪锌矿结构间的关系相同：若设纤锌矿结构中的锌原子和硫原子被硅原子取代, 并且引入氧原子位于每一对硅原子连线的中点, 这样就得到鳞石英的理想化结构. 石英也是 4:2 配位, 但是, 硅原子的配位四面体的排列不同, 从而得到密度较大的结构.

硅石中的 Si—O 键的本质需作简要讨论. 硅和氧的电负性差等于 1.7, 这个数值相当于约含 40%离子性的键. 所以, 就不可能把各种硅石看作纯离子性化合物, 而必须把 Si—O 键作为含有相当大程度的共价键来处理. 这一观点受到这一事实的支持, 即所有这些结构中的氧原子从连接两硅原子的直线上位移. 显然, 在纯粹离子性结构中, 这种氧原子离开直线的排列在能量上是不可能的, 因而显示出变为共价键特征空间分布的倾向.

4.3.3　A_mX_z 结构

在 A_mX_z 这类化合物中没有几个是典型的离子晶体, 它们的结构远比迄今研究过的较简单的化合物更加多样和复杂. 随着正离子价数的增加变为共价结合的倾向越来越显著, 而层结构和分子晶体结构越来越常见. 例如, 在 AX_3 化合物中只有氟化物和少数氧化物才有对称结构, 而其他的许多卤化物、氢氧化物、氧化物和硫化物都具有层结构, 彼此只是在细节上有所差别. 但已描述过的一般性结构特征全都表现为这些结构的特征. $z > 3$ 的 AX_z 化合物大概没有离子结构, 而它们中的大多数是纯粹分子排列.

氟化铝结构：氟化铝 (AlF_3) 结构 (图 4.30) 多少有点理想化的形式, 是 AX_3 化合物中一种常见的对称结构. 铝离子位于立方晶胞的顶点, 而氟离子则位于晶胞棱的中点. 因此, 这是 6:2 配位, 于是每个 Al^{3+} 离子被 F^- 离子作正八面体配位. 这些正八面体只借共有顶点而联结. 这种结构 (或其略微变形的变体) 存在于氟化物 AlF_3、SeF_3、FeF_3、CoF_3、RhF_3 和 PdF_3 中, 以及氧化物 CrO_3、WO_3 和 ReO_3 中.

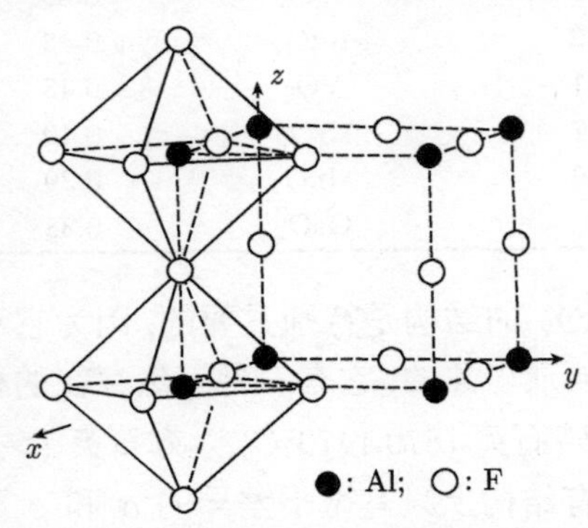

图 4.30　AlF_3 的理想化立方结构晶胞的斜射投影

刚玉结构和赤铁矿结构: 氧化物 Al_2O_3 和 Fe_2O_3 两者都是同质多象的, 各以几种形式存在. 这些氧化物 (刚玉和赤铁矿) 的 α–型以及氧化物 Cr_2O_3、Ti_2O_3、V_2O_3、α–Ga_2O_3 和 Rh_2O_3 具有一种结构形式, 它可描述为氧原子立方密堆积并以金属原子填在三分之二的八面体配位间隙中的结构. 因此, 每个金属原子由 6 个氧原子配位, 每个氧原子则有 4 个近邻金属原子, 这是 6:4 配位. Al_2O_3 和 Fe_2O_3 的 γ 型具有很不相同的结构.

正常制备的 Fe_2O_3 以 α–型存在, 但是, 精细地氧化 Fe_3O_4 得到具有结构完全不同的 γ 型. 这一新结构的立方晶胞大约和 Fe_3O_4 尖晶石结构同样大小, 而一开始建议的结构是铁离子占有和在尖晶石中相同的位置, 每一晶胞所需的四个额外氧离子则位于结构的间隙里. 然而, 曾经不易理解为什么像氧离子这般大的离子能引入堆积已很紧密的结构之中, 现在则认为实际结构不能看成是尖晶石结构加进额外的氧, 而必须看作缺正离子的尖晶石结构. γ–Fe_2O_3(和 γ–Al_2O_3) 的结构中每个晶胞的 32 个氧离子完全按尖晶石那样排列, 而以相应数目, 即 $21\frac{1}{3}$ 的铁离子或铝离子无规则地分布在正常情况下正离子所占有的 24 个位置上. 因此, 平均地看, 每个晶胞有 $\frac{2}{3}$ 个正离子位置的空穴.

根据这一结构的启示, 氧化 Fe_3O_4 成为 γ–Fe_2O_3 的转变就易于理解了. Fe_3O_4 的晶胞中有 8 个 Fe^{2+}, 16 个 Fe^{3+} 和 32 个 O^{2-} 离子. 当进行氧化时, 氧离子不受影响而 Fe^{2+} 被三分之二 Fe^{2+} 数目的 Fe^{3+} 取代, 最后, 当全部 8 个 Fe^{2+} 被取代时, 引入了 $5\frac{1}{3}$ 个 Fe^{3+}, 并留下 $2\frac{2}{3}$ 空穴. 按照相同的方法, 我们就能理解 Al_2O_3 在尖晶石中易于形成固溶体的原因. 比如说, 从 $MgAl_2O_4$ 开始, 铝含量因 Al^{3+} 取代 Mg^{2+} 而渐渐增加.

4.3.4 ABX_3 结构

在 ABX_3 化合物中有两种常见的结构, 它们通常按照矿物钙钛矿 $CaTiO_3$ 和钛铁矿 $FeTiO_3$ 命名.

钙钛矿结构: 理想化钙钛矿是立方结构, 具有如图 4.31 的原子排列, 每个晶胞中有一个化学式 $CaTiO_3$ 单位. 钛原子位于晶胞的顶点, 钙原子位于晶胞体心, 氧原子则位于晶胞各棱的中点. 因此, 每个 Ca 原子被 12 个近邻 O 原子配位, 每个 Ti 原子被 6 个近邻氧原子配位, 而每个氧原子则与 4 个 Ca 原子和两个 Ti 原子相联结. 在此情况下, 正如所预期的那样, 较大的金属原子 (或离子) 如钙占有高配位的位置. 要注意该结构在几何上可以看作 (O+Ca) 原子的密堆积排列, 而 Ti 原子占据某些正八面体配位间隙. 也可观察到它与 AlF_3 结构的密切关系 (图 4.30): 假若不考虑 Ca 原子, 则 Ti 和 O 原子在 AlF_3 结构中分别占据 Al 和 F 的位置.

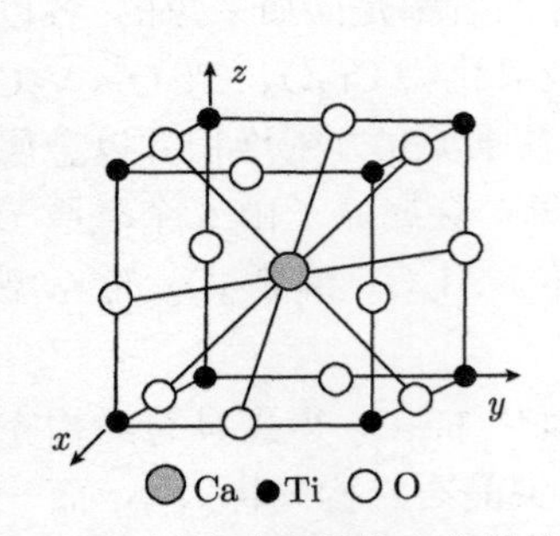

图 4.31　钙钛矿理想化立方结构晶胞的斜射投影

显然在这种对称结构中组成离子诸半径之间必定存在一简单关系. 在理想情况下, 这一关系是

$$r\mathrm{A}+r\mathrm{X}=\sqrt{2}(r\mathrm{B}+r\mathrm{X})r\mathrm{A}+r\mathrm{X}=t\sqrt{2}(r\mathrm{B}+r\mathrm{X})$$

式中, A 是较大的正离子, 但是, 在实际上发现只要满足条件

$$r\mathrm{A}+r\mathrm{X}=t\sqrt{2}(r\mathrm{B}+r\mathrm{X})$$

即可得钙钛矿结构. 式中, t 是 “容许因子”, 其值大概可在 0.7~1.0 的范围. 若 t 值超出这个范围, 则得到别的结构.

大约有五十个或五十个以上的复合氧化物和氟化物呈钙钛矿结构, 其中有些列在表 4.14 中. 研究该表引出下列几个要点:

表 4.14　若干具有钙钛矿结构的化合物

$NbNaO_3$	$CaTiO_3$	$CaSnO_3$	$BaPrO_3$	$YAlO_3$	$KMgF_3$
$KNbO_3$	$SrTiO_3$	$SrSnO_3$	$SrHfO_3$	$LaAlO_3$	$KNiF_3$
$NaWO_3$	$BaTiO_3$	$BaCeO_3$	$BaThO_3$	$LaCrO_3$	$KZnF_3$
	$CdTiO_3$	$SrCeO_3$	$BaThO_3$	$LaMnO_3$	
	$PbTiO_3$	$BaCeO_3$		$LaFeO_3$	
	$CaZrO_3$	$CdCeO_3$			
	$SrZrO_3$	$PbCeO_3$			
	$BaZrO_3$				
	$PbZrO_3$				

首先我们注意到, 正如所料, 在所有的化合物中 A 离子是与氧或氟离子大小相当的大离子 (例如 K、Ca、Sr、Ba), 因为 A 和 X 离子一起构成密堆积排列. 而 B 是小离子, 因为它们的半径必须与氧或氟的 6–配位相适应. 当然, 这些条件只不过是诸离子半径满足上述关系式并使容许因子处于所引用范围的另一种表达而已. 我们可以很概括地说, 对于氧化物和氟化物, A 离子和 B 离子的半径必须分别在 1.0~1.4Å和 0.45~0.75Å的范围内.

其次, 在氧化物中钙钛矿结构并不只限于 A 离子和 B 离子分别为二价和四价的那些化合物, 如表 4.14 所示 $KNbO_3$ 和 $LaAlO_3$ 也具有这种结构. 由此可见, 结构中各个正离子的原子价仅仅是次要的, 若任一对离子半径适合于配位的条件, 而它们的原子价总和为 6 以使整个结构呈电中性, 那么, 它们就能采取这种结构. 表 4.14 中的氧化物的 A 和 B 正离子的原子价是 1 和 5, 2 和 4 以及 3 和 3. 由下列事实可使这个问题更加清楚, 在许多 A 和 (或)B 位置上全不是被同种原子所占有的氧化物中, 也发现具有钙钛矿结构. 例如, $(K_{1/2}La_{1/2})TiO_3$ 是钙钛矿结构, 它的 A

离子被数目相等的 K 离子和 La 离子所取代, 而在 $Sr(Ga_{1/2}Nb_{1/2})O_3$ 中, 其 B 离子被数目相等的 Ga 离子和 Nb 离子所取代. $(Ba_{1/2}K_{1/2})(Ti_{1/2}Nb_{1/2})O_3$ 也具相同的结构, 在此结构中 (Ba+K) 代替了 A, (Ti+Nb) 代替了 B. 当然这种排列显然必定构成缺陷结构, 因为仅当我们认为 A 和 (或)B 位置上统计地被数目相等的取代离子占有时, 一个单一的晶胞才可代表整个晶体结构.

一个更加极端的例子表明, 甚至当若干 A 位置未被占满时钙钛矿结构也能够存在. 钠钨青铜的理想组成是 $NaWO_3$, 它具有钙钛矿结构, 但是这个化合物具有十分不同的组成和颜色, 而最好用化学式 $Na_xWO_3(1 > x > 0)$ 来表示. 在缺钠的品种中, 晶体结构根本保持不变, 但有些本来应有 Na 的位置则空缺了. 为保持电中性, 对于每个空缺位置有一个钨离子从 W^{5+} 转变为 W^{6+}, 这种电离状态的改变导致颜色的特性改变, 并说明了颜色和钠含量间的联系. 在极端的情况下, 当不含钠时, 则得到结构与 AlF_3 密切相关的 WO_3.

由表 4.14 需加指出的第三点是, 在具有钙钛矿结构的化合物中, 有许多 "钛酸盐"、"铌酸盐"、"锡酸盐" 等, 这些本来应看作无机盐, 但是, 这一观点没有结构上合理的证据. 我们将在后面看到真正的无机酸盐, 其有限的络阴离子在晶体结构中是分立存在的: 例如, 在碳酸钙中, 负离子 CO^{3-} 清楚地可加辩认, 而整个晶体结构就是由这些负离子和 Ca^{2+} 正离子用非常相似于氯化钠中的离子排列方式构成的. 但是, 另一方面在 "钛酸钙" 中, 每个钛离子是被 6 个近邻氧原子对称配位, 而且不能辨认出 TiO_3^{2-} 络离子. 因此, 尽管经验式 $CaCO_3$ 和 $CaTiO_3$ 之间有相似性, 但是, 这些化合物在结构上完全不同, 前者是一种盐, 后者应看作复合氧化物才比较合适.

由钙钛矿结构得出的最后一点是: 表 4.14 所列的化合物只有有限的几个才具有上述 "理想的" 高对称性立方结构. 在高温时, 或者容许因子很接近 1 时, 这种简单的结构形式确是常见的. 但是, 在许多化合物中真实的结构实际是理想结构的假对称变体 (pseudosymmetric variant), 它是由理想结构通过原子的微小位移而导得的. 在某些情况下, 这些位移使晶胞产生微小的位移, 晶体对称性就相应地降低了, 而在另外一些情况下, 变形使相邻的晶胞不再严格地等同, 所以实际晶胞包含一个以上较小的理想晶胞. 这些假对称结构其数目是如此之多, 以致不能在此作详细描述. 但是, 要强调指出的是: 在许多情况下, 相对于理想排列的偏离程度仅仅是很小的. 例如, $BaTiO_3$ 具有四方晶胞, 其轴率 $c/a = 1.01$. 这是由立方晶胞作平行于其中一棱伸展仅仅百分之一而导得的. 即使如此, 这些对理想结构的偏离仍然极其重要, 因为许多这些氧化物的铁电性质必须归因于这种偏离. 铁电性与理想结构的高对称性是不相容的, 同时仅仅在钙钛矿族中具有低对称性的成员中才有这种性质.

钛铁矿结构: 当 ABX_3 化合物中的 A 离子过于小以致不能构成钙钛矿结构的形式, 比如说, 当 A 的半径约小于 1.0Å, 有时就产生另一种结构即钛铁矿结构. 这种结构与刚玉和赤铁矿的结构密切相关, 且可描述为 X 离子 (通常是氧离子) 的六方密堆积排列, 并以 A 离子和 B 离子各占三分之一正八面体配位间隙. 因此, A 离子和 B 离子现在为负离子的 6–重配位.

少数钛铁矿结构的氧化物列在表 4.10 中. 由该表可以看到, 除 $CdTiO_3$ 外, 全都是 A 离子比钙钛矿结构中相应的离子小很多的氧化物. $CdTiO_3$ 在高温时具有钙钛矿结构, 它的二形性可容易地由 Cd^{2+} 的半径 (0.97Å) 十分接近于钙钛矿结构和钛铁矿结构之间的转变临界值来解释. 再次注意到表中包括许多 "钛酸盐" 它们应更为恰当地描述为复合氧化物.

所有列在表 4.15 中的氧化物是类质同象 (同形性) 的, 它们之间的固溶体是常见的. 例如, $MgTiO_3$ 和 $FeTiO_3$ 组成为 $Mg_xFe_{(1-x)}TiO_3$ 的固溶体, 其中占据在 A 位置上的 Mg 离子和 Fe 离子是无规则的. 而 $FeTiO_3$ 和 α–Fe_2O_3 在高温时在该两个极端组成之间形成了全部浓度范围的固溶体. 在此后一种情况中, 随着 α–Fe_2O_3 的比例增加, $FeTiO_3$ 中的 Fe^{2+} 和 Ti^{4+} 离子渐渐为 Fe^{3+} 离子取代, 直到最后 Fe^{3+} 全占有 A 和 B 的位置.

表 4.15 几种具有钙钛矿结构的化合物

$MgTiO_3$	$FeTiO_3$	$CdTiO_3$*	α–Al_2O_3	α–Fe_2O_3
$MnTiO_3$	$CoTiO_3$	$LiNbO_3$	TiO_3	Rh_2O_3
	$NiTiO_3$		V_2O_3	Ga_2O_3

* 表示低温形式.

4.3.5 AB_2X_4 结构

我们要讨论的唯一的 AB_2X_4 结构是尖晶石 $MgAl_2O_4$ 的结构.

尖晶石结构: 极其众多的氧化物 AB_2X_4 具有尖晶石结构, 这种结构也在具有相同组成的为数有限的硫化物、硒化物、氟化物和氰化物中存在. 该结构的立方晶胞示于图 4.32 中, 共含有 32 个 X 离子, 每个 A 离子被 4 个 X 近邻作四面体配位, 每个 B 离子被 6 个 X 近邻作正八面体配位, 而每个 X 离子与 1 个 A 离子和 3 个 B 离子相联结. 其配位情况可归纳为

A–4X, B–6X, A–X–3B

从图 4.32 中可以确认, 假若单是考虑 X 离子, 那么, 这些离子的位置可用体积为八分之一真实晶胞的立方子晶胞 (sub–cell) 来描述, X 离子在子晶胞的顶点和面心上. 换句话说, 该结构的排列方式是 X 离子按立方密堆积排列, 而 A 离子和 B 离子分别位于正四面体和正八面体配位间隙中.

在大多数具有尖晶石结构的氧化物中, A 是二价离子, B 是三价离子, 但是这个条件并不重要, 正如在钙钛矿结构中那样, 发现正离子的总电荷才是最重要的因素, 并发现能产生电中性结构的其他正离子组合也是允许的.

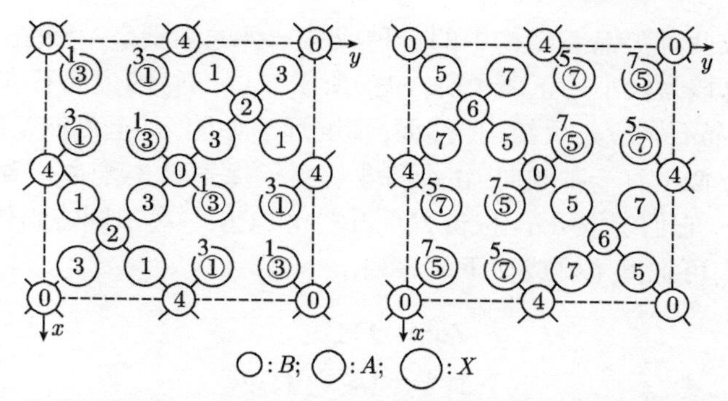

图 4.32 尖晶石 AB_2X_4 的立方结构晶胞投影在垂直于 z 轴平面上的平面图

迄今所描述的结构是“正常”尖晶石结构, 而且也是许多 AB_2O_4 氧化物中存在的结构. 然而, 有些这种组成的氧化物具有另一种反结构, 这最好用一个具体例子, 如 $MgFe_2O_4$, 在这个氧化物中, 结构中的点阵形式和氧离子分布完全和在正常尖晶石中一样. 但是, 正离子的排列是不同的: 4–配位的位置不是由 Mg 离子占有, 而是由 Fe 离子的一半占有, 而其余的 Fe 离子和全部 Mg 离子则无规则地分布在 6–配位的位置上. 若我们希望突出这点差别, 那么, 我们可以将“反结构”的分子式写作 $Fe(MgFe)O_4$. 在表 4.16 中列出的化合物, 对其中结构类型已知的则加以标注.

表 4.16 某些具有尖晶石结构的化合物

$BeLi_2F_4$	$MgCrO_4$	$MgFe_2O_4$ ♀	$FeNi_2O_4$	$MgGa_2O_4$
$MoNa_2F_4$	$MnCr_2O_4$	$TiFe_2O_4$	$GeNi_2O_4$	$ZnGa_2O_4$
WNa_2O_4	$FeCr_2O_4$	$MnFe_2O_4$	$FeNi_2O_4$	$CaGa_2O_4$
$ZnK_2(CN)_4$	$CoCr_2O_4$	$FeFe_2O_4$ ♀	$NiNi_2O_4$	$MgIn_2O_4$
$CdK_2(CN)_4$	$NiCr_2O_4$	Fe_2O_3	$MgRh_2O_4$*	$CaIn_2O_4$
$HgK_2(CN)_4$	$CuCr_2O_4$	$CoFe_2O_4$	$ZnRh_2O_4$	$MnIn_2O_4$
$TiMg_2O_4$*	$ZnCr_2O_4$	$NiFe_2O_4$ ♀	$TiZn_2O_4$	$FeIn_2O_4$
VMg_2O_4	$CdCr_2O_4$	$CuFe_2O_4$	$SnZnO_4$	$CoIn_2O_4$
$SnMg_2O_4$	$MnCr_2S_4$	$ZnFe_2O_4$	$MgAl_2O_4$	$NiIn_2O_4$
MgV_2O_4*	$FeCr_2S_4$	$CdFe_2O_4$	$SrAl_2O_4$	$CdIn_2O_4$
FeV_2O_4	$CoCr_2S_4$	$AlFe_2O_4$	$CrAl_2O_4$	$HgIn_2O_4$
ZnV_2O_4	$CdCr_2S_4$	$PbFe_2O_4$	$MoAl_2O_4$	
	$HgCr_2S_4$	$MgCo_2O_4$	$MnAl_2O_4$	
	$ZnCr_2S_4$	$TiCo_2O_4$	$FeAl_2O_4$	
	$CdCr_2S_4$	$CoCo_2O_4$	$CoAl_2O_4$	
	$TiMn_2O_4$	$CuCo_2O_4$	$NiAl_2O_4$	
	$MnMn_2O_4$	$ZnCo_2O_4$	$CuAl_2O_4$	
	$ZnMn_2O_4$	$SnCo_2O_4$	$ZnAl_2O_4$	
		$CoCo_2O_4$	Al_2O_3	
		$CuCo_2O_4$	$ZnAl_2S_4$	

* 表示正常结构, ♀ 表示反结构.

决定形成两种尖晶石结构中的一种或另一种的因素毫不清楚. 有可能预测 4–配位的位置总该为较小的正离子所占有, 所以, $r_A < r_B$ 的尖晶石应是正常结构, 而 $r_A > r_B$ 的尖晶石则应是反结构. 然而, 情况远非如此, 甚至可能是倒过来反而更接近实际. 例如, 似乎有一种倾向: 3 价和 4 价离子优先取 6–配位位置 (除 Fe^{3+}、In^{3+} 和 Ga^{3+} 以外, 它们宁取 4–配位位置), Zn^{2+} 和 Cd^{2+} 离子则特别优先取 4–配位位置. 所以, 我们可把离子排成如下的序列:

Zn^{2+}、Cd^{2+}

Fe^{3+}、In^{3+}、Ga^{3+}

其他二价离子

其他三价离子

四价离子

这样, 任一给定的尖晶石的两金属离子中位于此序列中较高的一个倾向于占有 4–配位位置. 因此, 可以预料大多数 $A^{2+}B_2^{3+}O_4$ 尖晶石 (除了含 Fe^{3+}、In^{3+} 或 Ga^{3+} 但不含 Zn^{2+} 或 Cd^{2+} 离子的那些以外) 全部具有正常结构, 而全部 $A^{4+}B_2^{2+}O_4$ 尖晶石具有反结构, 对于所有已知的结构实际情况确是如此. 作为应用这一原理的具体实例, 我们可以比较表 4.17 中化合物的结构.

表 4.17　某些正常结构与反结构的化合物

正常结构	反结构
MgV_2O_4	VMg_2O_4
$MgCr_2O_4$	$MgFe_2O_4$
$ZnFe_2O_4$	$CuFe_2O_4$
$NiCr_2O_4$	$NiIn_2O_4$

在表 4.16 中包括磁铁矿 Fe_3O_4 是有意义的. 这个氧化物具有反尖晶石结构, 从它和其他尖晶石的关系可将其化学式写作 $Fe^{3+}(Fe^{2+}Fe^{3+})O_4$ 就可以明白. 磁铁矿的半导体性质可归因于 B 位置上的 Fe^{2+} 和 Fe^{3+} 间的电子交换, 同时, 其他尖晶石的半导体性质正如这里一样, 可能与结晶学等效位置上存在不同价态的离子有关. 尖晶石与 $A1_2O_3$ 和 Fe_2O_3 的关系更为有趣, 因为长期以来, 人们就知道许多尖晶石能溶解不定量的这两种化合物而形成固溶体.

4.4　类质同象和同质多象

4.4.1　类质同象概念

化学成分相似的物质结晶在几何上呈相近的构造, 其中的质点可以相互代替而形成中间成分的化合物, 且构造的形式不变, 这种性质或现象称为类质同象.

例如, KH_2PO_4 和 KH_2AsO_4、$CaCO_3$ 和 $NaNO_3$、钛铁矿 ($FeTiO_3$) 和赤铁矿 (Fe_2O_3)、尖晶石 ($MgAl_2O_4$) 和铁尖晶石 ($FeAl_2O_4$) 等, 都具有同晶现象 (类质同象). 具有类质同象的各物质, 彼此互相为同晶体.

化学成分相似是生成同晶现象的原因. 但并不是说, 所有化学成分相似的物质都具有相似的晶体外形, 如 NaCl 和 CsCl、NaCl 和 KI 等就不能发生同晶现象. 发生同晶现象的物质, 一般来说, 必须是那些化学成分相似、结构形式相同、相当的离子半径近于相等的物质. 所以生成同晶现象的主要原因, 可以认为是互相代替元素的离子类型 (电子构造和极化性质) 相同及离子半径近于相等, 例如, 一价的铜和钠离子, 由于它们的极化性质相差甚远, 故实际上不能形成类质同象代替.

但是, 晶体外形上的相同, 并不总是意味着内部结构中的某些原子或离子彼此间必定可以相互代替. 例如, NaCl 和方铅矿 PbS, 两者具有完全相同的晶形和晶体结构形式 (指空间群相同, 轴率相同或近似等), 但这两种组分在晶格中根本不能相互代替. 除此之外, 这两个物质的化学组成也完全不同, 因此, 它们没有类质同象的关系.

研究类质同象从不同的角度出发, 可以把它们区分为某些不同的类型.

类质同象根据代替与被代替元素电价相等与否, 分成等价类质同象与异价类质同象. 菱镁矿 ($MgCO_3$) 与菱铁矿 ($FeCO_3$) 为等价类质同象, 钠长石 [$Na(Al_2Si_2O_8)$] 与钙长石 [$Ca(Al_2Si_2O_6)$] 为异价类质同象.

类质同象根据代替是否有限制而分为完全类质同象和不完全类质同象, 上述菱镁矿和菱铁矿就是完全类质同象的例子. 形成完全类质同象时, 两个类质同象的物质可以无限制的代替, 以任何比例代替形成一连续系列的中间成分的化合物, 便称为类质同象固溶体. 应当说明, 现代矿物学中, 与类质同象概念相等同的只是替位式固溶体.

4.4.2 影响类质同象的因素

影响类质同象的主要因素是:

(1) 原子或离子的大小. 显然, 要使类质同象的代替不导致晶格发生根本性的变化, 从几何角度来看, 这就要求相互代替的原子或离子的大小必须尽可能接近. 根据经验, 若 r_1 和 r_2 分别为被代替和代替的离子半径, 那么, 总的来说, 当 $|(r_1-r_2)/r_1|$ 小于 15%时易于形成类质同象.

(2) 离子的电荷. 在异价的类质同象代替中, 电价平衡的因素起着主导作用, 这时不要求被代替和代替的离子电价相等, 但总的正、负电荷应当是平衡的. 此时, 代替离子间的半径差允许有所扩大, 但电价的差一般不应超过一价.

(3) 离子的类型和键性. 离子结合时的键性与离子外层电子的构型有密切关

系. 惰性气体型离子在化合物中基本上都成离子键结合, 而铜型离子则以共价键为主. 显然, 在这两种不同类型的离子之间, 就难以发生类质同象置换. 例如, Ca^{2+} 和 Hg^{2+}, 它们六次配位时的离子半径分别为 1.08 和 1.10, 两者非常接近, 但因两者的离子类型不同, 所成键的性质也不同, 所以实际上这两者从不形成类质同象.

(4) 温度. 这是外界条件方面对类质同象的影响最为显著的一个因素. 有些化合物在低温下可能不成类质同象, 但在高温下成类质同象, 如 NaCl 和 KCl 在温度大于 400°C 时的高温为类质同象, 而在低温时则不是类质同象.

4.4.3　同质多象的概念

前面所涉及的, 主要是化学组成与晶体结构之间关系的问题. 但是, 外因也是决定晶体结构的一个重要方面, 在一定条件下, 它可以起主要的作用. 例如, 金刚石和石墨成分都是碳, 但二者的物理性质相差很远, 前者属于立方晶系 Fd3m 空间群, 后者却属于六角晶系 $P6_3/mmc$ 空间群 (一部分属于三角晶系 R3m 空间群). 它们各自有自己的热力学稳定范围, 这就是同质多象的现象. 同质多象的定义是：同种化学成分, 在不同的热力学条件下结晶成不同的晶体结构的现象. 上述的金刚石和石墨就是碳的同质二象, 金红石、锐钛矿和板钛矿则是二氧化钛的同质三象. 在此, 每一种化学组成上相同, 但结构上不同的晶体, 都是一种同质多象变体, 每种变体都有自己一定的热力学条件, 都是独立的一个相.

一种物质的各种多象变体之间, 在晶体结构上肯定是有明显差异的, 但这种差异的表现方式和程度, 却可以是多种多样的. 主要包括：

(1) 配位情况不同. 例如, 金刚石和石墨, 前者的配位数为 4, 呈配位四面体; 后者的配位数为 3, 具有平面三角形的配位.

(2) 最紧密堆积方式不同. 例如, 闪锌矿和纤锌矿, 前者为立方最紧密堆积, 后者为六角最紧密堆积.

(3) 结构单位间的角度偏差不同. 例如, α–石英和 β–石英的晶体结构, 均由硅氧四面体以顶角相连而成, 但在 Si—O—Si 的联结角度上, β–石英为 150°, α–石英为 137°, 两者相差 13°.

(4) 分子或离子团的对称性不同. 例如, 石蜡 $C_{29}H_{60}$ 晶体其分子本身在低温下无旋转运动, 因而不呈球形对称; 但在高温下, 每个分子都不停地进行自旋, 结果分子表现为球形对称, 从而引起结构上的相应变化.

以上几种情况中, 以第一种情况的结构变异程度最大, 其余基本上按叙述的顺序, 结构变异程度逐步减小.

各同质多象变体之间, 尽管它们的化学组成相同, 但因晶体结构总有程度不等的明显差异, 因而表现在物理性质方面, 都有一定的差别. 例如, 产生刚玉陶瓷的原料 —— 氧化铝有三种变体, 即高温的 α–Al_2O_3、低温的 β–Al_2O_3 和 γ–Al_2O_3, 其

中以 α–Al_2O_3 的电气性能最好. 二氧化钛有三种变体, 即锐钛矿、板钛矿和金红石, 其中以金红石的介电性能最好, k 最高, $\tan\delta$ 最小.

4.4.4 同质多象转变

由于同质多象变体是在不同热力学条件下形成的, 因此, 当外界条件改变到一定程度时, 各变体之间就可能发生结构上的转变, 以便在新的条件下达到新的平衡. 这就是同质多象转变.

在压电铁电晶体中同质多象转变是很普遍的现象, 其中最熟悉的两个例子是 SiO_2 和 $BaTiO_3$. 在常压下它们各自与温度间有如下的关系:

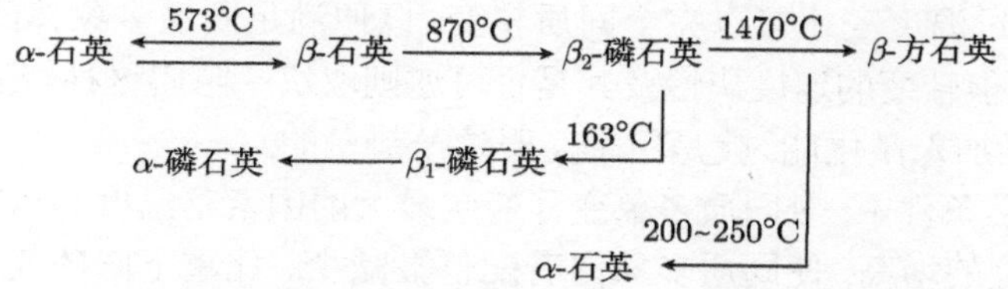

$$\alpha\text{-石英} \overset{573^\circ\mathrm{C}}{\rightleftarrows} \beta\text{-石英} \xrightarrow{870^\circ\mathrm{C}} \beta_2\text{-磷石英} \xrightarrow{1470^\circ\mathrm{C}} \beta\text{-方石英}$$

$$\beta_2\text{-磷石英} \xrightarrow{163^\circ\mathrm{C}} \beta_1\text{-磷石英} \longrightarrow \alpha\text{-磷石英}$$

$$\beta\text{-方石英} \xrightarrow{200\sim250^\circ\mathrm{C}} \alpha\text{-石英}$$

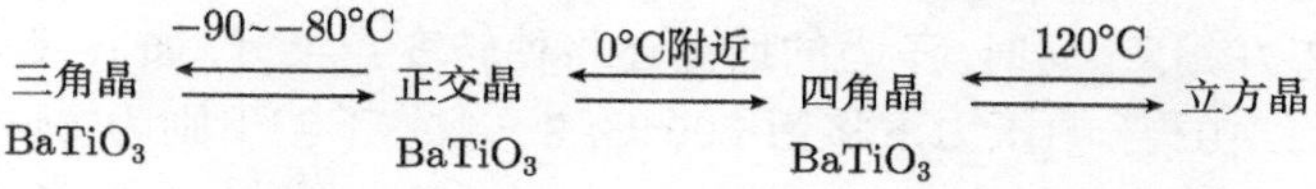

$$\underset{BaTiO_3}{\text{三角晶}} \overset{-90\sim-80^\circ\mathrm{C}}{\rightleftarrows} \underset{BaTiO_3}{\text{正交晶}} \overset{0^\circ\mathrm{C}\text{附近}}{\rightleftarrows} \underset{BaTiO_3}{\text{四角晶}} \overset{120^\circ\mathrm{C}}{\rightleftarrows} \text{立方晶}$$

箭头指示转变的方向, 其上方的数字是发生转变时的温度. 双向箭头表示是可逆的, 单向箭头则是非可逆的.

同质多象变体之间的可逆和非可逆转变, 主要取决于不同变体之间晶体结构差异的大小. 如果结构间的差异小, 则转变就是可逆的; 如果两种变体之间的晶体结构差异很大, 要在相当大的程度上破坏了原有变体的结构后, 才能重新建立新变体的晶体结构, 那么, 这种转变就将是不可逆的, 转变过程要长得多, 而且往往还需要外界供给激活能, 以促进转变的发生; 否则, 一种变体在新的热力学条件下尽管变得不再稳定, 但仍有可能长期保持此种不稳定状态, 而不发生同质多象的转变.

应该说明, 在相图中, 习惯上以 α–变体代表低温变体, β–变体代表高温变体, 如上述的 α–石英和 β–石英. 在矿物学中, 有时与相图中的习惯用法不一致, 如 α–ZnS 和 β–ZnS, 实际上前者为高温变体而后者为低温变体.

为什么通过温度变化 (压力不变) 可以促成同质多象转变? 热动力学对这个问题作了全面而适宜的回答. 它说明: 同质多象变体的每种结晶相, 凡是有相对最小自由能量者, 都是稳定的, 此种关系表现为

$$F = U - T \cdot S$$

其中 U、S、T、F 分别为内能、熵、绝对温度和自由能. 因而, 一种同质多象转变, 在温度变化和压力恒定的情况下是可能发生的, 假设两个变体在不同的温度范围内

具有相对最小的自由能, 因而, 在转变温度上, 两个稳定相 (1) 和 (2) 自然都具有相同自由能, 则

$$F_2 = F_1 = U_2 - T_u S_2 = U_1 - T_u S_1$$

由此得出

$$U_2 - U_1 = T_u(S_2 - S_1)$$

即 $\Delta U = T_u \Delta S$. 因高温型变体熵恒大于低温型变体熵, 即 $S_2 > S_1$, 所以 ΔU 为正值. 例如, $BaTiO_3$ 由立方相转变为三角相 $\Delta S = 0.50 J/(mol\cdot°C)$; 四角相转变为正交相 $\Delta S = 0.242 J/(mol\cdot°C)$; 正交转变为三角相 $\Delta S = 0.29 J/(mol\cdot°C)$; 由此可分别计算出 ΔU 的值. 这种情况说明, 高温型变体的增加表示出它的晶格能量突然减低, 这样, 通过温度变化可以完全同质转变, 以便满足同质多象体间的转变的最小自由能条件. 但转变的速度快慢及其是否可逆则取决于阻碍这种转变发生的势垒的高低. 由外界加入激化能, 就是用来克服这一势垒的.

在热力学条件中, 对同质多象变体影响最大的因素是温度和压力. 它们的一般规律是: 温度的增高, 使同质多象向着配位数减少、比重下降的变体方向转变; 压力的作用则正好相反; 同时, 压力的增高还将使转变点上升, 如 α–石英和 β–石英的转变点, 在 4×10^5 千帕压力下将为 599°C, 3×10^5 千帕下则为 644°C. 此外, 高温变体都具有较高的对称性.

4.5 微介观设计

在微观至介观尺度上, 通过对微结构演化以及微结构与其性质之间关系本质起源的定量研究和预测, 尽可能地建立起计算材料学中最具概括性的、几乎是全部的特性准则. 在微观–介观层次上的结构演化是一个典型的热力学非平衡过程, 因而它主要由动力学控制着. 换句话说, 热力学规定着微结构演化的基本方向, 而动力学则用于从多种可能的微结构变化途径中选择恰当的一个. 结构演化的这种非平衡特性导致了各种各样的晶格缺陷结构及其相互作用机制.

在介观尺度上对微结构演化进行最佳化处理是基本而重要的环节, 因为正是这些各个不同的非平衡因素才带来了材料的各种有用性质. 如果对微结构机制有一个全面的理解, 我们就可根据特定应用确定出相应的特性, 之后由所要求的性质决定所要采用的材料.

为了预测宏观性质, 在实物空间和时间尺度上研究微结构问题需要考虑材料的相对大的部分 (表 4.18). 然而, 由于所包括的原子数目巨大 ($\approx 10^{23}$ 个/cm^3), 因而微结构的介观尺度模拟既不可以由严格求解薛定谔方程, 也不可以由唯象原子论方法 (如经验势相联系的分子动力学) 来完成. 这就意味着必须建立能覆盖较宽尺度范围的恰当的介观尺度模拟方法, 以便给出远远超过原子尺度的预测.

表 4.18 典型应用领域中的主要介观尺度模拟方法

尺度/m	特性、现象或缺陷
$10^{-10} \sim 10^{-7}$	点缺陷、原子团簇、短程有序、在玻璃态和界面中的结构单元、位错芯、原子核
$10^{5} \sim 10^{-5}$	失稳分解、涂层、薄膜、表面腐蚀
$10^{-9} \sim 10^{-4}$	二嵌段同聚物、三嵌段共聚物、星形共聚物、大质量的非热变化、界面网格、位错源、堆积效应
$10^{9} \sim 10^{-5}$	粒子、淀积物、枝晶、共晶、共析
$10^{-8} \sim 10^{-5}$	微裂纹、裂纹、粉末、磁畴、内应力
$10^{-8} \sim 10^{4}$	堆垛层错、微带、微孪晶、位错通道
$10^{-8} \sim 10^{-3}$	聚合物中的球晶, 存在于金属、陶瓷、玻璃及聚合物中的结构畴或晶粒团簇
$10^{-8} \sim 10^{-2}$	聚合物中的构象缺陷团簇
$10^{-8} \sim 10^{-1}$	位错、位错壁、旋错、磁壁、亚晶粒、大角晶界、晶面
$10^{-7} \sim 10^{-1}$	晶粒、剪切带、复合材料的第二相
$10^{-7} \sim 10^{0}$	扩散、对流 (convection)、热传递、电流传输
	微结构逾渗路径
	表面、样品断面收缩、断面

在大多数精况下, 这需要引入连续体摸型, 用平均本征结构关系式和唯象速率方程代替对所有原子运动方程的严格解或近似解. 然而, 由于存在各种不同的介观机理和各种可能的本征结构定律, 所以建立介观尺度模型的方法不是唯一的.

各种经典唯象的介观模型化方法都是时间离散而空间不离散, 过去已对这些方法进行了广泛而全面的研究, 尤其在晶体塑性、再结晶现象及相变等领域有着重要的应用. 上述模型通常给出的是统计解而不是离散解, 在求解时一般也不需要耗时的数值方法. 这就是为什么经常把它们作为物理基础以获得唯象的本征结构方程, 这些方程包含在高级大尺度有限元法、自洽方法或泰勒型模拟方法之中. 然而, 上述本征结构方程仅提供了材料对外界约束条件变化的响应的平均效应, 它们被作统计学预测, 不能模拟微结构演化的任何细节. 物理上正确的微观–介观尺度的材料模型在空间和时间上均是离散的, 并且包括了对单个晶格缺陷的动态和静态描述. 这就使得它们比其他的统计模型更优异. 我们知道, 在统计模型中所包含的唯象假说越少, 其微观预测就越精确.

以包括每个晶格缺陷离散性质为基础的离散化材料关联模型, 与分子动力学中的方法相似, 这就是对其中的多体相互作用问题作公式化处理, 进而进行求解. 上述方法中的控制方程 (governinig equations, 有时也称为主导方程或简称主方程) 一般为偏微分方程, 这些方程表述的是单个晶体缺陷的行为特性而不是这些晶格缺陷的平均性质. 对这些表达式而言, 尤其在它们耦合时, 一般是非线性的, 由此可把自组织 (self–organization) 引入到微结构尺度.

要从这些模型中推导出量化的预测结果, 一般都需要进行数值计算. 在介观和微观尺度, 关于高度离散化微结构模拟有以下几大类方法: 空间离散位错动力学、相场动力学或广义金兹堡–朗道 (Ginzburg–Landau) 模型、确定性和概率性元胞自动机、多态动力学波茨模型、几何及组分模型以及拓扑网格或顶点模型.

这些模拟方法有一个共同特点, 也就是它们不明显地包含原子尺度动力学, 而是理想化地把材料作为连续体, 这就意味着晶格缺陷有一个共同的均匀基体, 并通过这种介质把缺陷之间的相互作用耦合起来.

参考文献

科埃略 R, 阿拉德尼兹 B. 2000. 电介质材料及其介电性能. 张治文, 陈玲译. 北京：科学出版社

雷清泉. 1999. 工程电介质的最新进展. 北京: 科学出版社

孟中岩, 姚熹, 等. 1989. 电介质理论基础. 北京: 国防工业出版社

Arlt G. 1982. Domain wall clamping in ferroelectrics by orientation of defects. Ferroelectrics, 40: 149

Uchino K. 2000. Ferroelectric Devices. New York: Marcel Dekker

第 5 章　功能介质的性质及其耦合效应

功能介质材料按照它们的性能包括：力学、电学、磁学、光学和热学性能，这些性能与晶体学和晶体的电子结构是密切相关的. 然而，一般来说，尽管材料的成分和结构相同，但是它的性能与它的化合物性能不会完全相同，这是由于材料中界面和缺陷的影响. 材料是包含一种或多种化合物 (或相、或分子) 的物质，在晶粒或化合物 (或相、或畴) 之间必然存在边界. 因此，一种材料的行为不仅取决于化合物的性能，同时也取决于边界的性能. 例如，氧化锆的强度是高的，但是块状氧化锆材料由于晶界薄弱而非常脆.

边界 (或界面) 可以是晶界，即具有相同相但取向不同的两个晶粒之间的界面；也可以是一个相界，即由不同相组成的不同晶粒之间的界面. 边界能够是共格的，即两个晶格相互之间能够匹配；或不共格的，即两个晶格不匹配. 图 5.1(a) 表示在铌锌酸铅–锆钛酸铅 (PZN–PZT) 压电陶瓷中的晶界，由晶格间距差反映出两个晶粒取向不同. 在某些材料中，第二相可能存在于基体材料的晶界处，并且通常发生成分偏析. 一般来说，如果不匹配小于 15%，则两个晶格 (或相) 具有共格边界，图中晶粒之间存在第二相. 如果不匹配大于 15%，这个界面能够包含高密度的不匹配位错. 但是通过合适的后处理工艺可获得共格匹配的晶界，如图 5.1(b) 所示，从而大幅度提高材料性能.

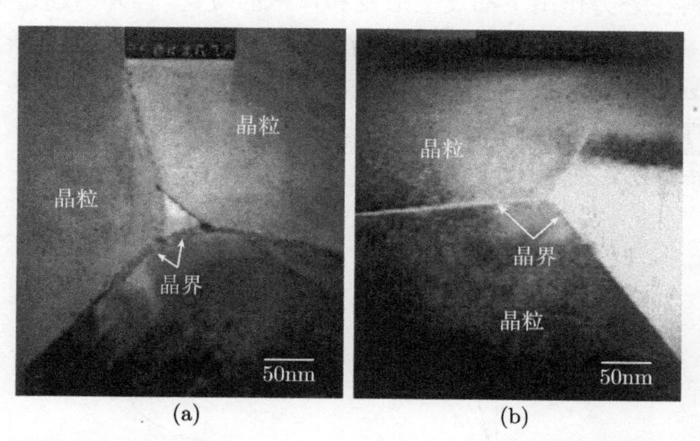

(a)　(b)

图 5.1　高清晰度 TEM 照片表示出 PZN–PZT 压电陶瓷退火前后的典型晶界

界面在确定功能介质材料的性能方面起到关键的作用. 第一，某些性能是由晶界的输运特征所确定的. 在多晶高温超导体，如 $Yba_2Cu_3O_7$ 中，$Yba_2Cu_3O_7$ 的极限电流密度是一个典型的例子. 虽然晶粒的体积能够携带高电流密度, 但是晶界不会是超导的, 这是由于它阻止了超电流穿越薄膜的流动. 第二, 畴结构在某些功能材料中起到重要的作用, 如 $BaTiO_3$ 畴的自发极化产生铁电性. 晶界能够干扰畴的定向, 导致铁电性的减少或损失.

化合物的性能依赖于结构, 这与其组成和化学计量密切相关. 结构和性能之间的关系总是相当复杂, 以至于有时我们可以测量出化合物的性能, 但是它与结构之间的关系可能一直没有搞清楚. 例如, 高 T_c 超导电性早在 1986 年被观察到, 但是结构与超导电性之间的关系可能还要继续走很长的路才能最终确定. 探索或理解结构与性能之间的关系是固态化学、凝聚态物理学和材料科学的一个基本目标.

5.1 力学性能

力学性能是材料对外界施加力的一种响应, 包括弹性、压缩性、抗拉强度、可变形性、硬度、抗磨损性、脆性、抗断裂性等. 力学性能取决于化学键和结构. 对于具有非立方结构的晶体, 由于晶体中化学键和原子排列的方向性, 所以各向异性是可能的. 通常强共价键给出高的硬度、高的抗压缩性和高的抗拉强度. 最强的抗拉强度是沿着共价键方向. 众所周知, 金刚石是最硬的化合物是由于碳 sp^3 共价键合的作用. 其中 (111) 晶向是最硬的方向. 键合的变化必然引起结构演变, 导致不同的力学性能. 如果用 sp^2 键代替 sp^3 键, 碳的结构就会由金刚石转变为石墨. 在石墨中, sp^2 键构成二维共价键片状结构, 这些片状结构与范德瓦耳斯键结合在一起构成三维石墨网络. 这种层状结构具有高的片内强度和非常低的层界强度.

任何材料在外力作用下都发生形变和体积的变化, 当外力超过某一限度时, 材料会被破坏, 甚至发生断裂. 不同的功能材料在外力作用下的这种形变或断裂规律是不同的. 图 5.2 描述了不同材料的应力和应变关系. 曲线 A 段为弹性形变范围, 遵守胡克定律, 曲线 AB 段都为塑性形变范围. 大多数陶瓷材料的塑性形变范围很小或没有, 断裂时呈脆性.

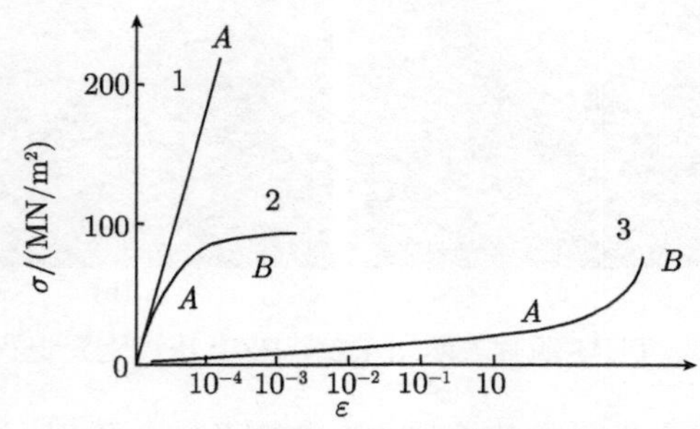

图 5.2 不同材料典型的应力和应变关系

1. 陶瓷; 2. 金属; 3. 塑料

5.1.1 弹性模量

设在胡克定律范围内, 沿 x 方向作用于试样上的应力, 在 x 方向和 y 方向产生应变和, 则

$$\delta_{xx} = E\varepsilon_{xx} \tag{5.1}$$

$$\delta_{xx} = -\frac{E}{\mu}, \quad \varepsilon_{yy} = -\frac{E}{\mu}\varepsilon_{zz} \tag{5.2}$$

式中, E 为弹性模量; μ 为泊松比或横向形变系数.

若对试样施加剪切应力或等静压力, 可得到剪切模量 G 和体积弹性模量 K, 其关系如下:

$$G = \frac{E}{2(1+\mu)} \tag{5.3}$$

$$K = \frac{E}{3(1-2\mu)} \tag{5.4}$$

以上结果是假定试样为各向同性体得出的. 陶瓷材料宏观上可以按各向同性体处理, 因此以上结论也适用于陶瓷材料. 陶瓷材料的弹性模量变化范围很大, 在 $10^9 \sim 10^{11}\mathrm{N/m^2}$, 泊松比在 0.2~0.3. 弹性模量是原子 (或离子) 间结合强度的一种指标. 可以看出, 原子不受力时 $r = a$, 处于平衡状态. 当原子受拉伸时, 原子 2 离开原子 1, 作用力与原子间距初呈线性变化, 以后呈非线性并达到最大值. 弹性模量 E 与 $r = a$ 处曲线的斜率 $\tan\alpha$ 有关. 原子间结合力强, 曲线陡, $\tan\alpha$ 大, 则 E 大; 原子间结合力弱, 曲线的 $\tan\alpha$ 小, 则 E 小. 共价键晶体结合力强, E 较大, 离子键晶体结合力次强, E 较小, 分子键结合力最弱, E 最小. 原子间距离改变将影响弹性模量. 压应力将使原子间距离变小, E 增加; 张应力使原子间距增加, E 减小; 温度升高, 热膨胀使原子间距离变大, E 降低.

弹性模量直接联系着材料的理论断裂强度. 奥罗万 (Orowan) 计算的理论强度为

$$\sigma_{\mathrm{th}} = \sqrt{\frac{E\gamma}{a}} \tag{5.5}$$

式中, γ 为断裂表面能, 是材料断裂形成单位面积新表面所需的能量. 一般陶瓷材料 $\gamma \approx 10^{-4}\mathrm{J/cm^2}$, $a \approx 10^{-8}\mathrm{cm}$, 可以看出, 弹性模量对于了解材料强度具有重要的意义.

5.1.2 机械强度

材料的机械强度是其抵抗外加机械负荷的能力, 是材料重要的力学性能, 是设计和使用材料的重要指标之一. 根据使用要求, 有抗压强度、抗拉强度、抗折强度、抗剪切强度、抗冲击强度和抗循环负荷强度等多种强度指标. 一般材料抗压强度

远大于抗拉强度. 陶瓷材料抗压强度约为抗拉强度的 10 倍. 强度的研究大多指抗拉强度. 功能陶瓷材料的强度常用抗折强度表示. 实际材料的强度比理论强度低得多. 例如, 烧结氧化铝陶瓷, $E = 3.66 \times 10^{11}\mathrm{N/m^2}$, 由 (5.5) 式估算其理论强度 $\sigma_{\mathrm{th}} = 6.05 \times 10^{10}\mathrm{N/m^2}$, 实际强度 $\sigma = 2.66 \times 10^{8}\mathrm{N/m^2}$, 只有 σ_{th} 的 1/227. 实际材料的强度低, 其原因有很多理论解释, 格里菲斯 (Griffith) 的微裂纹理论比较适合于脆性断裂的材料. 微裂纹理论认为, 实际材料中有许多微裂纹, 在外力作用下, 裂纹尖端附近产生应力集中, 当这种局部应力超过材料强度时, 裂纹扩展, 最终导致断裂. 格里菲斯从能量观点研究裂纹扩展条件后, 得到平面应力状态裂纹扩展的临界应力为

$$\sigma_{\mathrm{c}} = \sqrt{\frac{2E\gamma}{\pi c}} \tag{5.6}$$

平面应变状态裂纹扩展的临界应力为

$$\sigma_{\mathrm{c}} = \sqrt{\frac{2E\gamma}{(1-\mu^2)\pi c}} \tag{5.7}$$

式中, c 为材料中裂纹的半长度.

该式与 (5.5) 式比较可知, 若控制材料中裂纹长度 $2c$ 与原子间距 d 接近, 就能达到理论强度. 虽然, 实际上难以做到, 但该理论提出了提高材料强度必须减小裂纹尺寸、提高弹性模量和断裂表面能的途径. 陶瓷的断裂表面能比单晶的大, 故其强度也较高. 如果陶瓷和适当的金属制成复合材料, 由于金属的塑性形变吸收了陶瓷晶相中裂纹扩展释放出的能量, 裂纹终止在相界上, 与不加金属的陶瓷相比, 提高了复合材料断裂表面能, 因而可获得较高的强度和韧性. 此外, 还可以用其他方法阻止裂纹扩展, 提高断裂表面能, 以提高材料的强度, 增加韧性. 例如, 在陶瓷中形成大量小于临界长度 (达到临界应力时的裂纹长度) 的微细裂纹, 以吸收裂纹扩展时积蓄的弹性应变能, 阻止裂纹扩展. 陶瓷材料微晶化后可以提高其强度, 对此可作如下解释: 当晶相中的微裂纹受到与其长度方向垂直的应力作用时, 裂纹扩展到晶界区. 由于晶界强度较低, 晶界被打开, 形成沿晶界方向的裂纹. 由于作用于此晶粒的外力与晶界平行, 裂纹尖端的应力降低了, 裂纹扩展后即停止. 由于细晶粒陶瓷中垂直于裂纹扩展方向的晶界数比粗晶粒陶瓷中的多, 所以, 当晶粒尺寸减小时陶瓷的强度增大.

5.1.3 断裂韧性

断裂是裂纹扩展的结果. 因此, 裂纹的产生、裂纹尖端的应力分布、裂纹快速扩展的条件是研究电介质材料脆性断裂的重要内容. 根据断裂力学, 裂纹尖端应力场的强度可用应力强度因子表示, 即

$$K_1 = Y\sigma\sqrt{c} \tag{5.8}$$

式中, Y 为几何形状因子, 是与裂纹形式、试样几何形状有关的量. Y 可从断裂力学及有关手册中查到. 对于大薄平板中间有穿透裂纹的情况, $Y=\sqrt{\pi}$; 对于大薄平板边缘穿透的裂纹, $Y=1.1\sqrt{\pi}$; 对于三点弯曲的长条试样有穿透的边缘裂纹, Y 值在 1.7~3.4 范围, 与裂纹长度和试样厚度比值有关. K_1 是外加应力与裂纹半长的函数, 随外加应力增加或裂纹扩展而增加. K_1 小于或等于某临界值时, 材料不会发生断裂, 此临界值称为断裂韧性, 即

$$K_{1\mathrm{c}}=Y\sigma_{\mathrm{c}}\sqrt{c} \tag{5.9}$$

式中, σ_{c} 为临界应力.

防止脆性断裂的条件是

$$K_1 \leqslant K_{1\mathrm{c}} \tag{5.10}$$

上式为结构设计提供了重要依据. K_1 和 $K_{1\mathrm{c}}$ 的单位为 $\mathrm{N/m^{3/2}}$. 由裂纹扩展的断裂表面能 Y 可以导出脆性材料 $K_{1\mathrm{c}}$ 的另一表达式, 对平面应力状态, 有

$$K_{1\mathrm{c}}=\sqrt{3EY} \tag{5.11}$$

对于平面应变状态, 有

$$K_{1\mathrm{c}}=\sqrt{\frac{2EY}{1-\mu^2}} \tag{5.12}$$

式中, $2Y$ 是脆性材料中裂纹扩展单位面积所降低的应变能, 称为裂纹扩展力, 因此, $K_{1\mathrm{c}}$ 也是表征材料阻止裂纹扩展的能力, 是材料固有的常数.

5.2 电学性质

一种化合物的导电性决定其电子能带结构. 如果这个结构至少存在一个部分填充带, 在最高占位能级 (费米能级) 和最低未占位能级之间没有能隙存在, 外部电场可以很容易地改变电子能级, 则它就能够传导电流.

共价键化合物通常由于没有部分填充带并且存在大的带隙, 所以是绝缘体. 离子化合物特别是混合价化合物, 由于具有窄的完全满带和较小的带隙, 所以一般是半导体或绝缘体. 若由于改变化学计量和 (或) 配位多面体畸变而改变晶体结构, 电子结构也发生变化. 当费米能带被嵌套构成两个新能带时, 可以存在一个新的部分能带, 此时化合物将从半导体或绝缘体变为导体.

从绝缘体变换为半导体或导体是某些功能材料的一个重要方面, 这是众多机敏材料的基础. 由温度或外部施加的磁场或电场能够促使这种转变. 例如, $\mathrm{LaMnO_3}$ 是绝缘体, 但是掺杂某些二价元素(如 Ca 或 Sr)代替部分 La 离子后, 即$\mathrm{La_{1-x}Ca_xMhO_3}$

它就成为金属性的, 其导电性敏感地依赖于搀杂量 x. 另外, 这种材料的导电性取决于在锰层之间的本征磁耦合, 此时, 导电性是外部施加磁场的函数. 它是一个磁场敏感材料, 尽管它的敏感性在低场强和室温下是非常低的. 高温超导体, 如 $Yba_2Cu_3O_7$ 和 $Bi_2Sr_2CaCu_2O_x$ 当温度高于临界温度 (~90K) 时, 它们是绝缘体, 当温度低于临界温度时, 它们成为超导体. 在许多科学和未来技术领域中, 这种性能具有潜在的应用.

另外, 一类重要的材料是电介质材料, 它们一般是氧化物. 在微电子封装集成电路中, 细小器件是必需的, 然而, 随着器件尺寸的减小, 击穿电压和器件间的干涉越发显得突出. 为了改进这些性能, 需要具有高介电常数的材料, 从而使得电容器电极间距能够缩小, PZT 和 $BaTiO_3$ 是达到这些应用的好的候选材料.

5.2.1 电介质的极化

电介质是指能在电场中极化的材料, 而其又多是优良的绝缘材料, 故两者经常通用.

1. 电介质

电介质按其分子中正、负电荷的分布状况可分为:

(1) 中性电介质, 它由结构对称的中性分子组成, 如图 5.3(a) 所示, 其分子内部的正、负电荷中心互相重合, 因而电偶极矩 $p=0$.

(2) 偶极电介质, 它是由结构不对称的偶极分子组成, 其分子内部的正、负电荷中心不重合, 而显示出分子电矩 $p=qd$, 如图 5.3(b) 所示.

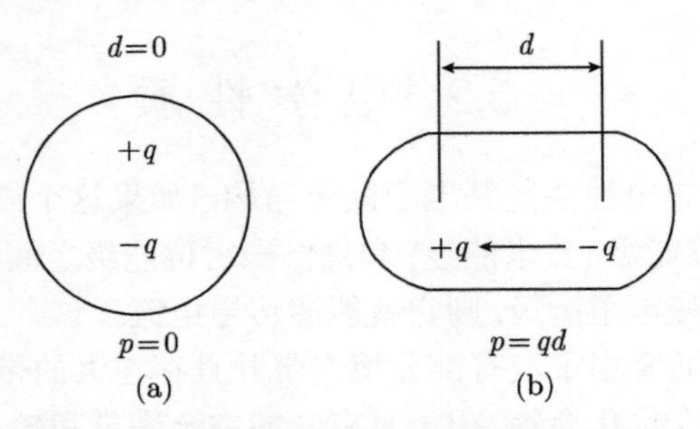

图 5.3 中性分子与偶极分子电荷分布图

(a) 中性电介质; (b) 偶极电介质

(3) 离子型电介质, 它是由正、负离子组成. 因任何一对电荷极性相反的离子可看成一偶极子. 电介质在电场的作用下, 其内部的束缚电荷所发生的弹性位移现象和偶极子的取向 (正端转向电场负极、负端转向电场正极) 现象, 称为电介质的极化.

2. 介质极化的基本形式

(1) 电子式极化. 在电场作用下, 构成介质原子的电子云中心与原子核发生相对位移, 形成感应电矩而使介质极化的现象称为电子式极化, 又称电子位移极化. 电子位移极化的形成过程很快, 仅需 $10^{-16} \sim 10^{-14}$s. 它的极化是完全弹性的, 即外电场消失后会立即恢复原状, 且不消耗任何能量. 电子位移极化在所有电介质中都存在. 仅有电子位移极化而不存在其他极化形式的电介质只有中性的气体、液体和少数非极性固体.

(2) 离子式极化. 在离子晶体中, 除离子中的电子要产生位移极化外, 处于晶格结点上的正、负离子也要在电场作用下发生相对位移而引起极化, 这就是离子式极化, 又称离子位移极化. 这种极化根据离子位移的大小和取消外电场后是否能恢复原位又可分为: ①离子弹性位移极化, 这种极化只存在于离子键构成的晶体中, 且极化过程也很快, 需 $10^{-13} \sim 10^{-12}$s, 也不消耗能量. 这种极化因离子间束缚力较强, 离子位移有限, 一旦撤去外电场后又会恢复原状, 故称为离子弹性位移极化. ②热离子极化, 在离子晶体和无定形体中, 往往有一定量的束缚力较弱的离子, 它们在热的影响下将做无规则的跳跃迁移. 无外电场时, 这种迁移沿各向概率相同, 故无宏观电矩; 当外加电场后, 由于正、负离子沿逆电场跃迁率增大, 因此形成了正、负离子分离而产生介质极化. 这种极化建立过程较长, 需 10^{-5}~10^{-2}s, 所以有极化滞后现象, 故又称为离子松弛式位移极化.

(3) 偶极子极化. 如前所述, 偶极分子在无外电场时就有一定的偶极矩 p, 但因热运动缘故, 它在各方向概率相同, 故无外电场时偶极电介质的宏观电矩为零. 但有外电场时, 由于偶极子要受到转矩的作用, 有沿外电场方向排列的趋势, 而呈现宏观电矩, 形成极化. 此极化称为偶极极化或固有电矩的转向极化. 这种极化所需时间较长, 需 $10^{-10} \sim 10^{-2}$s. 且极化是非弹性的, 即撤去外电场后, 偶极子不能恢复原状, 故又称为偶极松弛式极化. 在极化过程中要消耗一定能量.

(4) 空间电荷极化. 在一部分电介质中存在着可移动的离子, 在外电场作用下, 正离子将向负电极侧移动并积累, 而负离子将向正电极侧移动并积累, 这种正、负离子分离所形成的极化称为空间电荷极化. 这种极化所需时间最长, 约 10^{-2}s.

在上述几种极化方式中, 电子极化、离子极化及空间电荷极化都是正、负电荷在电场作用下发生相对位移而产生的, 故统称为位移极化. 而偶极极化是由于偶极子在外电场作用下发生转向形成的, 故称为转向极化. 根据电介质的极化形式, 把其分为两大类: 只有位移极化的电介质称为非极性材料, 有转向极化的电介质称为极性材料.

5.2.2 电介质的介电常数

在基础电学中曾介绍过平板电容量 C 与平板的面积 S、板间距离 d 的关系,

即

$$C = \varepsilon \frac{S}{d} \tag{5.13}$$

式中, 比例常数 ε 称为静态介电常数, 显然, ε 代表了板间电介质的性能.

类似, 当极板间为真空时, 将有

$$C_0 = \varepsilon_0 \frac{S}{d} \tag{5.14}$$

式中, C_0、ε_0 分别为真空时的电容和介电常数. 法拉第做了如下实验：在一个电容器中放有标准气压的空气, 另一个电容器中放入电介质, 当两个电容器充电到相同的电位差时, 发现含有电介质的电容器上的电荷比另一个多, 如图 5.4 所示.

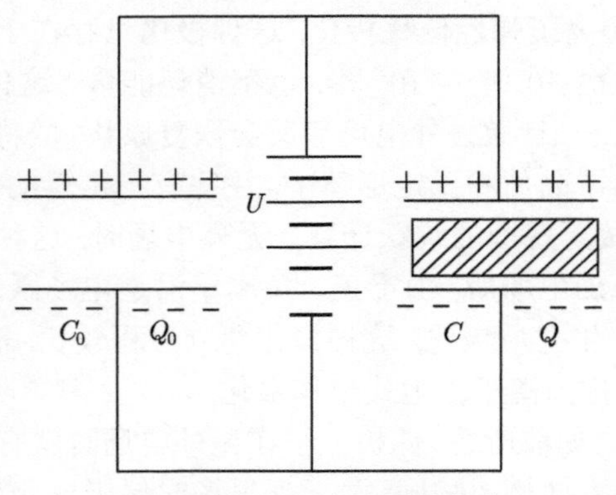

图 5.4　静电场中介质的极化

根据 $C = U/Q$ 和实验结果可知, 放入电介质的电容器的电容量也要增大. 带有电介质的电容 C 与无电介质 (真空) 的电容 C_0 之比称为电介质的相对介电常数 ε_r, 即

$$\varepsilon_\mathrm{r} = \frac{C}{C_0} \tag{5.15}$$

将 (5.13) 式、(5.14) 式代入 (5.15) 式得

$$\varepsilon_\mathrm{r} = \frac{\varepsilon}{\varepsilon_0} \tag{5.16}$$

式中, ε、ε_0、ε_r 都是无量纲的正数, 它们反映了电介质在电场中的极化特性. 放入电介质的电容器的电荷量 Q 和电容 C 增大的原因就是由于介质的极化作用. 显然不同的电介质其极化能力不同, ε 越大, 极化能力越强. 又从电介质中存储能量的角度来看, 电容器存储的能量为

$$W = \frac{1}{2}CU^2 = \frac{1}{2}\varepsilon\frac{S}{d}U^2 = \frac{1}{2}\varepsilon\frac{S}{d}(dE)^2 = \frac{1}{2}\varepsilon SdE^2 = \frac{1}{2}\varepsilon VE^2$$

从而有

$$\varepsilon = \frac{2W}{VE^2} \tag{5.17}$$

即介电常数又可理解为在单位电场强度下, 单位体积中所存储的能量. 式中, E 为电场强度; V 为电容器的体积.

5.2.3 电介质的耐电强度

当施加于电介质上的电场强度或电压增大到一定程度时, 电介质就由介电状态变为导电状态, 这一突变现象称为电介质的击穿. 发生击穿时的电场强度称为击穿电场强度, 用 E_b 表示, 此时所加电压称为击穿电压, 用 U_b 表示. 在均匀电场下有

$$E_\mathrm{b} = \frac{U_\mathrm{b}}{d} \tag{5.18}$$

各种电介质都有一定的耐电强度 (介电强度), 即不允许外电场无限加大. 所谓"耐电强度" 就是指电介质在不发生电击穿条件下允许施加的最大电压 U_b. 在电极板之间填充电介质的目的就是要使极板间可承受的电位差能比空气介质承受的更高些.

5.2.4 电介质的介电损耗

电介质在外电场作用下, 其内部会有发热现象, 这说明有部分电能已转化为热能耗散掉, 这种介质内的能量损耗称为介质损耗. 这种损耗是由电导作用和极化作用引起的.

电介质在静电场中, 因介质中无周期性的极化过程, 其损耗仅仅由电导引起, 能量损耗 $P = \sigma E^2$. 在交变电场作用下, 除电导损耗外, 还有因介质极化 (尤其是转向极化) 而引起的能耗. 所以研究介质在交流下的能耗时, 往往采用有损耗电容器的等效电路, 并且当损耗主要由电导引起时, 用并联等效电路; 而当损耗主要由介质极化引起时, 用串联等效电路. 图 5.5 为并、串联等效电路图, 图中将有损耗电容器用一理想电容器和一电阻来代替.

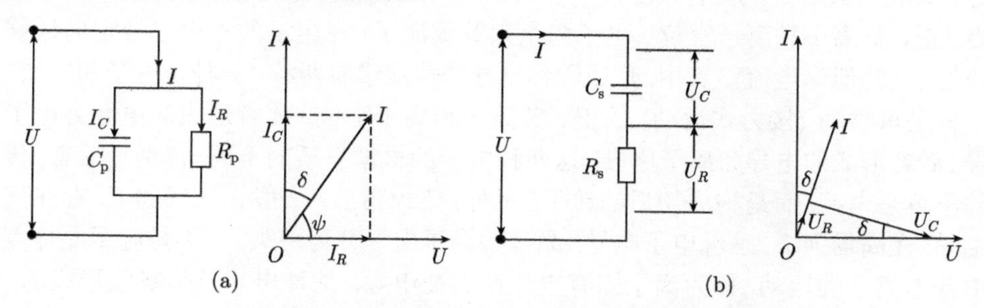

图 5.5 有损耗电容器的等效电路和向量图

(a) 并联等效电路; (b) 串联等效电路

一个理想 (真空) 电容器是没有能量损耗的, 其电流相位超前电压 90°, 但对有损耗电容器, 其电流就不是超前 90° 而是 $(90^\circ \sim \delta)$, 这个 δ 角就称为损耗角, $\tan\delta$ 即损耗角正切称为损耗因数. δ 越大说明介质损耗越大.

对并联电路有

$$I_R = \frac{U}{R_{\mathrm{p}}}$$

$$I_C = U\omega C_{\mathrm{p}} \tag{5.19}$$

$$\tan\delta = \frac{I_R}{I_C} = \frac{1}{\omega C_{\mathrm{p}} R_{\mathrm{p}}} \tag{5.20}$$

$$P = \frac{U^2}{R_{\mathrm{p}}} = U^2 \omega C_{\mathrm{p}} \tan\delta$$

$$U_R = IR_{\mathrm{s}}$$

$$U_C = \frac{I}{\omega C_{\mathrm{s}}}$$

对串联电路有

$$\tan\delta = \frac{U_R}{U_C} = \omega C_{\mathrm{s}} R_{\mathrm{s}} \tag{5.21}$$

$$P = I^2 R_{\mathrm{s}} \left[\frac{U}{R_{\mathrm{s}} + \dfrac{I}{\omega C_{\mathrm{s}}}} \right]^2 = \frac{U^2 \omega C_{\mathrm{s}} \tan\delta}{1 + \tan^2\delta} \tag{5.22}$$

从损耗公式中可以看出, 当频率 ω 及电压 U 提高时, 损耗 P 将随之增加. 尤其是高压设备, 由于 P 与 U^2 成正比, 所以 P 将急剧增大. 因此, 要求损耗因数 $\tan\delta$ 尽可能地小, 以减小 P.

5.2.5　电介质的电导

绝缘材料似乎应该不导电, 但实际上所有电介质都不可能是理想的绝缘体, 在外电场的作用下, 介质中都会有一个很小的电流. 这个电流是由电介质中的带电质点 (正、负离子和离子空位、电子和空穴等载流子) 在电场的作用下做定向迁移形成的 (又称泄漏电流). 其中, 形成固体电导的载流子有两种：一种是电子和空穴, 另一种是可移动 (接力式运动) 的正、负离子和离子空位. 前者形成的电导为电子电导, 后者形成的电导为离子电导. 这两种电导的机理有质的不同, 特别是后者, 传递的不单是电荷, 而是构成物质的粒子. 另外, 还须指出：一般在低场强下, 存在离子电导; 在高场强下, 呈现电子电导. 晶体的离子电导分为两类, 一类是源于晶体点阵中基本离子的运动, 称为离子固有电导或本征电导. 这种电导是热缺陷形成的, 即是由离子自身随着热振动的加剧而离开晶格阵点形成. 另一类是源于结合力较弱的杂质离子的运动造成的, 称为杂质电导.

当固体电介质加上电压后, 电流一部分将从介质的表面流过, 称为表面电流 I_S; 一部分从介质的体内流过, 称为体电流 I_V. 相应的电导 (电阻) 又称为表面电导 G_S(表面电阻 R_S) 和体电导 G_V(体电阻 R_V), 见图 5.6, 而且

$$R_S = \frac{U}{I_S}, \quad G_S = \frac{1}{R_S} = \frac{I_S}{U} \tag{5.23}$$

$$R_V = \frac{U}{I_V}, \quad G_V = \frac{1}{R_V} = \frac{I_V}{U} \tag{5.24}$$

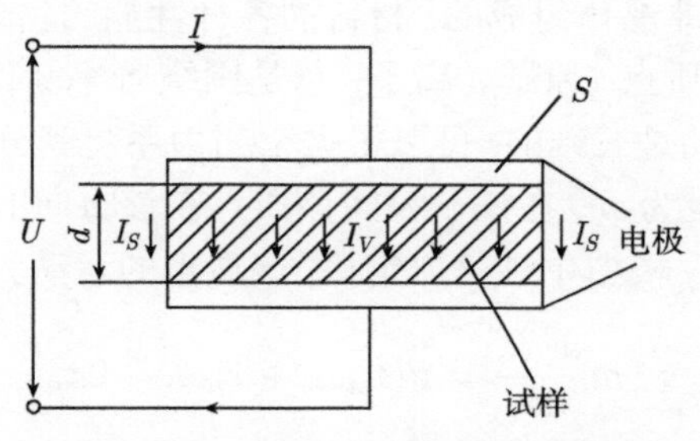

图 5.6 体电阻和表面电阻测量

体电阻 (电导) 的大小不仅由材料的本质所决定, 而且与试样尺寸有关, 即

$$R_V = \rho_V \frac{d}{S}, \quad G_V = \sigma_V \frac{d}{S} \tag{5.25}$$

式中, ρ_V 为体电阻率 ($\Omega\cdot$m); σ_V 为体电导率 (s/m); d 为试样厚度 (m); S 为试样面积 (m^2). 体电导率 (电阻率) 是由材料本质决定的, 与试样尺寸无关, 它表示介质抵抗体积漏电的性能.

表面电阻 (电导) 与电极的距离 d 成正比, 与电极长度 L 成反比, 即

$$R_S = \rho_S \frac{d}{L}, \quad G_S = \sigma_S \frac{L}{d} \tag{5.26}$$

式中, ρ_S 为表面电阻率; σ_S 为表面电导率, 它们表示介质抵抗沿表面漏电的性能. 因此它们与材料的表面状况以及周围环境的关系很大, 若环境潮湿, 则因材料表面湿度大而使 σ_S 变大, 易漏电.

5.3 热 学 性 能

功能介质材料的热学性能包括热容、热膨胀、热传导、热稳定性、热辐射、热电势等. 在工程中, 许多特殊场合对材料的热学性能提出特殊的要求, 如微波谐振腔、精密天平、标准尺、标准电容等使用的材料要求的热膨胀系数低, 而电真空封装材料要求具有一定的热膨胀系数, 热敏元件却要求尽可能有高的热膨胀系数, 而

工业炉衬、建筑材料, 以及航天飞行器重返大气层的隔热材料要求具有优良的隔热性能, 燃气轮机叶片、晶体管散热器等材料又要求优良的导热性能, 在设计热交换器时, 为了计算效率, 我们又必须准确地了解所用材料的导热系数. 在某些领域热性能往往成为技术关键.

另一方面, 材料的组织结构发生变化时常伴随一定的热效应. 因此, 在研究热函与温度的关系中可以确定热容和潜热的变化. 热性能分析已成为材料科学研究的重要手段之一, 特别是对于确定临界点并判断材料的相变特征有重要的意义.

材料是由晶体和非晶体组成的. 材料的各种性能的物理本质, 均与晶格热振动有关. 晶体点阵中的质点 (原子、离子) 总是围绕着平衡位置做微小振动, 称为晶格热振动. 晶格热振动是三维的, 可以根据空间力系将其分解成三个方向的线性振动. 设每个质点的质量为 m, 在任一瞬间该质点在该方向的位移为 x_n, 其相邻质点的位移为 x_{n-1}、x_{n+1}, 根据牛顿第二定律, 该质点的运动方程为

$$m\frac{\mathrm{d}^2x_n}{\mathrm{d}t^2}=\beta(x_{n+1}+x_{n-1}-2x_n) \tag{5.27}$$

式中, β 为微观弹性模量.

上述方程是简谐振动方程, 其振动频率随 β 的增大而提高. 对于每个质点 β 不同, 即每一个质点在热振动时都有一定的频率. 某材料内 N 个质点, 就有 N 个频率组合在一起. 温度高时动能加大, 所以振幅和频率均加大. 各质点热运动时动能的总和, 即为该物体的热量, 即

$$\sum_{i=1}^{N}(\text{动能})_i=\text{热量} \tag{5.28}$$

由于材料中质点间有着很强的相互作用力, 因此一个质点的振动会使临近质点随之振动. 因相邻质点间的振动存在着一定的位相差, 故晶格振动以弹性波的形式 (又称为格波) 在整个材料内传播. 弹性波是多频率振动的组合波.

5.3.1　比热容

单位质量的物质升高 1°C 所吸收的热量称为比热容. 1mol 物质升高 1°C 所吸收的热量称为摩尔热容. 比热容是衡量物质温度每升高 1°C 所增加的能量. 恒定压力下的比热容称为恒压热容, 可写为

$$C_p=\left(\frac{\partial Q}{\partial T}\right)_p=\left(\frac{\partial H}{\partial T}\right)_p \tag{5.29}$$

恒定体积下的热容称为恒容热容, 可写为

$$C_V=\left(\frac{\partial Q}{\partial T}\right)_V=\left(\frac{\partial E}{\partial T}\right)_V \tag{5.30}$$

式中, Q 为热量; H 为焓; E 为内能; T 为温度.

根据德拜热容理论：

$$C_V = 3Rf\left(\frac{Q_{\rm d}}{T}\right) \tag{5.31}$$

式中, $Q_{\rm d}$ 为德拜温度.

低温时, C_V 与 $\left(\frac{T}{Q_{\rm d}}\right)$ 成比例, 高温时, $f\left(\frac{Q_{\rm d}}{T}\right)$ 趋近于 l, C_V 趋于常数. 德拜理论的物理模型是：固体中原子的受热振动不是孤立的, 是互相联系的, 可以看成一系列弹性波的叠加. 弹性波的能量是量子化的, 称为声子. 热容量来源于激发的声子数量. 在低温度下, 激发的声子数极少, 接近 0K 时 C_V 趋向于零, 温度升高, 能量最大的声子容易激发出来, 热容增大, 高温时, 各种振动方式都已激发, 每种振动频率的声子数随温度呈线性增加, 故 C_V 趋于常数.

5.3.2 膨胀系数

物体的体积或长度随温度升高 1°C 而引起的相对变化称为该物体的体膨胀系数或线膨胀系数. 体膨胀系数可写为

$$a_V = \frac{1{\rm d}V}{V{\rm d}T} \tag{5.32}$$

线膨胀系数可写为

$$a_l = \frac{1{\rm d}l}{l{\rm d}T} \tag{5.33}$$

热膨胀系数是材料的重要性能参数之一, 如果材料在加热或冷却的过程中发生了相变, 则不同组成相的比热容差异将要引起热膨胀的差异, 这种异常的膨胀效应为研究材料中的组织转变提供了重要信息. 因此, 对于研究与固态相变有关的各种问题, 膨胀分析可以作出重要的贡献.

热膨胀的物理本质是这样的：晶体材料在不受外力作用时, 原子处于点阵的平衡位置, 与它周围的原子有相互作用力, 这时结合能量最低, 很容易受干扰, 在外力作用下绕平衡位置振动. 因此, 断定热膨胀与点振原子振动有关. 但是温度一定时, 原子虽然振动, 但它的平衡位置不变, 物体体积就没有变化. 物体温度升高了, 原子的振动激烈了, 但如果每个原子的平均位置保持不变, 物体也就不会因温度升高而发生膨胀现象. 这一情况可以解释金属热容现象. 实际上, 温度升高, 会导致原子间距增大, 可以用双原子模型进行解释, 见图 5.7. 设有两个原子, 其中一个在 b 点固定不动, 另一个以 a 点为中心振动, 振动的振幅用虚线 1 和 2 来表示. 当温度由 T_1 升高到 T_2 时, 振幅便相应地增大. 温度上升引起振幅增大的同时, 振动中心向右侧偏移, 因此导致原子间距增大, 否则就不会产生膨胀. 之所以产生上述现象, 其原因在于原子之间存在着相互作用力, 这种作用力来自两个方面：一是异性电荷的库仑吸力; 二是同性电荷的库仑斥力与泡利不相容原理所引起的斥力. 吸力和斥力都和原子之间的距离有关, 它们的关系可用图 5.8 作定性的表示. 由于斥力随原子间距的变化比吸力大, 所以合力的曲线与斥力曲线形状相似. 当吸力与斥力相等时, 合力为零. 设 ρ_0 为点阵的平衡距离, $\rho > \rho_0$ 时, $F_1 < F_2$, 两个原子相互吸引, 合力变化比较缓慢; $\rho < \rho_0$ 时, $F_1 > F_2$, 两个原子相互排斥, 合力变化比较陡峭. 与合力的变化相对应, 两原子相互作用的势能呈一个不对称曲线变化, 见图 5.9.

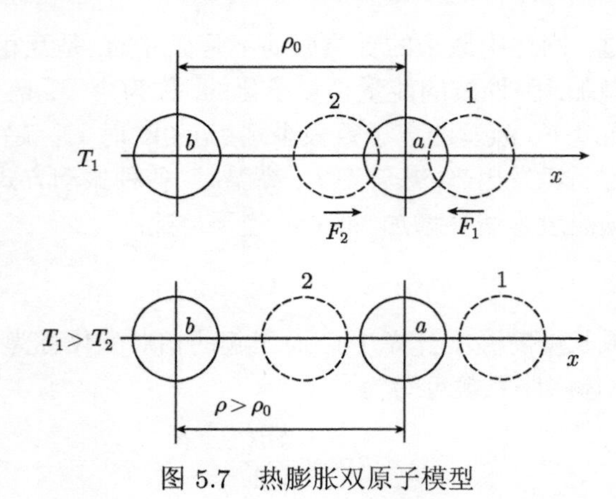

图 5.7　热膨胀双原子模型

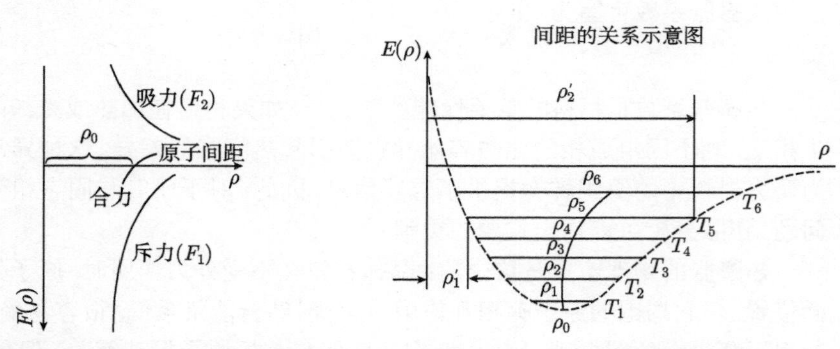

图 5.8　原子间作用力与原子间距的关系示意图　　图 5.9　原子相互作用的势能曲线

从势能曲线可以看到, 当原子振动通过平衡位置时只有动能, 偏离平衡位置时, 势能增加而动能减小. 曲线上每一势能都对应着两个原子最远和最近位置, 如势能 $E(\rho_5)$ 的最大距离为 ρ_2', 最小距离为 ρ_1', 最大势能对应的线段中心, 即原子振动中心的位置. 原子振动中心以 a 表示, 显然, 温度上升, 势能增高时, 由于势能曲线的不对称必然导致振动中心右移, 即原子间距增大.

影响材料热膨胀系数的因素包括相变的影响、成分和组织的影响以及各向异性的影响. 对于多数陶瓷材料和各向同性的固体, $a_V \approx 3a_l$, 因此, 只用线膨胀系数就能表示这类材料的热膨胀特性. 大多数固体材料的膨胀系数是正值, 也有少数是负值. 膨胀系数的正负取决于原子势能曲线的非对称形式. 图 5.10(a) 所示排斥能曲线上升较快, 温度升高时, 原子平衡位置之间距离变大, 体积膨胀. 图 5.10(b) 所示吸引能曲线上升较快, 温度升高时, 原子平衡位置之间距离缩小, 体积收缩.

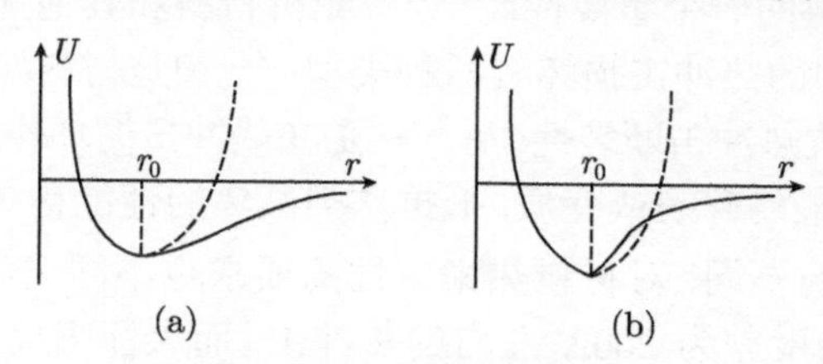

图 5.10 原子势能曲线

(a) 膨胀系数为正; (b) 膨胀系数为负

5.3.3 热导率

固体材料一端的温度比另一端高时, 热量会从热端传到冷端, 或从热物体传到另一相接触的冷物体, 此现象称其为热传导.

不同材料热传导的能力不同. 例如, 在导体中自由电子起着决定性作用, 因而这种材料导热导电的能力很大. 在绝缘体中自由电子极少, 它们的导热主要靠构成该材料的基本质点原子、离子或分子的热振动, 所以绝缘体的导热能力比金属的小得多. 但是, 也有一些材料既绝缘又导热, 如氧化铍陶瓷、氮化硼陶瓷等. 在热传导过程中, 单位时间通过物质传导的热量 $\dfrac{\mathrm{d}Q}{\mathrm{d}t}$ 与截面积 S、温度梯度 $\dfrac{\mathrm{d}T}{\mathrm{d}h}$ 成正比, 即

$$\frac{\mathrm{d}Q}{\mathrm{d}t} = -\lambda_S \frac{\mathrm{d}T}{\mathrm{d}h} \tag{5.34}$$

式中, λ 为热导率, 是单位温度梯度、单位时间内通过单位横截面的热量. λ 是衡量物质热传导能力的参数, 是材料的特征参数.

λ 的倒数称为热阻率. (2.35) 式适用于稳定传热, 即物体各部分的温度在传热过程中不变, 也就是在传热过程中流入任一截面的热量等于由另一截面流出的热量. 在不稳定传热条件下, 常采用导温系数来衡量材料的传热能力, 设在一个温度均匀的环境内, 某物体表面突然受热, 与内部产生温差, 热量传入内部, 热量的传播速度与导热系数 λ 成正比, 与比热容 C 和密度 ρ 的乘积成反比, 即

$$K = \frac{\lambda}{C\rho} \tag{5.35}$$

式中, K 为导温系数, 表示物体在温度变化时各部分温度趋于均匀的能力, K 小则表示温度变化缓慢. 影响热导率的因素很多, 主要有化学组成、晶体结构、气孔等, 不同温度材料的热导率也不同.

5.3.4 热稳定性

热稳定性是指材料承受温度的急剧变化而不致破坏的能力, 所以又称为抗热震性. 由于无机材料在加工和使用过程中, 经常会受到环境温度起伏的热冲击, 因此, 热稳定性是无机材料的一个重要性能. 一般无机材料和其他脆性材料一样, 热稳定性是比较差的. 它们的热冲击损坏有两种类型: 一种是材料发生瞬时断裂, 抵抗这类破坏的性能称为抗热冲击断裂性; 另一种是在热冲击循环作用下, 材料表面开裂、剥落, 并不断发展, 最终碎裂或变质, 抵抗这类破坏的性能称为抗热冲击损伤性.

由于应用场合的不同, 对材料热稳定性的要求也不同. 例如, 对于一般日用瓷器, 只要求能承受温度差为 200K 左右的热冲击, 而火箭喷嘴就要求瞬时能承受高达 3000~4000K 的热冲击, 而且还要经受高气流的机械和化学作用. 目前对于热稳定性虽然有一定的理论解释, 但尚不完善, 还不能建立反映实际材料或器件在各种场合下热稳定性的数学模型. 因此, 实际上对材料或制品的热稳定性评定, 一般还是采用比较直观的测定方法. 例如, 日用瓷通常是以一定规格的试样, 加热到一定温度, 然后立即置于室温的流动水中急冷, 并逐次提高温度和重复急冷, 直至观测到试样发生龟裂, 则以产生龟裂的前一次加热温度来表征其热稳定性. 对于普通耐火材料, 常将试样的一端加热到 1123K 并保温 40min, 然后置于 283~293K 的流动水中 3min 或空气中 5~10min, 并重复这样的操作, 直至试件失重 20%为止, 以这样操作的次数来表征材料的热稳定性. 某些高温陶瓷材料是以加热到一定温度后, 在水中急冷, 然后测其抗折强度的损失率来评定它的热稳定性. 如果制品具有较复杂的形状, 则在可能的情况下, 直接用制品来进行测定, 这样就免除了形状和尺寸带来的影响, 如高压电瓷的悬式绝缘子等, 就是这样来考核的. 测试条件应参照使用条件并更严格一些, 以保证实际使用过程中的可靠性. 总之, 对于无机材料尤其是制品的热稳定性, 尚需提出一些评定的因子. 从理论上得到的一些评定热稳定性的因子, 对探讨材料性能的机理显然还是有意义的. 抗热冲击性与材料的膨胀系数、热导率、弹性模量、机械强度、断裂韧性、热应力等因素有关, 作为陶瓷制品, 还与其形状、尺寸等因素有关. 材料的抗热冲击性虽然不是单一的物性参数, 却是功能材料制造和应用方面提出和必须注意的重要技术指标, 往往要根据上述因素设法改进瓷料的抗热冲击性.

5.4 光学性能

光学性能描述光 (或电磁波) 与晶体相互作用的特征, 折射和反射是光的基本特性. 采用具有特殊折射系数的材料, 能够制造大量的光学仪器, 例如, 光波导管利用光纤中光的完全反射性能, 在光通信中它是一个迅速发展的领域, GeO_2、SiO_2 和

P_2O_5 是重要的光纤材料.

电磁辐射在固体中引起电子过程的变化, 这些过程能够粗略地表述为发射和吸收过程. 发光、磷光和激光 (由辐射的激光发射引起的光放大) 是三种相当重要的材料性能. 发光被定义为在可见光谱中光的发射, 光发射是由入射辐射与一个原子周围的电子碰撞引起的, Mn 掺杂的 ZnS 是电致发光的一个例子.

5.4.1 光的反射和折射

1. 反射定律和折射定律

光波入射到两种媒质的分界面以后, 如果不考虑吸收、散射等其他形式的能量损耗, 则入射光的能量只在两种介质的界面上会发生反射和折射, 能量重新分配, 而总能量保持不变. 人们经常接触到的是那些可以忽略衍射作用的实际光学问题. 如果只关心光在传播过程中方向的变化, 则光波的振幅和光波传播过程中的相位变化都显得不太重要, 只需注意光波的传播方向和光波等相面的形状就行了, 这样就抽象出了光线和波面 (等相面) 这两个几何学概念. 借助这些概念, 以实验规律和几何定律为基础的光学就是几何光学. 几何光学在实验基础上, 简单明了地总结了如下几条有关光的传播特性的基本规律: ①光在均匀介质中的直线传播定律; ②光通过两种介质的分界面时的反射定律和折射定律; ③光的独立传播定律和光路可逆性原理.

我们用图 5.11 来表示光在两种透明介质的平整界面上反射和折射时传播方向的变化. 当光线入射到界面时, 一部分光从界面上反射, 形成反射线. 入射线与入射点处界面的法线所构成的平面称为入射面. 法线和入射线及反射线所构成的角度 θ_1 和 θ_1' 分别称为入射角和反射角. 入射光线除了部分被反射外, 其余部分将进入第二种介质, 形成折射线, 折射线与界面法线的夹角 θ_2 称为折射角.

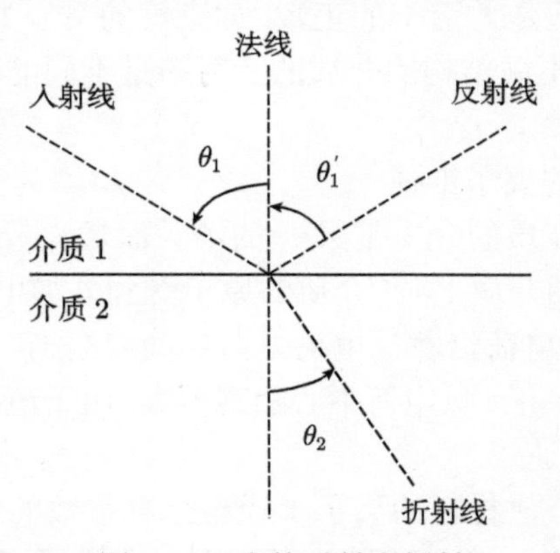

图 5.11 光的反射和折射

反射定律指出, 反射线的方向遵从: ①反射线和入射线位于同一平面 (即入射面) 内, 并分别处在法线的两侧; ②反射角等于入射角, 即 $\theta_1' = \theta_1$.

折射定律指出, 折射线的方向满足: ①折射线位于入射面内, 并和入射线分别处在法线的两侧; ②对单色光而言, 入射角 θ_1 的正弦和折射角 θ_2 的正弦之比是一个常数, 即

$$\frac{\sin\theta_1}{\sin\theta_2} = n_{21} \tag{5.36}$$

式中, 比例常数 n_{21} 称为第二介质相对于第一介质的相对折射率. 它与光波的波长及界面两侧介质的性质有关, 而与入射角无关. 如果第一介质为真空, 则上式可写为

$$\frac{\sin\theta_1}{\sin\theta_2} = n_2 \tag{5.37}$$

式中, n_2 称为第二介质相对于真空的相对折射率或第二介质的绝对折射率, 简称折射率. 通常, 介质对空气的相对折射率与其绝对折射率相差甚少, 实际上常常不加区分.

不难推出两种材料的相对折射率与它们的绝对折射率之间的关系为

$$n_{21} = \frac{n_2}{n_1} \tag{5.38}$$

因此, 折射定律可以改写成

$$n_1 \sin\theta_1 = n_2 \sin\theta_2 \tag{5.39}$$

由此可见, 当光线在第二介质中沿着原来的折射线从相反方向入射到界面并经过折射后, 在第一介质中必定逆着原入射线的方向射出. 同理, 根据反射定律若光线沿反射线从相反方向入射, 经过界面反射后必定逆原入射线的方向射出. 这就是光路可逆性原理.

介质的折射率永远是大于 1 的正数, 如空气的 $n = 1.0003$, 固体氧化物的 $n = 1.3 \sim 1.9$. 不同组成、不同结构的介质的折射率是不同的. 影响 n 的因素有下列四方面.

1) 构成材料元素的离子半径

介质的折射率随介质的介电常数 ε 的增大而增大. ε 与介质的极化现象有关. 当光的电磁辐射作用到介质上时, 介质的原子受到外加电场的作用而极化, 正电荷沿着电场方向移动, 负电荷沿着反电场方向移动, 这样正、负电荷的中心发生相对位移, 外电场越强原子, 正、负电荷中心距离愈大. 由于电磁辐射和原子的电子体系的相互作用, 光波被减速了.

以后我们将知道介质材料的离子半径与介电常数的关系, 当离子半径增大时, 其 ε 增大, 因而 n 也随之增大. 因此, 可以用大离子得到高折射率的材料, 如 PbS 的 $n = 3.912$, 用小离子得到低折射率的材料, 如 $SiCl_4$ 的 $n = 1.412$.

2) 材料的结构、晶型和非晶态

折射率除与离子半径有关外, 还与离子的排列密切相关. 对于非晶态 (无定型体) 和立方晶体这些各向同性的材料, 当光通过时, 光速不因传播方向改变而变化, 材料只有一个折射率, 称其为均质介质. 但是除立方晶体以外的其他晶型, 都是非均质介质. 光进入非均质介质时, 一般都要分为振动方向相互垂直、传播速度不等的两个波, 它们分别构成两条折射光线, 这个现象称为双折射. 双折射是非均质晶体的特性, 这类晶体的所有光学性能都和双折射有关.

上述两条折射光线, 平行于入射面的光线的折射率, 称为常光折射率 n_{o}. 不论入射光的入射角如何变化, n_{o} 始终为一常数, 因而常光折射率严格服从折射定律. 另一条与之垂直的光线所构成的折射率, 则随入射线方向的改变而变化, 称为非常光折射率 n_{e}. 它不遵守折射定律, 随入射光的方向而变化. 当光沿晶体光轴方向入射时, 只有 n_{o} 存在; 当与光轴方向垂直入射时, 达最大值, 此值视为材料特性. 石英的 n_{o}=1.543, n_{e}=1.552; 方解石的 n_{o}=1658, n_{e}=1.486; 刚玉的 n_{o}=1.760, n_{e}=1.768. 总之, 沿着晶体密堆积程度较大的方向 n_{e} 较大.

3) 材料所受的内应力

有内应力的透明材料, 垂直于受拉主应力方向的 n 大, 平行于受拉主应力方向的 n 小.

4) 同质异构体

在同质异构材料中, 高温时的晶型折射率较低, 低温时存在的晶型折射率较高. 例如, 常温下的石英玻璃, $n = 1.46$, 数值最小; 常温下的石英晶体 $n = 1.55$, 数值最大. 高温时的鳞石英, $n = 1.47$; 方石英, $n = 1.49$. 至于普通钠钙硅酸盐玻璃, $n = 1.51$, 比石英的折射率小. 提高玻璃折射率的有效措施是掺铅和钡的氧化物, 例如含 PbO 为 90%(体积) 的铅玻璃, $n = 2.1$.

2. 折射率与传播速度的关系

为了说明光波的传播规律, 惠更斯提出了一个普遍原理：光波波前 (最前沿的波面) 上的每一点都可看做球面次波源. 每一次波源发射的球面次波以光波的速度 v 传播, 经过时间 Δt 之后, 形成半径为 $v\Delta t$ 的球面次波. 如此产生的无数个次波的包络就是 Δt 时间后的新波前. 图 5.12 画出了平面波和球面波通过次波形成新波前的过程. 垂直于波前 (或等相面) 的直线就代表光波的传播方向, 也就是光线.

根据惠更斯原理可以方便地推导出光的反射定律和折射定律. 图 5.13 中 MM' 表示两种透明介质的分界面. FG 表示入射平面波的波面, 平面波在第一介质中以速度 v_1 传播, 经过一定时间后波面到达 AB. A 点正好在界面上. 从 A 点发出的次波一部分进入第二介质, 另一部分返回第一介质. 波前 AB 上的 B 点发出的次波仍在第一介质中传播. 又经过时间 Δt 后, 从 B 点发出的次波到达界面上的

C 点. $BC = v_1\Delta t$, 此时波前 AB 上各点都陆续传播到界面并发生返回第一介质和进入第二介质的次波. 第一介质中的新波前为 CD 平面波. 由三角形全等关系 $\triangle ACD = \triangle ABC$, 可得 $\alpha = \beta$, 即入射角等于反射角, 这就是反射定律.

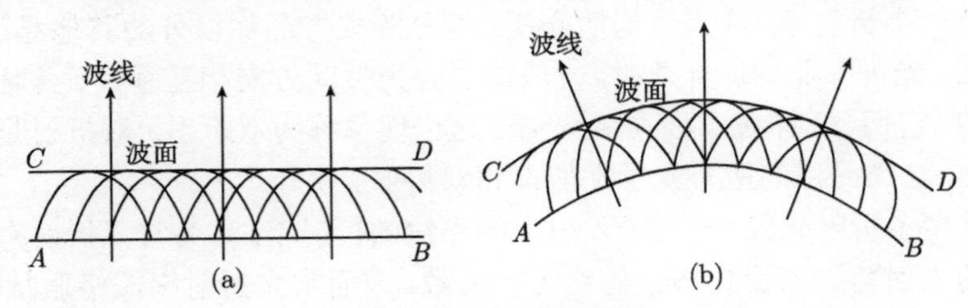

图 5.12　惠更斯原理

(a) 平面波; (b) 球面波

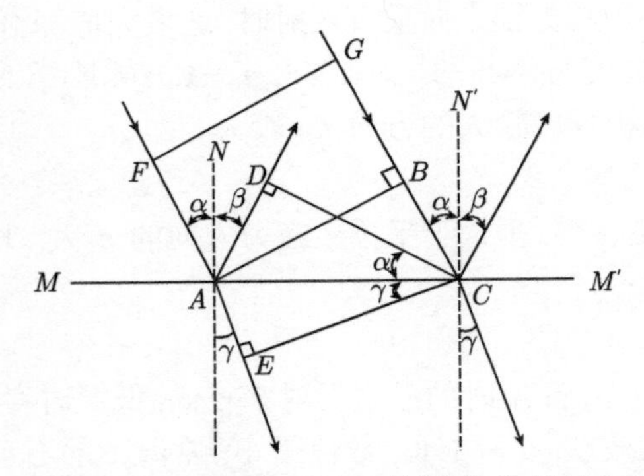

图 5.13　惠更斯原理推导反射定律和折射定律

进入第二介质的波成为折射波. 当光波从 B 点传播到界面上的 C 点时, 从 A 点发出并进入第二介质的次波到达 E 点, $AE = v_2\Delta t$ 为第二介质中的光速. EC 就是 Δt 时间后在第二介质中形成的新波前.

由三角关系可得

$$\frac{\sin\alpha}{\sin\gamma} = \frac{AD}{AE} = \frac{v_1\Delta t}{v_2\Delta t} = \frac{v_1}{v_2} = n_{21} \tag{5.40}$$

上式就是光的折射定律. 如果第一介质为真空, 则

$$\frac{\sin\alpha}{\sin\gamma} = \frac{c}{v_2} = n_2 \tag{5.41}$$

故有

$$n_{21} = \frac{v_1}{v_2} = \frac{n_2}{n_1} \tag{5.42}$$

由此可见, 材料的折射率反映了光在该材料中传播速度的快慢. 两种介质相比,

折射率较大者, 光的传播速度较慢, 称为光密介质; 折射率较小者, 光的传播速度较快, 称为光疏介质.

材料表现出一定的折射率, 从本质上讲, 反映了材料的电磁结构 (对非铁磁介质主要是电结构) 在光波电磁场作用下的极化性质或介电特性. 正是因为介质的极化, "拖住" 了电磁波的步伐, 才使其传播速度变得比真空中慢. 材料的极化性质又与构成材料的原子的原子量、电子分布情况、化学性质等微观因素有关, 这些微观因素通过宏观量介电系数来影响光在材料中的传播速度.

3. 反射率和透射率

前面讨论了光在两种介质的界面上发生反射和折射时传播方向的变化, 但是无论是几何光学定律还是惠更斯原理, 都没有解决光波在反射前后和折射前后的能量变化规律. 根据麦克斯韦方程组和电磁场的边界条件可以得到有关的结果. 反射光的功率与入射光的功率之比称为反射率 (有时也称反射比). 经过折射进入第二介质的光为透射光, 透射光功率与入射光功率之比称为透射率. 当光线由介质 1 入射到介质 2 时, 光在介质面上分成了反射光和折射光, 如图 5.14 所示. 这种反射和折射, 可以连续发生. 例如, 当光线从空气进入介质时, 一部分反射出来了, 另一部分折射进入介质. 当遇到另一界面时, 光线有一部分发生反射, 另一部分折射进入空气.

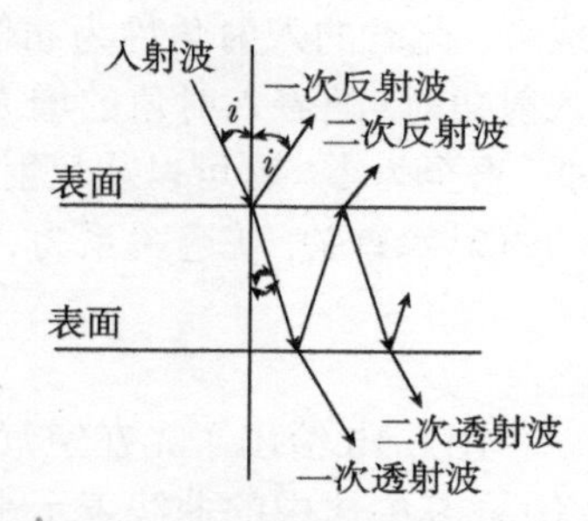

图 5.14 光通过透明介质分界面时的反射和透射

由于反射, 使得透过部分的强度减弱. 需要知道光强的这种反射损失, 使光尽可能多地透过.

设光的总能量流 W 为

$$W = W' + W'' \tag{5.43}$$

式中, W、W'、W'' 分别为单位时间通过单位面的入射光、反射光和折射光的能量流. 根据波动理论

$$W \propto A^2 v S \tag{5.44}$$

由于反射波的传播速度 v 及横截面积 S 都与入射波相同, 所以

$$\frac{W'}{W} = \left(\frac{A'}{A}\right)^2 \tag{5.45}$$

式中, A、A' 分别为入射波、反射波的振幅. 光的反射率和透射率与光的偏振方向有关, 并随入射角度而变化. 我们知道光是横波, 在垂直于传播方向的平面上, 电矢量可以取任何方向. 因此, 总可以把它分解成两种线偏振分量, 一个振动方向垂直

于光的入射面, 称 s 分量或 s 波; 另一个振动方向平行于入射面 (即在入射面内), 称为 p 分量或 p 波. 把光波振动分为垂直于入射面的振动和平行于入射面的振动, 菲涅耳 (Fresnel) 推导出

$$R_{\mathrm{s}}=\left(\frac{W'}{W}\right)_{\perp}=\left(\frac{A_{\mathrm{s}}'}{A_{\mathrm{s}}}\right)^{2}=\frac{\sin^{2}(\alpha-\gamma)}{\sin^{2}(\alpha+\gamma)} \tag{5.46}$$

$$R_{\mathrm{p}}=\left(\frac{W'}{W}\right)_{//}=\left(\frac{A_{\mathrm{p}}'}{A_{\mathrm{p}}}\right)^{2}=\frac{\tan^{2}(\alpha-\gamma)}{\tan^{2}(\alpha+\gamma)} \tag{5.47}$$

在此 α 和 γ 分别为入射角和折射角, R_{s} 和 R_{p} 分别代表两分量的反射率. 当 $\alpha+\gamma=\dfrac{\pi}{2}$ 时, $\tan(\alpha+\gamma)=\infty$ 所以 $R_{\mathrm{p}}=0$, 表示反射光中没有平行入射面的矢量成分. 此时的入射角称为布儒斯特 (Brewster) 角, 常以 α_{B} 表示. 这说明逐渐改变入射角时, 随着入射角的增大, 反射光线会越来越强, 而透射 (折射) 光线则越来越弱, 直至为零. 这可以从反射率曲线 (图 5.14) 看出. 它的数值与界面两侧介质材料的折射率有关, 普遍关系为

$$\tan\alpha_{\mathrm{B}}=\frac{n_{2}}{n_{1}} \tag{5.48}$$

图 5.15 给出了光在空气和玻璃界面上反射时 p 波和 s 波的反射率与入射角的关系, 其中居中的曲线表示平均情况, 对应于自然光的反射率. 从图可以看出, 当入射角 $\alpha=54°40'$ 时, p 波的反射率下降到零. 这就是玻璃材料布儒斯特角.

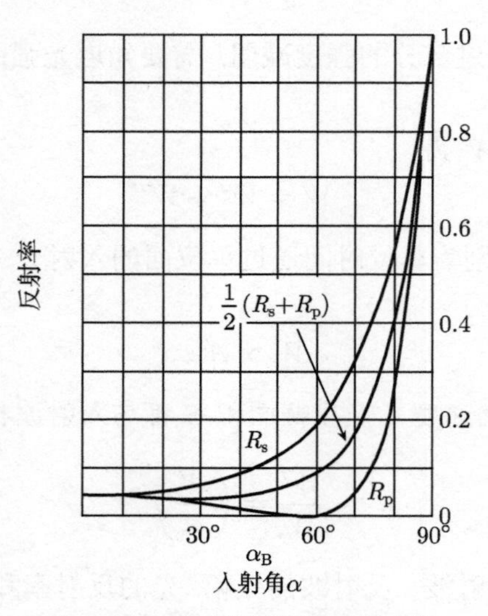

图 5.15　反射率随入射角的变化

利用布儒斯特角可以产生偏振光. 图 5.16 中以双箭头的短线表示 p 振动, 以黑点表示 s 振动. 在激光器中常将光学元件以布氏角安装以便产生偏振的激光束. 介质的反射率与波长有关, 因此同一材料对不同波长有不同的反射率. 例如, 金对绿光的垂直反射率为 50%, 而对红外线的反射率可达 96%以上.

自然光在各方向振动的机会均等, 可以认为一半能量属于同入射面平行的振动, 另一半属于同入射面垂直的振动, 所以总的能量之比为

$$\frac{W'}{W}=\frac{1}{2}\left[\frac{\sin^2(\alpha-\gamma)}{\sin^2(\alpha+\gamma)}+\frac{\tan^2(\alpha-\gamma)}{\tan^2(\alpha+\gamma)}\right] \tag{5.49}$$

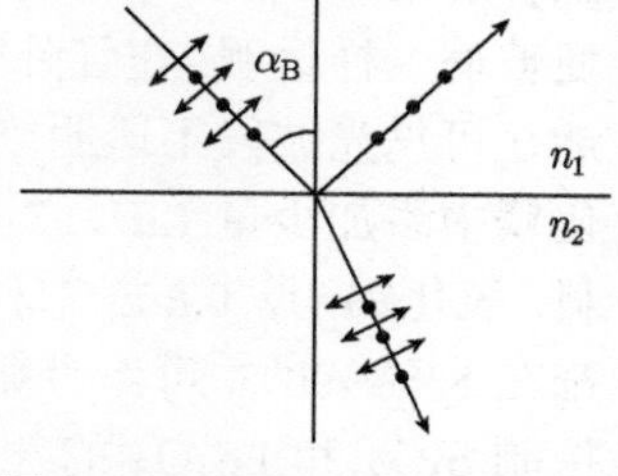

图 5.16 光线以布儒斯特入射时反射光是全偏振光

当角度很小时, 即垂直入射, 有

$$\frac{\sin^2(\alpha-\gamma)}{\sin^2(\alpha+\gamma)}=\frac{\tan^2(\alpha-\gamma)}{\tan^2(\alpha+\gamma)}=\frac{(\alpha-\gamma)^2}{(\alpha+\gamma)^2}=\frac{\left(\dfrac{\alpha}{\gamma}-1\right)^2}{\left(\dfrac{\alpha}{\gamma}+1\right)^2} \tag{5.50}$$

因介质 2 对于介质 1 的相对折射率 $n_{21}=\dfrac{\sin\alpha}{\sin\gamma}$, 故

$$n_{21}=\frac{\alpha}{\gamma} \tag{5.51}$$

$$\frac{W'}{W}=\left(\frac{n_{21}-1}{n_{21}+1}\right)^2=m \tag{5.52}$$

式中, m 称为反射系数. 根据能量守恒定律

$$W=W'+W'' \tag{5.53}$$

$$\frac{W''}{W}=1-\frac{W'}{W}=1-m \tag{5.54}$$

式中, $1-m$ 称为透射系数. 由 (5.49) 式可知, 在垂直入射的情况下, 光在界面上的反射的多少取决于两种介质的相对折射率 n_{21}.

如果介质 1 为空气, 可以认为 $n_1=1$, 则 $n_{21}=n_2$. 如果 n_1 和 n_2 相差很大, 那么界面反射损失就严重; 如果 $n_1=n_2$, 则 $m=0$, 因此在垂直入射的情况下, 几乎没有反射损失.

设一块折射率 $m=1.5$ 的玻璃, 光反射损失为 $m=0.04$, 透过部分为 $1-m=0.96$. 如果透射光又从另一界面射入空气, 即透过两个界面, 此时透过部分为 $(1-m)_2=0.922$. 如果连续透过多块平板玻璃, 则透过部分应为 $(1-m)_{2x}$.

由于陶瓷、玻璃等材料的折射率较空气的大, 所以反射损失严重. 如果透镜系统由许多块玻璃组成, 则反射损失更可观. 为了减小这种界面损失, 常常采用折射率和玻璃相近的胶将它们粘起来, 这样, 除了最外和最内的表面是玻璃和空气的相对折射率外, 内部各界面都是玻璃和胶的较小的相对折射率, 从而大大减小了界面的反射损失.

玻璃和熔石英是最常见的非金属光学材料, 它们在可见光区是透明的, 但光线正入射时, 每个表面仍约有 4%的反射. 高分子材料中有机玻璃在可见光波段与普通玻璃一样透明, 在红外区也有相当的透射率, 可作为各种装置的光学窗口. 聚乙烯在可见光波段不透明, 但在远红外区透明, 可作远红外波段的窗口和保护膜. 氧化镁中添加少量 LiF、CaO 或 CaO_3, 经真空热压或高温烧结可得到透明的陶瓷材料. 氧化铝 (厚 0.8mm) 和氧化铍 (厚 0.8mm) 陶瓷也一样, 它们对可见光的透射率都在 85%~90%, 可作为高压钠灯发光管的管壁, 由于管壁与纳蒸气接触, 必须严格控制 SiO_2 和 Fe_2O_3 的含量 (低于 0.05%), 以防止使用后的 "黑化". 耐高温的透明陶瓷在航天领域也常被作为重要的透射窗口材料.

5.4.2 材料对光的吸收和色散

一束平行光照射各向同性均质的材料时, 除了可能发生反射和折射而改变其传播方向之外, 进入材料之后还会发生两种变化：一是当光束通过介质时, 一部分光的能量被材料所吸收, 其强度将被减弱, 即为光吸收; 二是材料的折射率随入射光的波长而变化, 这种现象称为光的色散.

1. 光的吸收

1) 吸收系数与吸收率

假设强度为 I_0 的平行光束通过厚度为 l 的均匀介质, 如图 5.17 所示, 光通过一段距离 l_0 之后, 强度减弱为 I, 再通过一个极薄的薄层 $\mathrm{d}l$ 后, 强度变成 $I+\mathrm{d}I$, 因为光强是减弱的, 此处 $\mathrm{d}I$ 应是负值. 经大量实验证明：入射光强减少量 $\mathrm{d}I/I$ 应与吸收层的厚度 $\mathrm{d}l$ 成正比, 假定光通过单位距离时能量损失的比例为 α, 则

$$\frac{\mathrm{d}I}{I}=-\alpha\mathrm{d}l \tag{5.55}$$

式中, 负号表示光强随着 l 的增加而减弱, α 即为吸收系数, 其单位为 cm^{-1}, 它取决于材料的性质和光的波长. 对一定波长的光波而言, 吸收系数是和介质的性质有关的常数. 对 (5.53) 式积分, 得

$$\int_{I_0}^{I}\frac{\mathrm{d}I}{I}=-\alpha\int_0^l\mathrm{d}l,\quad \ln\frac{I}{I_0}=-\alpha l \tag{5.56}$$

所以

$$I = I_0 \mathrm{e}^{-\alpha l} \tag{5.57}$$

上式称为朗伯特 (Lambert) 定律. 它表明, 在介质中光强随传播距离呈指数式衰减. 当光的传播距离达到 $1/\alpha$ 时, 强度衰减到入射时的 1/e. α 越大, 材料越厚, 光就被吸收得越多, 因而透过后的光强度就越小.

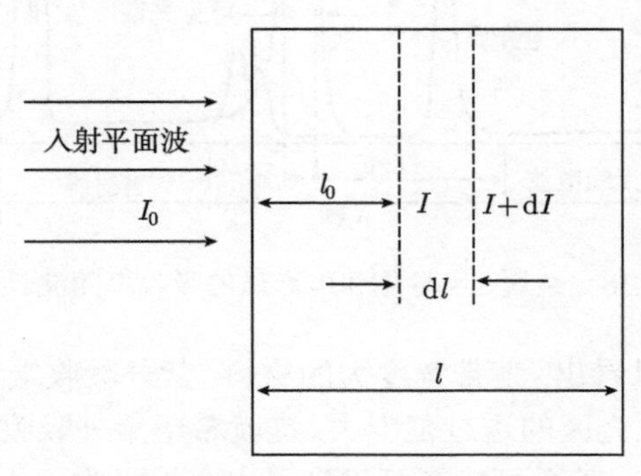

图 5.17 光的吸收

光作为一种能量流, 在穿过介质时, 引起介质的价电子跃迁, 或使原子振动而消耗能量. 此外, 介质中的价电子吸收光子能量而激发, 当未退激时, 在运动中与其他分子碰撞, 电子的能量转变成分子的动能即热能, 从而构成光能的衰减. 即使在对光不发生散射的透明介质, 如玻璃、水溶液中, 光也会有能量的损失, 这就是产生光吸收的原因.

2) 光吸收与波长的关系

研究物质的吸收特性发现, 任何物质都只对特定的波长范围表现为透明, 而对另一些波长范围则不透明. 金属对光能吸收很强烈. 这是因为金属的价电子处于未满带, 吸收光子后呈激发态, 用不着跃迁到导带即能发生碰撞而发热. 从图 5.18 中可见, 在电磁波谱的可见光区, 金属和半导体的吸收系数都很大的. 但是电介质材料, 包括玻璃、陶瓷等无机材料的大部分在这个波谱区内都有良好的透过性, 也就是说吸收系数很小. 这是因为电介质材料的价电子所处的能带是填满了的, 它不能吸收光子而自由运动, 而光子的能量又不足以使价电子跃迁到导带, 所以一定的波长范围内, 吸收系数很小.

但是在紫外区出现了紫外吸收端, 这是因为波长越短, 光子的能量越大. 当光子的能量达到禁带宽度时, 电子就会吸收光子能量从满带跃迁到导带, 此时吸收系数将骤然增大. 此紫外线吸收端相应的波长可根据材料的禁带宽度 E_{g} 求得, 即

$$E_{\mathrm{g}} = h\nu = h \times \frac{c}{\lambda} \tag{5.58}$$

式中, h 为普朗克常量, $h = 6.63 \times 10^{-34}\mathrm{J{\cdot}s}$; c 为光速.

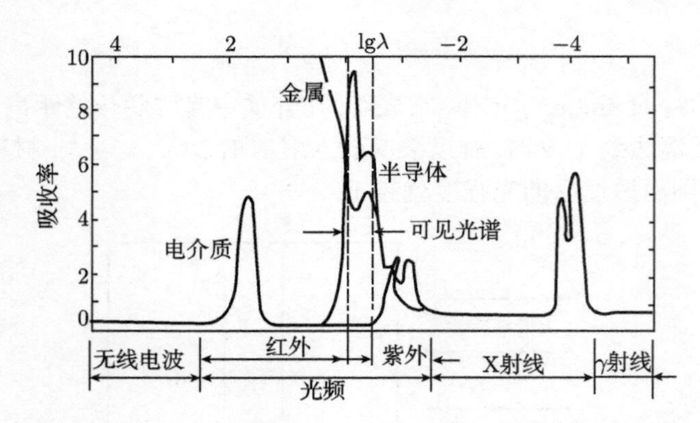

图 5.18　金属、半导体和电介质的吸收率随波长的变化

从 (5.58) 式可以看出, 禁带宽度大的材料, 紫外吸收端的波长比较小. 希望材料在电磁波谱的可见光区的透过范围大, 这就希望紫外吸收端的波长要小, 因此要求 E_{g} 大. 如果 E_{g} 小, 甚至可能在可见光区也会被吸收而不透明.

常见材料的禁带宽度变化较大, 如硅的 $E_{\mathrm{g}} = 1.2\mathrm{eV}$, 锗的 $E_{\mathrm{g}} = 0.75\mathrm{eV}$, 其他半导体材料的 E_{g} 约为 1.0eV, 电介质材料的 E_{g} 一般在 10eV 左右, NaCl 的 $E_{\mathrm{g}} = 9.6\mathrm{eV}$, 因此发生吸收峰的波长为

$$\lambda = \frac{hc}{E_{\mathrm{g}}} = \frac{6.626 \times 10^{-27} \times 3 \times 10^{8}}{9.6 \times 1.602 \times 10^{-12}} = 0.129(\mu\mathrm{m})$$

此波长位于极远紫外区. 另外, 在红外区的吸收峰是因为离子的弹性振动与光子辐射发生谐振消耗能量所致. 要使谐振点的波长尽可能远离可见光区, 即吸收峰处的频率尽可能小, 则需要选择小的材料热振频率 ν, 此频率 ν 与材料其他常数的关系为

$$\nu^{2} = 2\beta\left(\frac{1}{M_{\mathrm{c}}} + \frac{1}{M_{\mathrm{a}}}\right) \tag{5.59}$$

式中多是与力有关的常数, 由离子间结合力决定. M_{c} 和 M_{a} 分别为阳离子和阴离子质量. 为了获得较宽的透明频率范围, 最好有高的电子能隙值和弱的原子间结合力以及大的离子质量. 对于高原子量的一价碱金属卤化物, 这些条件都是最优的.

吸收还可分为选择吸收和均匀吸收. 例如, 石英在整个可见光波段都很透明, 且吸收系数几乎不变, 这种现象称为 "一般吸收". 但是, 在 3.5~5.0μm 的红外线区, 石英表现为强烈的吸收, 且吸收率随波长剧烈变化, 这种同一物质对某一种波长的吸收系数可以非常大, 而对另一种波长的吸收系数可以非常小的现象称为 "选择吸收". 任何物质都有这两种形式的吸收, 只是出现波长范围不同而已. 透明材料的选择吸收使其呈现不同的颜色. 如果介质在可见光范围对各种波长的吸收程度相同, 则称为均匀吸收. 在此情况下, 随着吸收程度的增加, 颜色从灰变到黑. 将能发射连

续光谱的白光源 (如卤钨灯) 所发的光经过分光仪器 (如单色仪、分光光度计等) 分解出单色光束, 并使之相继通过待测材料, 可以测量吸收系数与波长的关系, 得到吸收光谱.

由图 5.19(a) 及 (b) 可见, 金刚石和石英这两种电介质材料的吸收区都出现在紫外和红外波长范围. 它们在整个可见光区, 甚至扩展到近红外和近紫外都是透明的, 是优良的可见光区透光材料.

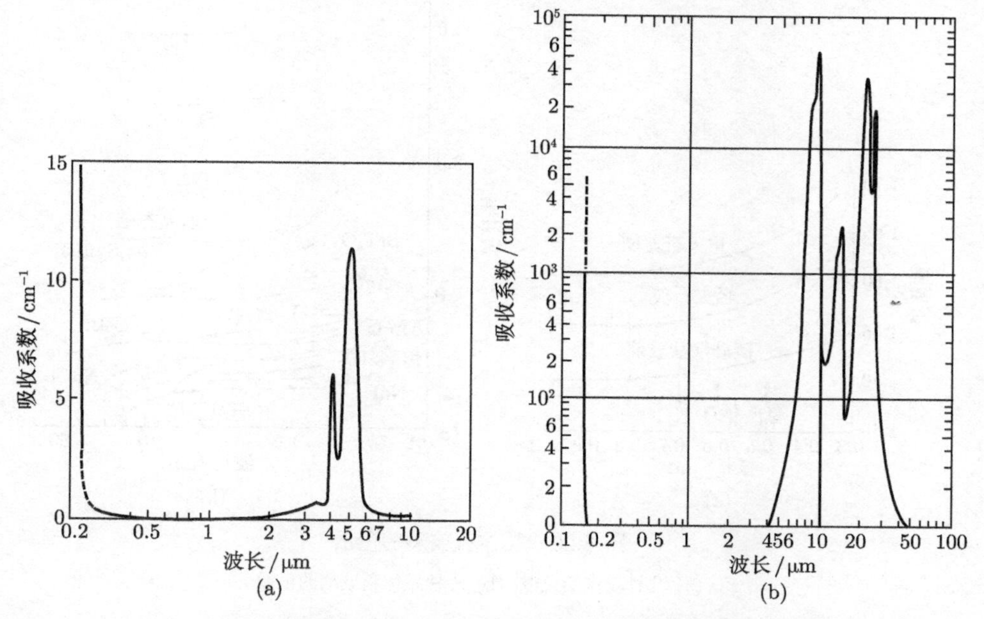

图 5.19 (a) 金刚石从紫外到远红外之间的吸收光谱的大致轮廓; (b) 石英在紫外至远红外之间的吸收光谱

2. 光的色散

材料的折射率随入射光的频率减小 (或波长的增加) 而减小的性质, 称为折射率的色散. 几种材料的色散如图 5.20 所示. 在给定入射光波长的情况下, 材料的色散为

$$色散 = \frac{\mathrm{d}n}{\mathrm{d}\lambda} \tag{5.60}$$

然而最实用的方法是用固定波长下的折射率来表达, 而不是去确定完整的色散曲线. 最常用的数值是倒数相对色散, 即色散系数

$$\gamma = \frac{n_{\mathrm{D}} - 1}{n_{\mathrm{F}} - n_{\mathrm{C}}} \tag{5.61}$$

式中, n_D、n_F 和 n_C 分别为以钠的 D 谱线、氢的 F 谱线和 C 谱线 (589.3nm、486.1nm 和 656.3nm) 为光源, 测得的折射率. 描述光学玻璃的色散还用平均色散 ($= n_F - n_C$). 由于光学玻璃一般都或多或少具有色散现象, 因而使用这种材料制成的单片透镜, 成像不够清晰, 在自然光的透过下, 在像的周围环绕了一圈色带. 克服的方法是用不同牌号的光学玻璃, 分别磨成凸透镜和凹透镜组成复合镜头, 就可以消除色差, 这称为消色差镜头.

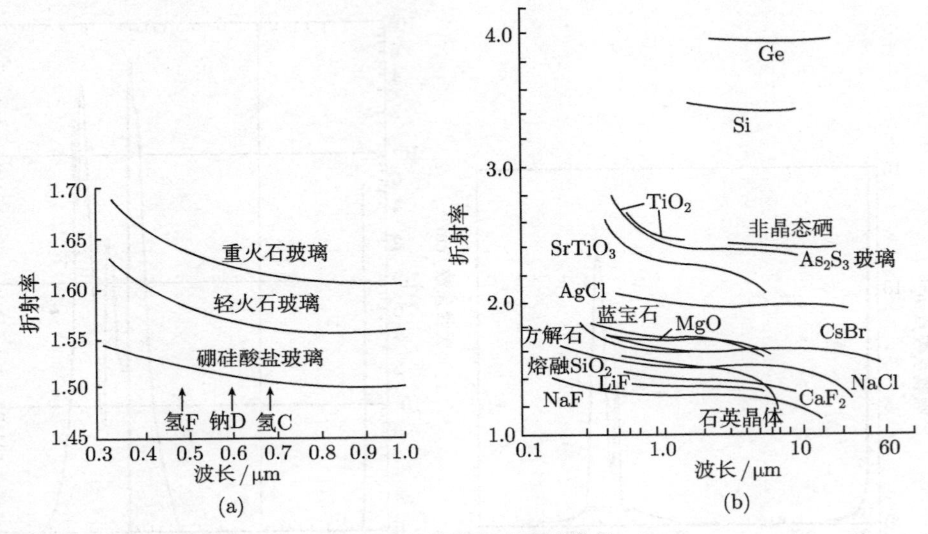

图 5.20　晶体和玻璃的色散

(a) 几种玻璃的色散; (b) 几种晶体和玻璃的色散

关于介质的色散曲线, 尤其是色散曲线在吸收带两侧发生突变的特征, 经典色散理论采用了阻尼受迫振子的模型来研究. 根据这个模型, 介质原子的电结构, 被看作是正、负电荷之间由一根无形的弹簧束缚在一起的振子. 在光波电磁场的作用下, 正、负电荷发生相反方向的位移, 并跟随光波的频率做受迫振动, 受迫振动的位相既与光波电矢量振动的频率有关, 又和振子的固有频率有关. 光波引起介质中束缚电荷的受迫振动, 这只是光与介质相互作用的一个方面; 另一方面是做受迫振动的振子 (束缚电荷) 也可以作为电磁波的波源, 向外发射 "电磁次波"(或称为 "散射波"). 在固体材料中这种散射中心的密度很高, 多个振子的互相干涉使得次波只沿原来入射光波的方向前进. 按照波的叠加原理, 次波和入射光波叠加的结果使合成波的位相与入射波不同. 因为光速是等位相状态的传播速度, 次波的叠加改变了, 波的位相也就改变了, 而次波的位相就是振子受迫振动的位相, 它既与入射光波的频率有关, 又与振子的固有频率有关, 因此介质中的光速与波长有关, 同时也与材料的固有振动频率 (在经典理论中也就是振子的吸收频率) 有关. 这些简短的语言只能给出概念性的物理解释, 要回答在吸收区两侧折射率 (或光速) 的具体变化规律, 必须借助严格的理论推导.

5.5 磁学性质

磁性电介质是在电子计算机、信息存储、激光调制、自动控制等科学技术领域中应用非常广泛的材料之一. 人类最早发现和认识的磁性材料是天然磁石, 主要成分为 Fe_3O_4. 磁性材料一般可分为磁化率为负的抗磁体材料和磁化率为正的顺磁体材料.

在外磁场 H(A/m) 的作用下, 在磁介质材料的内部产生一定的磁通量密度, 称其为磁感应强度 B, 单位为特斯拉 (T) 或韦伯/米^2(Wb/m^2). B 与 H 的关系由下式表示

$$B = \mu H \tag{5.62}$$

式中, 磁导率 μ 为磁性材料的特征参数, 表示材料在单位磁场强度作用下内部的磁通量密度, 在真空条件下, 上式表示为

$$B_0 = \mu_0 H \tag{5.63}$$

式中, μ_0 为真空磁导率, $\mu_0 = 4\pi \times 10^{-7}$H/m.

磁化强度 M 与磁场强度 H 的比值称为磁化率, 用下式表达

$$M = \chi H \tag{5.64}$$

式中, χ 为磁介质材料的磁化率, 表达了磁介质材料在磁场 H 的作用下磁化的程度, 在国际单位制中是无量纲的, χ 可以是正数或负数, 决定着材料的磁性类别. 一般陶瓷磁介质材料的磁化率与其化学组成、微观组织结构和内应力等因素有关.

M 可以通过实验测定, 将某材料制成一个小磁体置于外磁场中, 其受力 (一维) 为

$$F = VM\frac{\partial B}{\partial X} \tag{5.65}$$

式中, V 为该磁介质材料的体积, 若外磁场的分布为已知, 则 M 可以通过 F 的测定经计算得到. 当 M 为负值时, 材料表现为抗磁性, 陶瓷材料的大多数原子是抗磁性的, 抗磁性物质的原子 (离子) 不存在永久磁矩, 当其受外磁场作用时, 电子轨道发生改变, 产生与外磁场方向相反的磁矩, 而表现出抗磁性; M 为正值时, 材料表现为顺磁性, 该材料的主要特征为不论是否受到外磁场的作用, 原子内部都存在永久磁矩, 磁化强度 M 与外磁场强度 H 的方向一致且与其成正比.

5.5.1 原子的磁性

众所周如, 任何物质都是由原子组成的, 而原子又是由带正电荷的原子核 (简称核子) 和带负电荷的电子所构成的. 近代物理的理论和实验都证明了核子和电子的本身都在做着自旋运动, 而电子又沿着一定轨道绕核子做循轨运动. 显然, 带电粒子的这些运动必然要产生磁矩.

首先, 电子的循轨运动可看作是一个闭合电流, 因此将产生一个磁矩, 称为电子的轨道磁矩 P_l, 其大小为

$$\begin{aligned} P_l &= is = ef\pi r^2 = e\frac{\omega}{2\pi}\pi r^2 = \frac{e}{2m}m\omega r^2 = \frac{e}{2m}L \\ &= \frac{e}{2m}\frac{h}{2\pi}l = \frac{eh}{4\pi m}l = l\mu_{\mathrm{B}} \end{aligned} \tag{5.66}$$

式中, e 为电子电荷量; m 为电子质量; h 为普朗克常量; l 为以 $h/2\pi$ 为单位电子运动的轨道角动量; f 为电子旋转的频率; ω 为电子旋转的角速度; r 为电子旋转的轨道半径, $\mu_{\mathrm{B}} = \dfrac{eh}{4\pi m} = 0.927 \times 10^{-23}\mathrm{J/T}$ 为玻尔磁子, 一般都用它来表示原子磁矩的大小.

该磁矩的方向垂直于电子运动的轨迹平面, 并符合右手螺旋定则. 它在外磁场方向上的投影, 即电子轨迹磁矩在外磁场方向上的分量 P_{lz} 满足量子化条件

$$P_{lz} = m_l\mu_{\mathrm{B}} \quad (m_l = 0, \pm1, \pm2, \cdots, \pm l)$$

式中, m_l 为电子状态的磁量子数; P_{lz} 的下角 z 表示外磁场的方向.

电子的自旋运动也将产生一个自旋磁矩 P_{s}, 从量子力学可如, 电子自旋的磁矩与电子自旋的角动量 s 间的关系为

$$P_{\mathrm{s}} = \frac{e}{M}s = \frac{e}{m}\frac{h}{2\pi}s = 2\frac{eh}{4\pi m}s = 2s\mu_{\mathrm{B}} \tag{5.67}$$

式中, s 为以 $h/2\pi$ 为单位的电子自旋角动量.

由于在外磁场方向上电子自旋的角动量分量 s_z 满足量子化条件, 所以

$$s_z = m_s\hbar = m_s\frac{h}{2\pi} = \pm\frac{1}{2}\frac{h}{2\pi} = \pm\frac{h}{4\pi}$$

式中, m_s 为电子自旋量子数, 它等于 $\pm1/2$. 所以电子自旋磁矩在外磁场方向上的分量为

$$P_{\mathrm{s}z} = \frac{e}{m}s_z = \frac{e}{m}\left(\pm\frac{h}{4\pi}\right) = \pm\frac{eh}{4\pi m} = \pm\mu_{\mathrm{B}} \tag{5.68}$$

式中的符号取决于电子自旋的方向, 一般取与外磁场方向一致的为正.

核子的自旋运动也要产生一个自旋磁矩, 但是由于它的磁矩很小 (因核子的质量约为电子质量的 2000 倍, 故核子的磁矩约为电子磁矩的 1/2000), 所以它对原子磁矩的贡献略去不计.

由上述可知, 原子的磁矩主要由电子的磁矩组成, 而电子的磁矩又是其轨道磁矩和自旋磁矩的矢量和. 我们知道, 原子中的电子都是按照不同的壳层进行排列的, 那么, 原子的磁矩是如何确定的呢? 因电子的磁矩是与电子的角动量 (轨道角动量与自旋角动量的矢量和) 成正比的, 当原子中某一电子壳层被排满时, 各个电子的轨道运动与自旋运动的取向占据了所有可能的方向, 这些方向呈对称分布, 因此电子的总角动量为零, 故该壳层电子的总磁矩也为零. 只有当某一电子壳层未被电子排满时, 这个壳层的电子总磁矩才不为零, 该原子对外就要显示磁矩.

由于不同的原子具有不同的电子壳层结构, 因而对外表现出不同的磁矩, 所以当这些原子组成不同的物质时也要表现出不同的磁性来. 必须指出的是, 原子的磁性虽然是物质磁性的基础, 但却不能完全决定凝聚态物质的磁性, 这是因原子间的相互作用 (包括磁的和电的作用) 对物质磁性往往起着更重要的影响. 这是我们下面将要讨论的问题.

5.5.2 物质的抗磁性

上面的原子磁性的讨论表明, 原子的磁矩取决于未填满壳层电子的轨道磁矩和自旋磁矩. 对于电子壳层已填满的原子, 虽然其轨道磁矩和自旋磁矩的总和为零, 但这仅是在无外磁场的情况下, 当有外磁场作用时, 即使对于那种总磁矩为零的原子也会显示出磁矩来. 这是由于电子的循轨运动在外磁场的作用下产生了抗磁磁矩 ΔP 的缘故.

如图 5.21 所示, 取两个轨道平面与磁场 H 方向垂直而循轨运动方向相反的电子为例来研究.

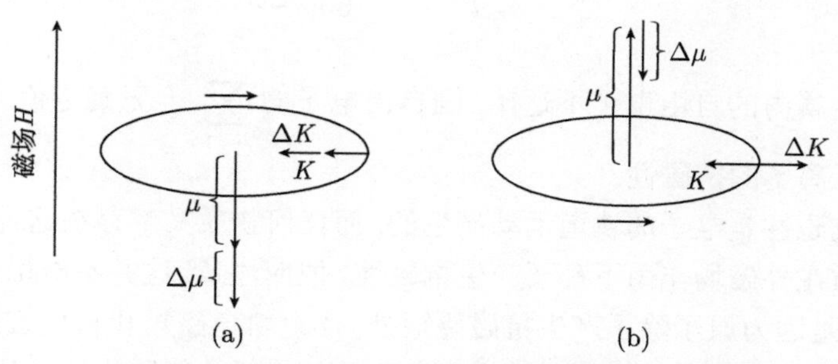

图 5.21 产生抗磁磁矩的示意图 (沿圆周箭头指电流方向)

(a) 电子顺时针运动; (b) 电子逆时针运动

当无外磁场时, 电子循轨运动产生的轨道磁矩为 $P_L = \dfrac{1}{2}e\omega r^2$, 电子受到的向心力为 $K = mr\omega^2 K$. 当加上外磁场后, 电子必将又受到洛伦兹力的作用, 从而产生一个附加力 $\Delta K = Her\omega AK$. 由于洛伦兹力 ΔK 使向心力 K 或增 [图 5.21(a)] 或减 [图 5.21(b)], 对图 5.21(a), 向心力增为 $K + \Delta K = mr(\omega + \Delta\omega)^2$, 这是根据

朗之万的意见, 认为 m 和 r 是不变的, 故当 K 增加时, 只能是 ω 变化即增加一个 $\Delta\omega=\dfrac{eH}{2m}$(解上式并略去 $\Delta\omega$ 的二次项), 称为拉莫尔角频率, 电子的这种以 $\Delta\omega$ 围绕磁场所做的旋转运动, 称为电子进动. 从而由 (5.64) 式可得磁矩增量 (附加磁矩)

$$\Delta P=-\frac{1}{2}e\Delta\omega r^2=-\frac{e^2r^2}{4m}H \tag{5.69}$$

式中的符号表示附加磁矩 ΔP 总是与外磁场 H 方向相反, 这就是物质产生抗磁性的原因. 显然, 物质的抗磁性不是由电子的轨道磁矩和自旋磁矩本身所产生的, 而是由外磁场作用下电子循轨运动产生的附加磁矩所造成的. 由上式还可看出, ΔP 与外磁场 H 成正比, 这说明抗磁磁化是可逆的, 即当外磁场去除后, 抗磁磁矩即行消失.

上面讨论的仅是一个电子产生的抗磁磁矩 ΔP, 对于一个原子来说, 常常有 z 个电子, 这些电子又分布在不同的壳层上, 它们有不同的轨道半径 r, 且其轨道平面一般与外磁场方向不完全垂直, 故一个原子的抗磁磁矩经计算为

$$\Delta P_{\mathrm{a}}=-\frac{e^2H}{6m}\sum_{i=1}^{z}r_i^2 \tag{5.70}$$

对于每摩尔的抗磁磁矩应为 $N\Delta P_{\mathrm{a}}$, 这里 $N=6.023\times10^{-23}\mathrm{mol}^{-1}$ 为阿伏伽德罗常量.

故其抗磁磁化率 χ 为

$$\chi=\frac{N\Delta P_{\mathrm{a}}}{H}=-\frac{e^2N}{6m}\sum_{i=1}^{z}r_i^2 \tag{5.71}$$

但上式对金属内的自由电子不适用, 因自由电子的 $\sum\limits_{i=1}^{z}r_i^2$ 无确定值. 由此可见, 上式仅表达了离子的抗磁性.

既然抗磁性是电子的轨道运动产生的, 而任何物质又都存在这种运动, 故可以说任何物质在外磁场作用下都要产生抗磁性. 但应注意, 这并不能说任何物质都是抗磁体, 这是因为原子除了产生抗磁磁矩外, 还有轨道磁矩和自旋磁矩产生的顺磁磁矩. 在此情况下只有那些抗磁性大于顺磁性的物质才能称为抗磁体. 抗磁体的磁化率 χ 很小, 约为 -10^{-6}, 且与温度、磁场强度等无关或变化极小. 凡是电子壳层被填满了的物质都属抗磁体, 如惰性气体、离子型固体、共价键的 C、Si、Ge、S、P 等通过共有电子而填满了电子壳层, 也属抗磁体.

5.5.3 物质的顺磁性

顺磁体的原子或离子是有磁矩的 (称为原子固有磁矩, 它是电子的轨道磁矩和

自旋磁矩的矢量和), 其源于原子内未填满的电子壳层 (如过渡元素的 d 层, 稀土金属的 f 层), 或源于具有奇数个电子的原子. 但无外磁场时, 由于热振动的影响, 其原子磁矩的取向是无序的, 故总磁矩为零, 如图 5.22(a) 所示. 当有外磁场作用, 则原子磁矩便排向外磁场的方向, 总磁矩便大于零而表现为正向磁化, 如图 5.22(b) 所示. 但在常温下, 由于热运动的影响, 原子磁矩难以有序化排列, 故顺磁体的磁化十分困难, 磁化率一般仅为 $10^{-6} \sim 10^{-3}$.

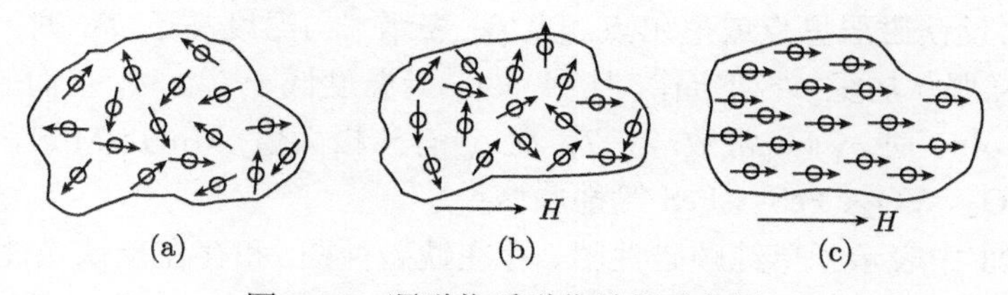

图 5.22 顺磁物质磁化过程示意图

(a) 无外加磁场; (b) 有外加磁场, 磁矩逐渐取向; (c) 完全达到饱和磁化

在常温下, 使顺磁体达到饱和磁化程度所需的磁场约为 8×10^8A/m, 这在技术上是很难达到的. 但若把温度降低到接近绝对零度, 则达到磁饱和就容易多了. 例如 $GdSO_4$, 在 1K 时, 只需 $H = 24 \times 10^4$A/m 便可达磁饱和状态, 如图 5.22(c) 所示. 总之, 顺磁体的磁化仍是磁场克服热运动的干扰, 使原子磁矩排向磁场方向的结果.

根据顺磁磁化率与温度的关系, 可以把顺磁体大致分为三类, 即正常顺磁体、磁化率与温度无关的顺磁体和存在反铁磁体转变的顺磁体.

1. 正常顺磁体

O_2、NO、Pt、Pd 稀土金属, Fe、Co、Ni 的盐类, 以及铁磁金属在居里点以上都属正常的顺磁体. 其中有部分物质能准确地符合居里定律, 它们的原子磁化率与温度成反比, 即

$$\chi = \frac{C}{T} \tag{5.72}$$

式中, C 为居里常数, 它的值为 $N\mu_{\rm B}^2/3k$, 这里 N 为阿伏伽德罗常量, $\mu_{\rm B}$ 为玻尔磁子, k 为玻尔兹曼常量. 但还有相当多的固溶体顺磁物质, 特别是过渡族金属元素是不符合居里定律的. 它们的原子磁化率和温度的关系需用居里–外斯定律来表达, 即

$$\chi = \frac{C'}{T + \varDelta} \tag{5.73}$$

式中, C' 为常数; $\varDelta$ 对某种物质而言也是常数, 但对不同物质可有不同的符号, 对存在铁磁转变的物质, 其 $\varDelta = -\theta_{\rm C}$(表示居里温度). 在 $\theta_{\rm C}$ 以上的物质属顺磁体, 其 χ 大致服从居里–外斯定律, 此时的 M 和 H 间保持着线性关系.

2. 磁化率与温度无关的顺磁体

碱金属 Li、Na、K、Rb 属于此类, 它们的 $\chi = 10^{-7} \sim 10^{-6}$, 其顺磁性是由价电子产生的, 由量子力学可证明它们的 χ 与温度无关.

3. 存在反铁磁体转变的顺磁体

过渡族金属及其合金或它们的化合物属于这类顺磁体. 它们都有一定的转变温度, 称为反铁磁居里点或尼尔点, 以 T_N 表示. 当温度高于 T_N 时, 它们和正常顺磁体一样服从居里–外斯定律, 且 $\Delta > 0$; 当温度低于 T_N 时, 它们的 χ 随 T 下降, 当 $T \to 0K$ 时, $\chi \to$ 常数; 在 T_N 处 χ 有一极大值, MnO、MnS、NiCr、CrS–Cr_2S、Cr_2O_3、VO_2、FeS_2、FeS 等都属这类.

图 5.23 中表示了单纯顺磁性图、存在铁磁性图, 和存在反铁磁性转变图的顺磁体的 χ–T 关系曲线. 由图可看出, 图 5.23(b) 中 $T < \theta_c$ 时物质属铁磁体, 而图 5.23(c) 中 $T < T_N$ 时物质属反铁磁体.

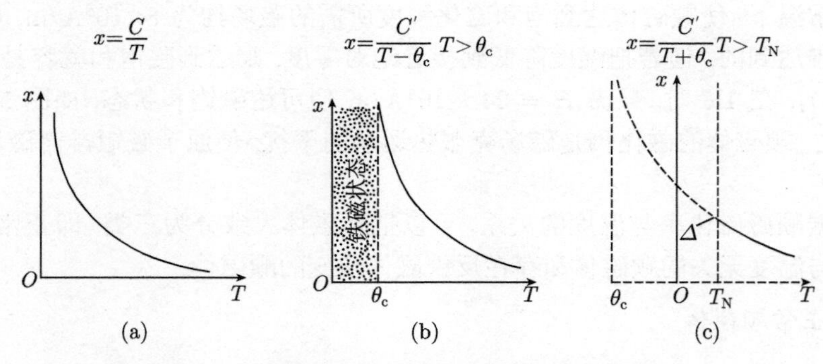

图 5.23　顺磁体的 X–T 关系曲线示意图

(a) 单纯顺磁性; (b) 铁磁性; (c) 反铁磁性

5.6　耦合性质 (铁电、热电、压电、光电)

功能介质的电学、力学、热学、光学、声学、磁学等性质都与其化学组成、微观结构等有密切的关系. 外界的宏观作用往往引起材料组成和结构的相应改变, 从而使表征材料特性的某一参数或几个参数发生变化. 也就是说, 功能陶瓷材料的各种性质并不是孤立的, 而是通过它的组成和结构紧密联系在一起. 功能陶瓷材料某些性质相联系又相区别的关系称为材料性质之间的转换和耦合. 通常用热力学方法处理这类问题, 并用吉布斯函数表示. 当只考虑电学、磁学和力学性质的关系时, 该函数可写为

$$\Delta G = -P_{(\mathrm{s})_i}E_i - \varepsilon_{(\mathrm{s})_{ij}}\sigma_{ij} - MH_i - K_{ij}E_iE_j - S_{ijkl}\sigma_{ij}\sigma_{kl} \\ -\chi_{ij}H_iH_j - d_{ij}kE_i\sigma_{jk} - \pi_{ijk}H_i\sigma_{jk} - \sigma_{ij}E_iH_j \tag{5.74}$$

式中, E、H、σ 分别为电场强度、磁场强度和应力, 其余为有关的材料参数, 脚标 s 表示自发极化, i、j、k、l 表示作用方向. (5.74) 式中前三项称为初级效应, 后 6 项称为次级效应. 也可以在力、热、电三方面写出类似的函数关系和其他方面的函数关系. 可见, 材料的耦合性质是内容非常广泛的一种性质, 应作为一种特殊性加以研究. 随着传感技术和信息处理技术的发展, 材料的这种耦合性质将越来越受到重视.

5.6.1 铁电性

在介电体中有一个很重要的分支 —— 铁电体. 如图 5.24 所示, 根据转动对称性晶体可分为 32 种类型, 在非中心对称的 21 种类型中就有 20 种具有压电性, 而这 20 种压电体中具有极性的 10 种又具有热释电性, 这 10 种热电体中又有一部分具有铁电性, 称为铁电体.

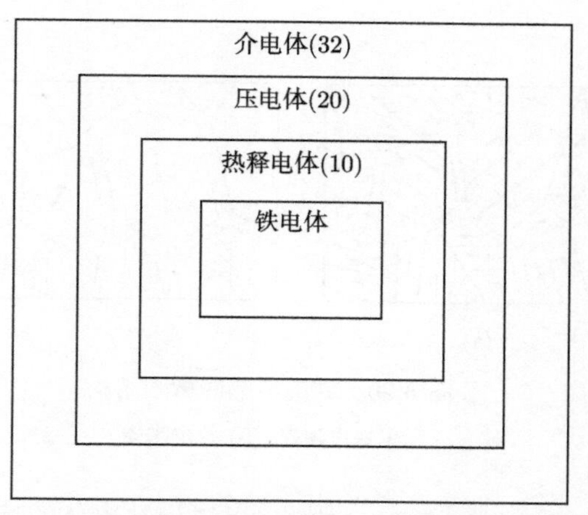

图 5.24 热电体与压电体、铁电体的关系

铁电体的特征是它们具有居里点, 其自发极化能因外电场而重新取向, 铁电体只有在极化之后才能表现出热释电效应. 铁电体都具有热释电性, 但与非铁电体的热释电性的微观机理不尽相同. 以电气石为代表的非铁电体的热释电性是其本身固有的, 不需要人工处理而得到. 它们由于微观结构对称性太低, 每个晶胞会出现非零的自发极化强度 P_s, 并且所有晶胞的自发电偶极矩同向排列, 使得宏观极化强度 $P = P_s$. 这类晶体的电偶极矩只有唯一的一个可能取向, 并且一直到晶体温度升到熔化或在晶体完全破坏之前, 电偶极矩都不会消失, 可以认为整个晶体就是一个

“电畴”. 而铁电体例如硅酸三甘氨酸 (TGS) 在未经特殊处理前, 热平衡状态下的宏观极化强度恒等于零. 但经过人工极化 (此过程叫驻极, 即把适当电介质高温加热并置于强电场, 而后冷却) 后, 使微观电偶极矩沿极化方向的分量占优势, 产生宏观持久的极化强度 P.

经过驻极的铁电体是处于亚稳态的, 它的热释电效应只在不太高温度范围内才是可以重现的. 此时 P 随温度升高而减小, 当温度较高并超过居里点时, 其局部电偶极矩和空间电荷将获得足够多的热激发能量, 越过势垒达到热平衡态, 使 P 和热释电效应消失. 这种消失是破坏性的, 即使再降低温度, 也不能恢复, 而是回到驻极前的普通电介质状态, 只有再施行人工驻极, 才能恢复.

铁电体由于自发极化可以在内部形成若干均匀极化的区域, 它们的极化方向不同, 这些区域称为电畴. 以上现象均是电畴作用的结果. 不仅铁电单晶具有电畴, 铁电多晶也有电畴, 图 5.25 所示出了典型铁电多晶的钛酸钡系陶瓷的微观结构. 图 5.25(a) 表示线度为 0.1~10μm 数量级的晶粒包含若干电畴, 各畴的电偶极矩取向不同, 因此宏观极化强度 $P = 0$. 经驻极后每个晶粒趋于单畴化, 并且电偶极矩尽可能平行外电场方向, 使 $P \neq 0$, 如图 5.25(b) 所示, 这样铁电陶瓷就变成热电陶瓷了.

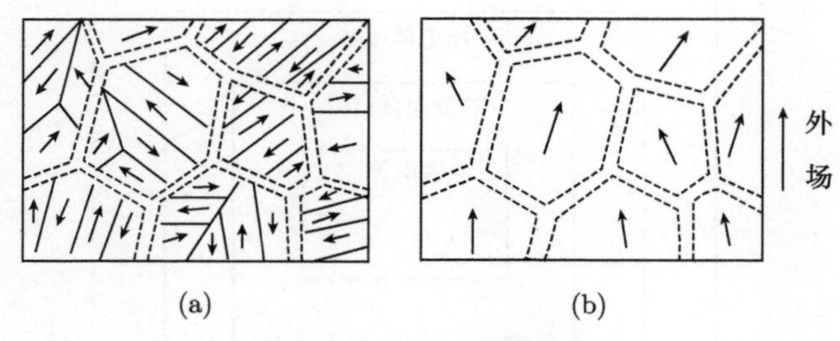

图 5.25　铁电多晶的微观结构

(a) 铁电陶瓷; (b) 热电陶瓷

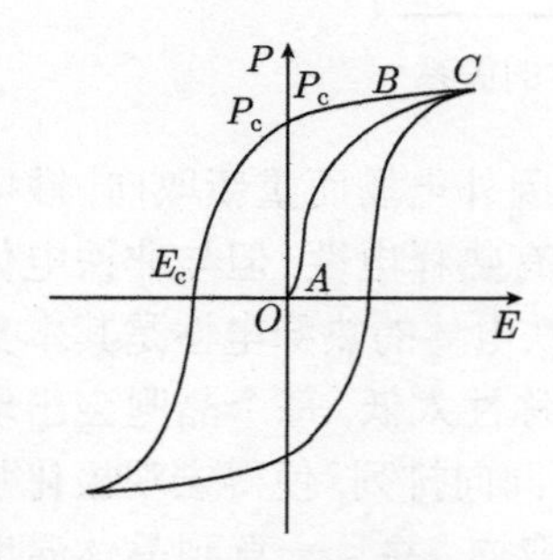

图 5.26　铁电体的电滞回线

因此, 可以说铁电体的特征是具有电畴结构的晶体, 这些电畴的界面称为 “畴壁”, 它将随外电场的变化而移动, 显示宏观的极化, 直到形成单个电畴. 换言之, 铁电体的自发极化强度可以因外电场的反向而反向, 其极化强度 P 和外电场 E 之间的关系构成了电滞回线, 如图 5.26 所示. 由于铁电性与铁磁性存在许多对应的特征, 所以这类具有电畴结构和电滞回线的晶体被称为铁电体, 尽管它们并不含有元素铁.

图 5.27 是铋、钠掺杂铌酸锶钡 (SBNBNO) 铁电陶瓷在 8 MV/m 的极化电场下的室温电滞回线. 从图中可以看出：对于 (Bi,Na) 取代铌酸锶钡 (SBN) 样品来说, 明显的非线性极化和电滞回线可以被观察到; SBN 铁电材料的剩余极化强度 (2Pr) 为 0.97μC/cm^2; 对于其他 SBNBNO 铁电陶瓷来说, 随着 (Bi,Na) 取代量的增加, 其剩余极化强度先增加都减小, 在取代量达到 0.4 的时候达到最大值 (记作 SBNBN4), SBNBN4 铁电陶瓷的剩余极化强度为 9.9μC/cm^2; 这可能是由于其大的晶格畸变引起的; 大的晶格畸变导致体系极化率增强可能是 SBNBN4 铁电陶瓷剩余极化强度增强的本质原因; 同时, SBNBNO 铁电陶瓷的矫顽场强 ($2E_c$) 随着掺杂量的增加先增大后减小, 在掺杂量达到 0.2 的时候矫顽场强达到最大值.

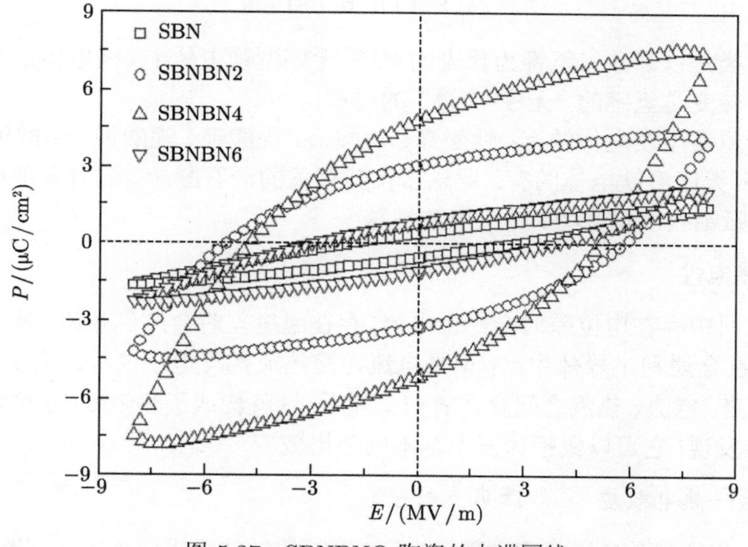

图 5.27 SBNBNO 陶瓷的电滞回线

图 5.28 为室温固定频率 1Hz 条件下钽掺杂钛酸锶钡 (BSTT) 陶瓷的 P–E 电滞回线. 如图 5.28 所示, 可以看出随着钽含量的增加, P–E 曲线变得狭窄, 同时矫顽场变小, 自发极化变大, 相比较纯的钛酸锶钡 (BST) 陶瓷, 空位导致的大量载流子数量显著提高, 致使极化翻转变得相对容易的同时电流密度明显偏高.

铁电体的热释电系数 p' 比一般热电体要大得多, 特别是在接近居里温度时, 因此, 具有实用价值的热释电材料都是铁电体. TGS 是典型的铁电体, 具有较高的热释电系数和品质因数、较低的介电常数、易从水溶液中培育出优质单晶的优点.

现已知道, 具有铁电性的晶体可以分为两类：一类是以钛酸钡为代表的位移型铁电体 (硬铁电体), 它们在降温过程中, 从顺电到铁电的转变, 是由于晶体中正离子 Ba^{2+} 和 Ti^{4+} 的亚点阵和负离子 O^{2-} 的亚点阵发生了相对位移.

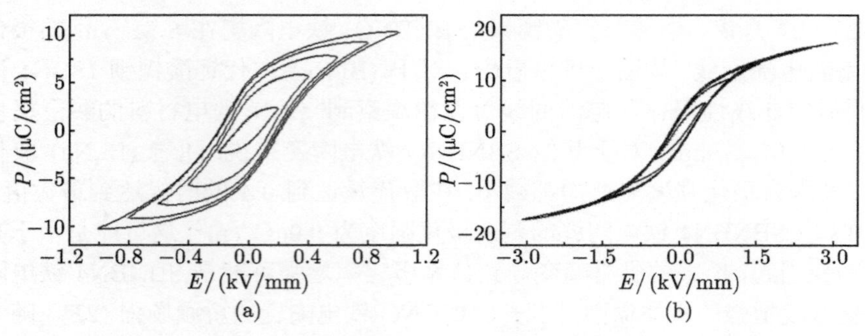

图 5.28　室温 1kHz 下的 P–E 电滞回线

(a) BSTT1; (b) BSTT10

另一类是以磷酸二氢钾为代表的有序–无序型铁电体 (软铁电体), 它们从顺电到铁电的转变是氢键的 “无序–有序” 的过程.

属于位移型铁电体的有：钛酸锶、钛酸铅、铌酸锂、铌酸钾、钽酸锂、钽酸钾. 属于有序–无序型铁电体的有: 罗息盐及其有关的酒石酸盐、三甘氨酸硫酸盐、硫脲、硫酸胍铝六水化合物、一水甲酸锂等.

5.6.2　热电性

在材料中存在电位差时会产生电流, 存在温度差时会产生热流. 从电子论的观点来看, 在金属和半导体中, 不论是电流还是热流都与电子的运动有关系, 故电位差、温度差、电流、热流之间存在着交叉联系, 这就构成了热电效应. 这种热电现象很早就被发现, 它可以概括为三个基本的热电效应.

1. *第一热电效应 —— 泽贝克效应*

1821 年德国学者泽贝克发现, 当两种不同的导体组成一个闭合回路时, 若在两接头处存在温度差, 则回路中将有电势及电流产生, 这种现象称为泽贝克效应. 其中产生的电势称为温差电势或热电势, 电流称为热电流, 上述回路称为热电偶或温差电池.

如图 5.29 所示, 将两不同金属 1 和 2 的两接头分别置于不同温度 T_1 和 T_2, 则回路中就会产生热电势 $\mathcal{E}_{12}$. 如图 5.29(b) 所示, 将 1 或 2 从中断开, 接入电位差计就可测得这个 $\mathcal{E}_{12}$. 它的大小不仅与两接头的温度有关, 还与两种材料的成分、组织有关, 与材料性质的关系可用单位温差产生的热电势即热电势率 α 来描述, 即

$$\alpha = \frac{\mathrm{d}\mathcal{E}_{12}}{\mathrm{d}T} \tag{5.75}$$

用不同材料构成热电偶, 会有不同的 α, 但对两种确定的材料, 热电势与温差成正比, 即

$$\mathcal{E}_{12} = \alpha(T_1 - T_2) \tag{5.76}$$

上式仅在一定温度范围内成立, 热电势的一般表达式为

$$\mathcal{E}_{12} = \alpha(T_1 - T_2) + \frac{1}{2}\beta(T_1 - T_2)^2 + \cdots \tag{5.77}$$

式中, β 为另一表征材料性质的系数. 两种金属构成的回路有泽贝克效应, 两种半导体构成的回路也同样有此效应, 而且效应显著得多.

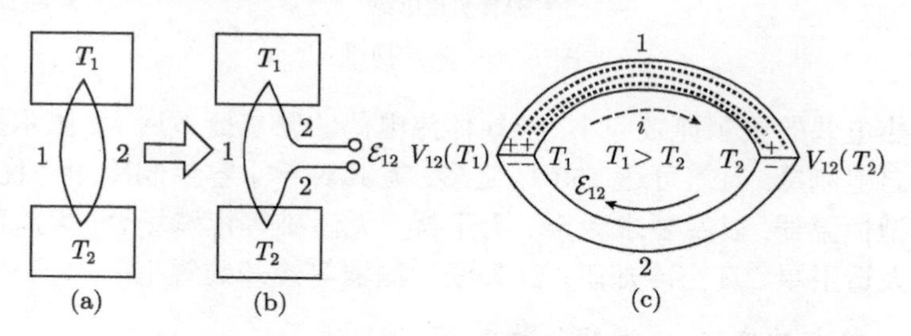

图 5.29 泽贝克效应

(a) 导电回路; (b) 导电断路; (c) 示意图

2. 第二热电效应 —— 佩尔捷效应

如图 5.30 所示, 当有电流通过两个不同导体组成的回路时, 除产生不可逆的焦耳热外, 还要在两接头处分别出现吸收或放出热量 Q 的现象. Q 称为佩尔捷热, 此现象称为佩尔捷效应, 被认为是泽贝克效应的逆效应, 是由佩尔捷在 1834 年发现的.

这一效应是热力学可逆的, 如果电流的方向反过来则吸热的接头便放热, 放热的接头便吸热. 1853 年伊西留斯发现, 在每一接头上热量的流出率或流入率与电流成正比, 即

$$\frac{\mathrm{d}Q}{\mathrm{d}t} = \pi_{12} I \tag{5.78}$$

式中, π_{12} 为佩尔捷系数, 它是单位电流每秒吸收或放出的热流. 它与接头处两金属的性质及温度有关, 而与电流的大小无关. 根据惯例, 当电流从导体 1 流向导体 2 的接头时, 若发生吸热现象, 则 π_{12} 取为正, 否则为负.

佩尔捷效应可用接触电位差来解释, 见图 5.30. 由于在两金属的接头处有接触电位差 V_{12}, 设其方向都是由金属 1 指向金属 2. 在接头 A 处, 电流由金属 2 流向金属 1, 即电子是由金属 1 指向金属 2, 显然接触电位差的电场将阻碍形成电流的这种电子运动, 电子在这里要反抗电场力做功 eV_{12}, 它的动能减小. 减速的电子与金属原子相碰, 又从金属原子取得动能, 从而使该处温度降低, 需从外界吸收热量. 而在接头 B 处, 接触电位差的电场则使电子加速, 电子越过时动能将增加 eV_{12}, 被加速的电子与接头附近的原子碰撞, 把获得的动能交给金属原子, 从而使该处温度升高, 而释放出热量.

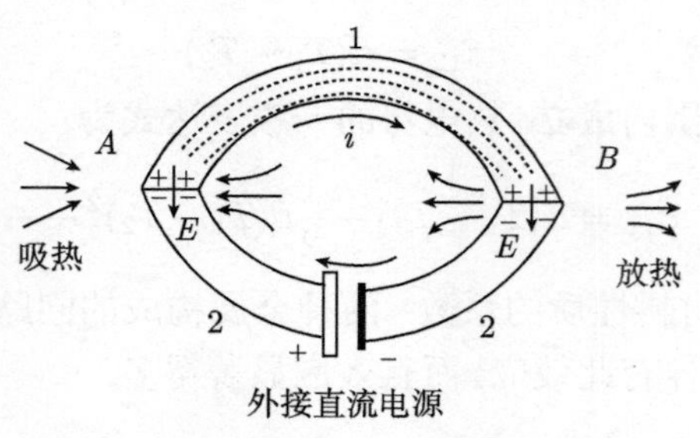

图 5.30　佩尔捷效应

金属热电偶的佩尔捷效应小, 半导体热电偶的佩尔捷效应大. 佩尔捷效应主要用来进行温差制冷, 温差可达 150°C 之多. 尤其对于小容量制冷相当优越, 适用于做各种小型恒温器, 以及要求无声、无干扰、无污染等特殊场合, 因此可用在宇宙飞行器和人造卫星、真空冷却阱、红外线探测器等冷却装置上.

3. 第三热电效应 —— *汤姆孙效应*

如图 5.31 所示, 当电流通过具有一定温度梯度的导体时, 会有一横向热流流入或流出导体, 其方向视电流的方向和温度梯度的方向而定. 此种热电现象称为汤姆孙效应, 是 W· 汤姆孙于 1854 年发现的.

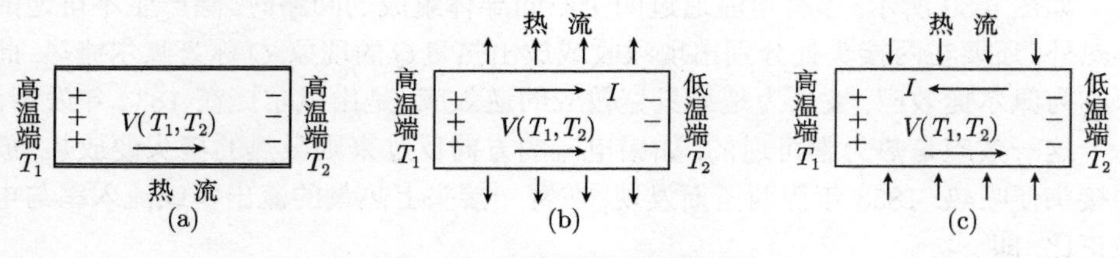

图 5.31　汤姆孙效应的机理

(a) 无外加电流; (b) 外加电流由高温端流向低温端; (c) 外加电流由低温端流向高温带

汤姆孙效应在下列意义上是可逆的, 即当温度梯度或电流的方向倒转时, 导体从一个汤姆孙热吸收器变成一个汤姆孙热发生器, 在单位时间内吸收或放出的能量 $\dfrac{\mathrm{d}Q}{\mathrm{d}t}$ 与温度梯度 $\dfrac{\mathrm{d}T}{\mathrm{d}\chi}$ 成正比, 即

$$\frac{\mathrm{d}Q}{\mathrm{d}t} = \mu I \frac{\mathrm{d}T}{\mathrm{d}\chi} \tag{5.79}$$

式中, μ 为汤姆孙系数, 它与材料的性质有关. 习惯上, 若 I 和 $\dfrac{\mathrm{d}T}{\mathrm{d}\chi}$ 的方向相同为吸热, 即 μ 为正值.

对汤姆孙效应可作如下解释：如图 5.31 所示, 当某一金属存在一定的温度梯度 (温差) 时, 由于高温端 (T_1) 的自由电子平均速度大于低温端 (T_2), 所以由高温端向低温端扩散的电子比低温端向高温端扩散的电子要多, 这样就使高、低温端分别出现正、负净电荷, 形成一温差电位差 $V(T_1, T_2)$, 方向由 T_1 端指向 T_2 端. 当外加电流 I 与 $V(T_1, T_2)$ 同向时, 电子将从 T_2 向 T_1 定向流动, 同时被温差电场加速, 电子从温差电场中获得的能量, 除一部分用于电子达高温端所需的动能增加外, 剩余的能量将通过电子与晶格的碰撞传给晶格, 使整个金属温度升高并放出热量, 如图 5.31(b) 所示. 当外加电流 I 与 $V(T_1, T_2)$ 反向时, 电子将 T_1 向 T_2 定向流动, 且被温差电场减速, 但这些电子与晶格碰撞时, 从金属原子取得能量, 而使晶格能量降低, 这样整个金属温度就会降低, 并从外界吸收热量, 如图 5.31(c) 所示.

一个由两种导体组成的回路, 当两接触端温度不同时, 三种热电效应会同时产生. 泽贝克效应产生热电势和热电流, 而热电流通过接触点时要吸收或放出佩尔捷热, 通过导体时要吸收或放出汤姆孙热.

汤姆孙由热力学理论导出了热电势率 α, 佩尔捷系数 π_{12}, 汤姆孙系数 μ_1、μ_2 之间的关系式 —— 开尔文 (汤姆孙) 关系式

$$\mu_1 - \mu_2 = T\frac{\mathrm{d}\alpha}{\mathrm{d}T} \tag{5.80}$$

$$\pi_{12} = \alpha T \tag{5.81}$$

5.6.3 热释电性

在某些绝缘介质中, 由于温度变化而引起电极化状态改变的现象称为热释电效应. 该效应最初是在电气石上发现的, 当电气石被加热时, 晶体一端出现正电荷, 另一端出现负电荷. 当晶体被冷却后, 两端的电荷反号. 具有热释电效应的物质称为热电体. 除电气石外, 还有硫酸三甘肽 (TGS)、蔗糖、铁电钛酸钡等.

热释电效应只发生在非中心对称并具有极性的晶体中. 在 32 类点群晶体中只有 10 类满足此条件. 在常温常压下, 由于热电体的分子具有极性, 其内部存在着很强的未被抵消的电偶极矩, 故它的宏观电极化强度不为 0. 这种自发极化几乎不受外电场影响, 但却很容易受温度的影响. 常温下, 一般热电体温度变化 1°C 产生的极化强度约为 $10^{-5}\mathrm{C/m^2}$, 而在恒温下, 需 70kV/m 的外电场才能产生同样大的极化强度.

虽然热电体内存在着很强的电场, 但通常对外却不显电性, 这是因为在热电体宏观电偶极矩的正端表面吸附了一些负电荷, 而在其负端表面吸附了一些正电荷, 直到它形成的电场被完全屏蔽为止. 吸附电荷是一层自由电荷, 其来源有两种：一是晶体的微弱导电性导致一些自由电子堆积在表面; 二是从大气中吸附的异号离子. 如图 5.32 所示, 一旦温度升高, 极化强度减小, 屏蔽电荷跟不上极化电荷的变化, 而显示极性, 温度下降后, 极化强度增大, 屏蔽响应一时来不及, 故显示相反的极性.

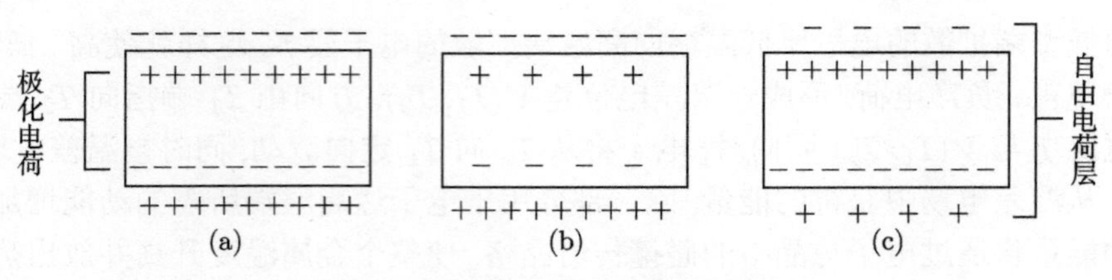

图 5.32　热释电效应的定性解释

(a) 恒温; (b) 升温; (c) 降温

从本质上看, 热释电效应是温度 (热) 变化引起了晶体电极化的变化. 进一步说, 只有晶体存在单一极轴才有可能由于热膨胀引起电极化变化, 从而, 导致热释电效应的必要条件又可归结为晶体具有单极轴或自发极化.

热释电效应的强弱可用热释电系数来描述. 设热电体温度均匀地改变了ΔT(ΔT较小), 宏观永久极化强度改变了 ΔP_0, 则热释电系数为

$$P' = \frac{\Delta P_0}{\Delta T} \tag{5.82}$$

热释电材料对温度的敏感性已被用来测量 $10^{-6} \sim 10^{-5}$°C 这样微小的温度变化, 目前性能较好且获得广泛应用的热释电材料有：TGS 及其衍生物、氧化物单晶、高分子压电材料等. 热释电红外探测器是一种新型热探器, 广泛用于非接触式温度测量、红外光谱测量、激光参数测量、红外摄像与空间技术等. 热释电摄像管结构简单, 可用于安全防护与监视、医学热成像、监视热污染等. 国内用 ATGSAs 晶体制成的红外摄像管已出口美、意等国. 动植物的器官、组织中也都有热释电效应, 生物体的热释电性可能对生命过程产生非常重大的影响.

5.6.4　压电性

所谓压电效应, 顾名思义, 就是由力产生电的效应. 若在某些晶体的一定方向上施加压力或拉力, 则在晶体的一些对应的表面上分别出现正、负电荷, 其电荷密度与施加的外力的大小成正比. 这是力致形变而产生电极化的现象, 是由居里兄弟于 1880 年在 α–石英晶体上发现的.

压电效应产生于绝缘介质之中, 主要是离子晶体中. 晶体的非中心对称性是产生压电效应的必要条件. 某些各向同性晶体可以被强电场 “极化”, 并且具有永久性, 它也能产生压电效应. 压电效应可用图 5.33 形象地加以解释. 图 5.33(a) 表示非中心对称的晶体中正、负离子在某平面上的投影, 此时晶体不受外力, 正、负电荷中心重合, 电极化强度为零, 晶体表面不带电. 图 5.33(b) 表示在某方向对晶体施加压力, 这时晶体发生形变导致正、负电荷中心分离, 晶体对外显示电偶极矩, 电极化强度不再为零, 表面出现束缚电荷, 这就是力致电极化. 图 5.33(c) 表示施加拉力的情况, 其表面带电情况与图 5.33(b) 相反. 如果在晶体的施力面镀上金属电极, 就可检

测到这种电位差的变化, 只是金属电极上由静电感应产生的电荷与晶体表面出现的束缚电荷符号相反, 如图 5.33(d)、(e) 所示, 它们分别对应图 5.33(b)、(c) 的情况. 这时电位差的方向与压力或拉力的方位一致, 称为纵向压电效应. 而有些压电材料, 也可能出现图 5.33(f)、(g) 的情形, 即电位差的方位与施力的方位垂直, 称为横向压电效应.

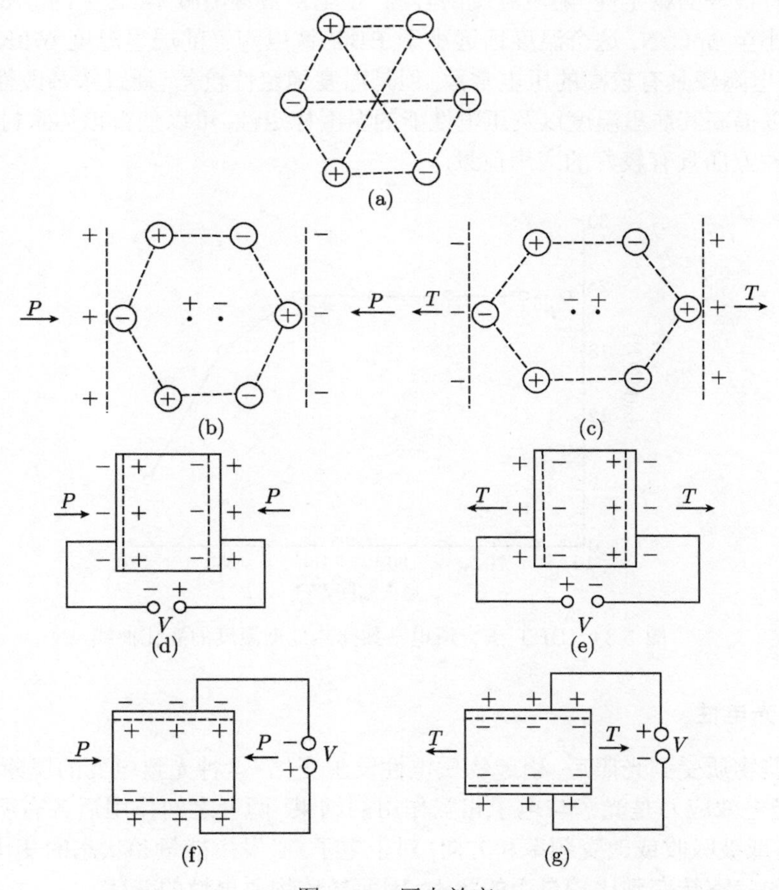

图 5.33 压电效应

(a) 非中心对称晶体投影; (b) 对晶体施加压力 P; (c) 对晶体施加拉力; (d)、(e)、(f)、(g) 镀上金属后, 施加力时产生电压示意图

常见的压电晶体有 α–石英晶体、钛酸钡、钛酸铅 (压电陶瓷)、二氧化碲 (非铁电压电晶体)、铌酸锂 (铁电晶体)、磷酸二氢钾 (KDP、水溶铁电晶体) 等. 四硼酸锂是近年来发现的性能优良的压电单晶.

压电陶瓷是一种各向异性的材料, 表征压电陶瓷性能的各项参数在不同方向上表现出不同的数值, 并且需要较多的参数来描述压电陶瓷的各种性能, 其中比较常用的有压电常数、介电损耗、机电耦合系数、机械品质因数和居里温度等.

图 5.34 为铋掺杂钛酸钡 (BBT) 铁电陶瓷压电常数随热处理温度的变化曲线. 从图中可以看出: BBT 铁电陶瓷的压电常数受温度影响比较大, 压电常数在 475K 以下具有很好的稳定性, 随着温度的升高, 压电常数逐渐减小, 在大约 575K 时压电常数减小至 5pC/N, 这个温度远远小于 BBT 铁电陶瓷的居里温度 673K, 这表明, BBT 铁电陶瓷具有较高的压电常数, 但是温度稳定性较差, 通过掺杂改性 BBT 铁电陶瓷以提高其居里温度以及压电性能的温度稳定性, 可以使得该体系材料在高温压电器件方面具有较好的应用前景.

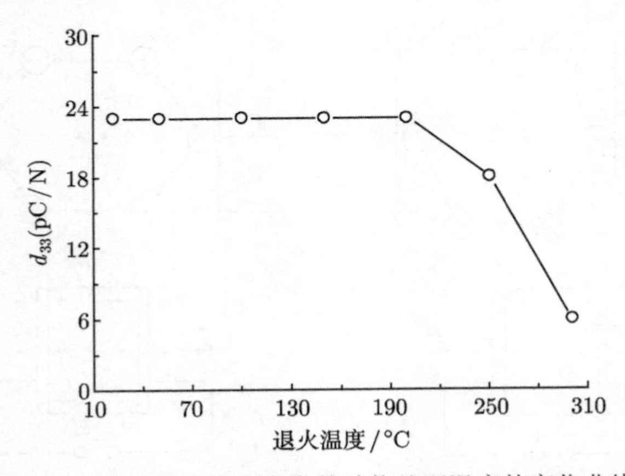

图 5.34　BBT 陶瓷压电常数随热处理温度的变化曲线

5.6.5　光电性

某些物质受到光照后, 引起物质电性发生变化, 这种光致电变的现象称为光电效应. 光电效应乃是光子与电子相互作用的结果. 两者之间作用后各有所变, 对于光子, 它或被吸收或改变频率和方向; 对于电子, 必发生能量和状态的变化, 从束缚于局域的状态转变到比较自由的状态, 因而导致物质电性的变化.

1. 外光电效应

固体受光照后从其表面逸出电子的现象称为外光电效应或光电发射效应. 被光照逸出的电子称为光电子. 这一现象是由赫兹和霍尔瓦克斯等于 1887 年发现的. 这个效应可用图 5.35 示出的装置来观察. 把两个金属电极安装在抽成真空的玻璃泡中, 在两极间接大直流电源和灵敏检流计. 当无光照射时, 泡内阴极 K 与阳极 A 之间的空间无载流子, 故检流计 G 中无电流. 当有光照射阴极 K 时, 由于有光电子从阴极逸出, 在电压作用下, 漂向阳极, 于是 G 中便有电流.

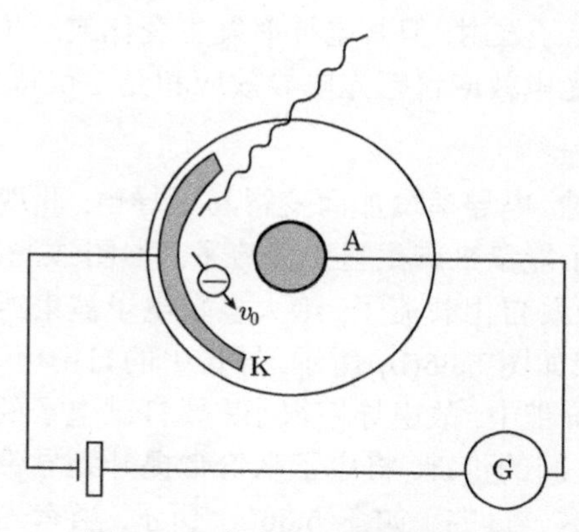

图 5.35 外光电效应观察装置

近代物理已确认了光的波粒二象性, 外光电效应乃是光的粒子 (光子) 性的表现. 爱因斯坦认为, 一束频率为 ν 的光, 是一束单个粒子能量为 $h\nu$ 的光子流. 即

$$h\nu = \frac{1}{2}mv_0^2 + \varphi \tag{5.83}$$

式中, h 为普朗克常量; m 为光电子质量; v_0 为光电子的初速度; φ 为金属的逸出功或功函数, 该方程称为爱因斯坦方程.

上述理论我们可以理解为光子是一个个能量为 $h\nu$ 的小能包, 当它与固体的电子碰撞并为电子所吸收时, 电子便获得了光子的能量, 一部分用于克服金属的束缚, 用于逸出功 φ, 剩下的便成了外逸光电子的初动能 $\frac{1}{2}mv_0^2$.

上面只提及了金属的外光电效应, 实际上半导体和其他固体也一样会发生外光电效应, (5.81) 式同样成立.

利用外光电效应可制成光电倍增管 (PMT), 它选用了二次电子发射率高的锑–铯合金材料作光电阴极, 同时又在原阴极与阳极之间安装了一系列连续式次阴极, 形成通道式光电倍增管和微通道板式光电倍增管. 它们是将弱光信号转变成电信号的不可缺少的传感器, 广泛使用在众多的高新探测技术中, 如各种光谱仪、光子计数仪、表面分析仪等. 通道式电子倍增管 (CEM) 由于增益高、功耗低、结构简单小巧、响应快、多功能等优点倍受欢迎, 它可直接探测光电子、离子、中性粒子、软 X 射线以及 α、β、γ 等带能粒子, 已将其载于人造卫星或航天器中来进行这类探测和分析. 微通道板可制作像亮度增强器和超高速变象管相机, 是捕捉高速瞬变现象的利器.

2. 内光电效应

物体受光照后无电子发射, 但其电导率发生变化或产生电动势, 这种现象称为内光电效应. 显然, 内光电效应包括光电导效应和光生伏特效应.

1) 光电导效应

半导体受光辐射时, 电导率增加而变得易于导电, 此现象称为光电导效应. 该效应的机理是利用光子能量来产生自由载流子. 如图 5.36 所示, 当半导体未受光照时, 只有极少的热激发自由载流子, 绝大多数电子被束缚在图 5.36(a) 的局域价键上不能参与导电. 或如图 5.36(b) 所示, 导带中的自由电子极少, 近似空带, 而价电子全部束缚于满的价带中, 故电导率很小. 要打破电子的这种分布格局, 就必须输入能量, 以破坏原子间的价键, 将电子从价带提升到导带, 光电导效应正是利用了光子的能量来实现这一目的. 如图 5.36(c) 所示, 当有光照射时, 能量大于半导体禁带宽度 E_g 的光子 $h\nu$ 与价电子碰撞, 价电子获得了光子的能量从价带中跃迁到

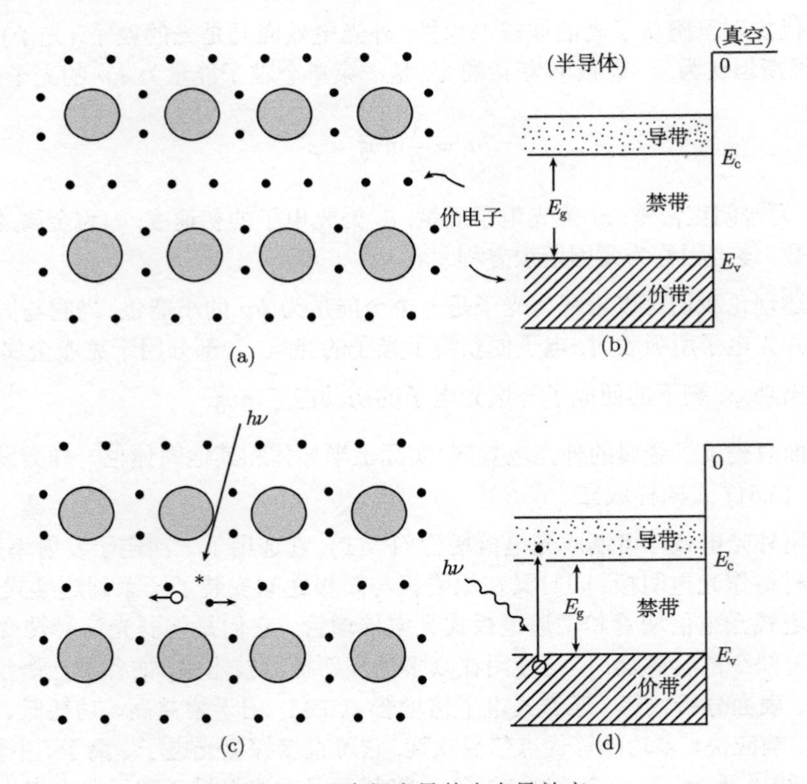

图 5.36　本征半导体光电导效应

(a) 未受光照时半导体内部示意图; (b) 未受光照时半导体能带结构图; (c) 光照时半导体内部示意图; (d) 光照时半导体能带结构图

导带中成为自由电子, 并在价带中留下空位形成空穴. 即光子被价电子吸收形成了自由电子–空穴对, 它们都是可以参与导电的载流子. 由于这一光电效应增加了材料的载流子浓度, 从而增加了材料的电导率.

光电导效应的应用是可制作各种光探测器:

光敏电阻. 硫化镉、硒化镉光敏电阻是可见光范围内使用最广的光电导器件.

红外光电导探测器, 制造这类探测器的材料有硫化铅、硒化铅等. 这种探测器在高空侦察、资源探测等方面有重要意义.

光电导摄像管.

高速光导开关 (用 GaAs、InP 等光电导材料做成).

静电复印机的有机光电导体 (用硒及其合金、氧化锌等制成).

2) 光生伏特效应

半导体受光照时产生电动势 (或电位差) 的现象称为光生伏特效应. 前述的光电导效应是以光为动力, 使束缚电子成为自由电子, 形成电子–空穴对, 从而改变了材料的载流子浓度, 致使电导率发生变化. 要在光照下产生电位差或电动势, 还需一种能将正、负载流子在空间上分离的机制. 根据产生电位差时载流子分离机理的不同, 光生伏特效应可分为丹倍效应、光磁电效应和 pn 结光生伏特效应等.

A. 丹倍效应

如图 5.37 所示, 当一束频率足够高的光照射在一块均匀半导体样品的表面上时, 便会产生大量的电子–空穴对, 如图 5.37(a) 所示, 于是表面层内就有了非平衡的载流子 $\Delta n = \Delta p$(表示光照部分高出未被照部分的载流子浓度). 这样就造成了由表面指向体内的载流子的浓度梯度. 我们知道物理量的空间梯度相当于一种广义驱动力, 在载流子浓度梯度的推动下, 载流子将沿光照方向向内部扩散. 但由于电子和空穴形成的扩散电流相反, 若二者的扩散系数相同, 则二者的扩散电流将完全抵消. 然而, 事实上电子和空穴的扩散系数不同, 一般电子扩散得比空穴快, 如图 5.37(b) 所示, 故总扩散电流将沿 x 负方向, 引起电荷的局部累积而打破电中性状态, 使光

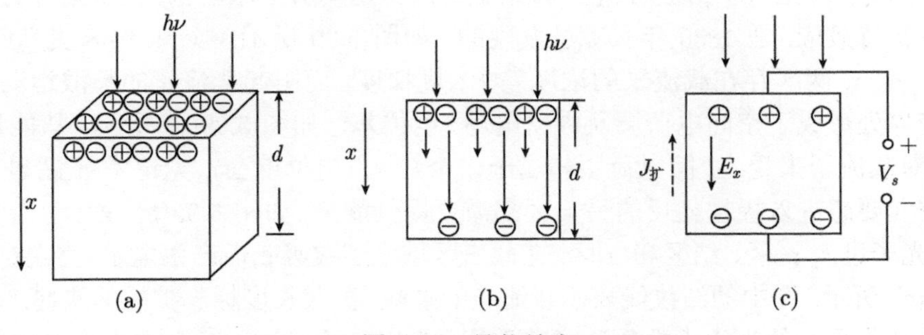

图 5.37 丹倍效应

(a) 对半导体器件光照; (b) 电荷分离; (c) 形成稳态

照的一面带正电, 相对的一面 (当厚度 d 不太大时) 带负电, 形成了沿 x 方向的电场 $E_{\rm g}$, 如图 5.37(c) 所示. 这个电场又将引起载流子沿其方向的漂移运动, 形成漂移电流, 当达稳态时, 总电流为零, 从而在半导体中建立了稳定的电场和电位差. 这种由于光生非平衡载流子扩散速度的差异所引起的光照方向的电场和电位差的现象, 由丹倍于 1931 年阐明, 故称为丹倍效应.

B. 光磁电效应

如图 5.38 所示, 当在垂直与光照的方向 (z 向) 上再加一磁场, 则在半导体的两侧端面间将产生电位差, 此现象称为光磁电效应, 是 1934 年 Knkonh 和 Hockob 发现的.

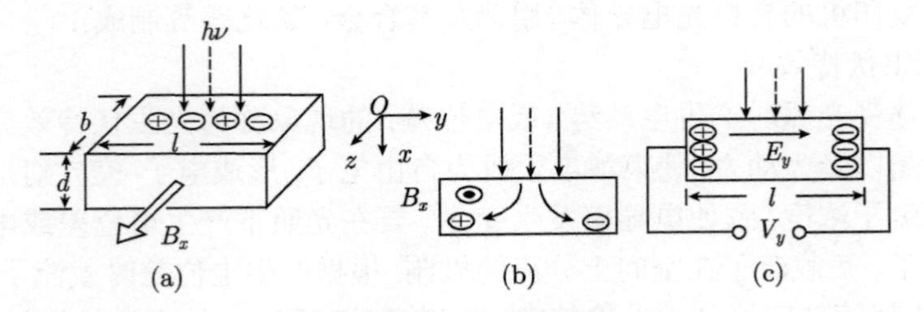

图 5.38　光磁电效应

(a) 光照开始期; (b) 电荷分离; (c) 达到稳态

该效应的机理是: 光在样品表面产生了非平衡载流子的浓度梯度, 如图 5.38(a) 所示, 浓度梯度将使载流子出现定向扩散运动行 (x 方向). 而磁场作用在载流子上的洛伦兹力, 将使正、负载流子分离, 如图 5.38(b) 所示, 这样在两个侧端面电荷的累积形成了电位差和电场. 当作用在载流子上的洛伦兹力与电场作用的电场力平衡时, 将建立起一个稳定的电位差. Ge、InSb、InAs、PbS、CdS 等许多半导体材料都可呈现较明显的光磁电效应, 利用它们可以制作半导体红外探测器.

C. pn 结光生伏特效应

当光照射在 pn 结上时, 在 pn 结上会产生电动势 (电位差), 此现象称为 pn 结光生伏特效应, 是 1839 年贝克勒发现的. 如图 5.39 所示, 当 pn 结未受光照射时, 由于 p、n 两区存在载流子的浓度差 (浓度梯度) 而引起载流子的扩散运动, 所以在交界处形成了空间电荷层及内建电场 (电位差), 如图 5.39(a) 所示. 从能量角度看, 对载流子来说, 空间电荷层相当于一个势垒 (电位壁垒), 无论是 n 区电子或 p 区空穴要想进入极性相反的另一区都需要提供能量, 如图 5.39(b) 所示. 当光照射时, 光子进入 p 区、结区和 n 区, 在此三区域光子被吸收而产生电子–空穴对, 如图 5.39(c) 所示. 图中的波纹线表示载流子的扩散, 扩散长度标志扩散的快慢. 在每个区域是非平衡的光生少数载流子起作用 (光生多数载流子对产生光生电位差无贡献), p 区的少子是电子, 只要在此区所产生的光生电子离结区的距离 x 小于电子的

扩散长度 L_n, 便可靠扩散从 p 区进入结区, 而被结内电场漂移至 n 区. n 区的少子是空穴, 只要光生空穴离结区的距离 x 小于空穴的扩散长度 L_p, 也可靠扩散进入结区, 被结内电场漂移至 p 区. 在结区内产生的光生电子–空穴对, 被结内电场漂移到结的两边. 在三个区域都是光子产生的电子–空穴对, 靠扩散和内电场实现

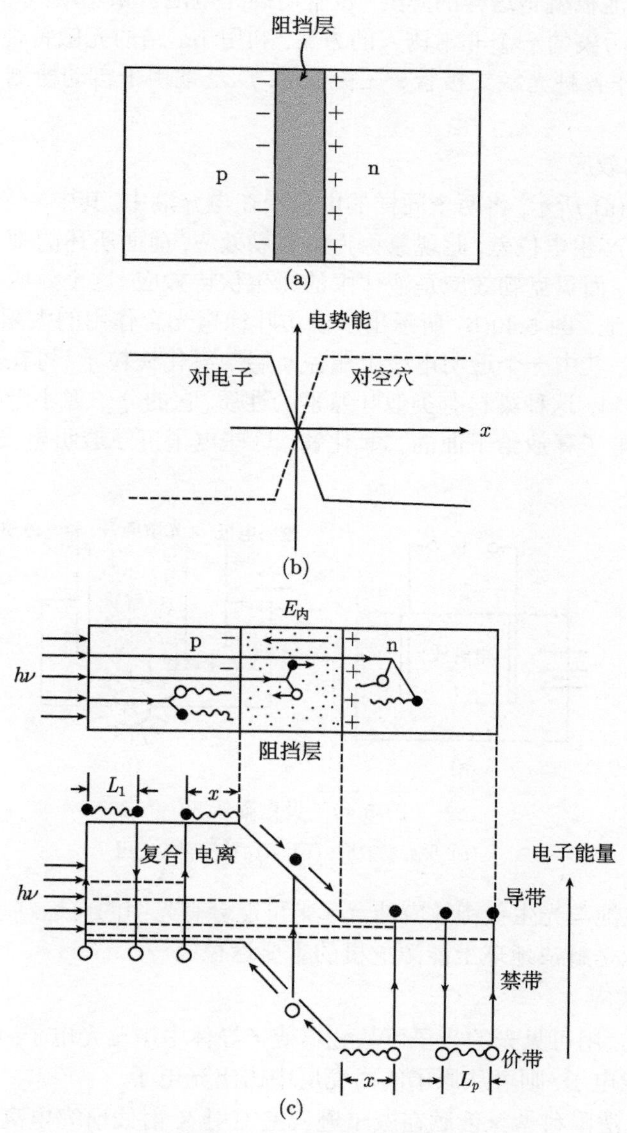

图 5.39 pn 结光生伏特效应

(a) pn 结的内建电场; (b) 电子与空穴的势能图; (c) pn 结的能带图

正、负载流子的分离, 使电荷累积到结的两边, p 区侧带正电, n 区侧带负电, 从而建立了一个与原内建电位差相反的电位差, 称为光生电位差.

在光照下, pn 结成了一个能产生电动势的电源, 构成了光电池. 为得到所需的电压和输出功率, 可将许多光电池串、并联连接成光电池阵列. 卫星、航天器上使用的硅光电池板就是这样的阵列. 也有用硅光电池板来驱动汽车的, 这是解决能源危机、减少污染的一个非常诱人的方案. 利用 pn 结的光敏特性, 除了制作光电池外, 还可制作各种光敏二极管、三极管等, 广泛地用于自动检测、控制和传感技术中.

3) 贝克勒效应

如图 5.40(a) 所示, 将两个同样的电极浸在电介液中, 其中一个被光照射, 则在两个电极间将产生电位差, 此现象称为贝克勒效应. 前面所述的都是固体中发生的光生伏特效应, 而贝克勒效应是液体中的光生伏特效应. 这个效应已被用来制作实用化的感光电池. 图 5.40(b) 所示出了模仿叶绿素光合作用的太阳能电池. 两电极与电介液接触, 其中一个透明电极上覆盖一层二氧化钛粒子, 再在其上又覆盖一层特制的钌基染料. 这种染料有类似叶绿素的性质, 它的分子像小型天线那样吸收入射的光子, 将电子释放给下面的二氧化钛. 这些电子再经透明电极、外电路、电介液返回染料.

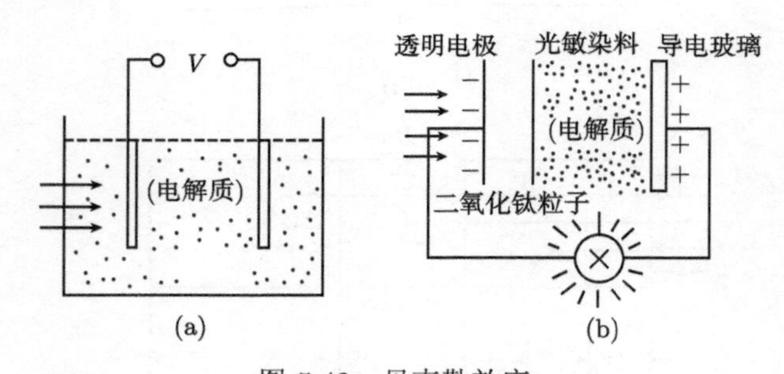

图 5.40　贝克勒效应

(a) 贝克勒效应; (b) 贝克勒效应的应用

将化学电池与光生伏特效应结合起来可能会有光明的前途, 制造出廉价而高效的太阳能电池是解决地球上能源危机的重要途径之一.

4) 俄歇效应

前面所述, 用可见光的光子可从金属或半导体中击出光电子, 而用 X 射线等高能光子或高能电子, 则可从原子的内壳层中击出光电子.

1925 年, 法国科学家俄歇在威尔逊云室中用 X 射线研究电离情形气体的光电效应时发现：沿 X 射线有双电子径迹, 这两条径迹从同一点出发, 其中一条径迹的长度随 X 射线光子能量的增加而增加, 这可用原子内壳层光电子发射来解释. 而另一条电子径迹的长度却不随 X 射线光子的能量变化, 但却同被照原子的类型有关, 它不能用光电效应来解释, 称这种径迹的电子为俄歇电子. 这种在发射光电子后, 发射俄歇电子, 使原子、分子成为高价离子的现象称为俄歇效应. X 射线可以激发俄歇电子, 能量超过内壳层电子束缚能的高能电子也可以激发俄歇电子. 对于电子, 它的能量更易控制和调节, 因此观察俄歇效应或用它来做研究工作, 使用电子束入射更为方便.

下面以氢原子为例来说明俄歇电子的发射过程. 氢原子的电子在各壳层的排列如图 5.41(a) 所示, 能量大于 K 壳层电子结合能的光子或电子与氢原子碰撞, 轰击出 K 壳层的束缚电子, 留下一个空穴, 如图 5.41(b) 所示壳层被电离. 这时原子内电子分布失去平衡, 同时静电力也会促使较外层的电子来填补这个空穴. 由于较外层电子的能量比内层高, 当它为填补空穴而跃迁到内层时, 必将多余的能量释放出去. 释放的方式有两种：一种是以光子形式辐射, 如发射软 X 射线. 另一种是非辐射能量转移, 即将能量转移给另一个电子, 得到能量的这个电子就从原子中发射出来, 这就是我们所说的俄歇电子. 如图 5.41(c) 所示. L_1 层的一个电子填补上层空穴, 导致 L_1 层另一个电子作为俄歇电子发射, 这时在 L_1 层留下两个空穴, L_1 能级被电离. 上述俄歇电子发射过程称为 KL_1L_1 跃迁. 其中, 第一个字母表示接受电子的空穴所在的能级, 第二个字母表示填充空穴的电子所在的能级, 第三个字母表示发射俄歇电子的能级. 以此类推, 可能会有 KL_1L_2, KL_1L_3 等俄歇跃迁. 此时, L 壳层存在两个空穴, 电子系统仍不稳定, 能量较高的电子继续填充空穴, 并发射俄歇电子, 使氢原子电离成高价离子, 如三、四、五价的离子.

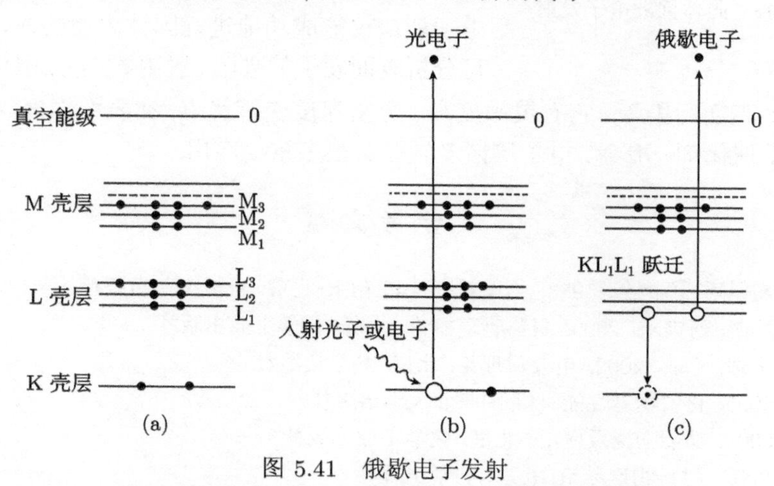

图 5.41 俄歇电子发射

(a) 真空状态下的能带结构图; (b) 光电子产生示意图; (c) 俄歇电子产生示意图

不仅气体可以产生俄歇电子发射, X 射线或高能电子轰击固体表面也可发射俄歇电子. 诸多原子组成固体时, 能级展宽成能带, 特别是最外层的价电子带 V 比较宽. 图 5.42 示出了固体硅的能级 (带) 图和可能的俄歇跃迁中的两个 —— $KL_{2,3}L_{2,3}$、$L_{2,3}VV$ 跃迁, $L_{2,3}$ 表示 L_2、L_3 的能级分不开.

俄歇效应与光电子发射效应不同, 光电子发射是一步过程, 只涉及原子的一个能级, 而俄歇效应是两步过程, 它涉及三个 (至少两个) 能级, 俄歇电子必然带着这些能级的印迹. 若 W 能级的空穴被 X 能级的电子填充, 使 Y 能级的电子逸出成为俄歇电子, 则按能量守恒, 由图 5.42 知, 俄歇电子的动能

$$E_A(Z) = |E_W(Z) - E_X(Z) - E_Y(Z)| \tag{5.84}$$

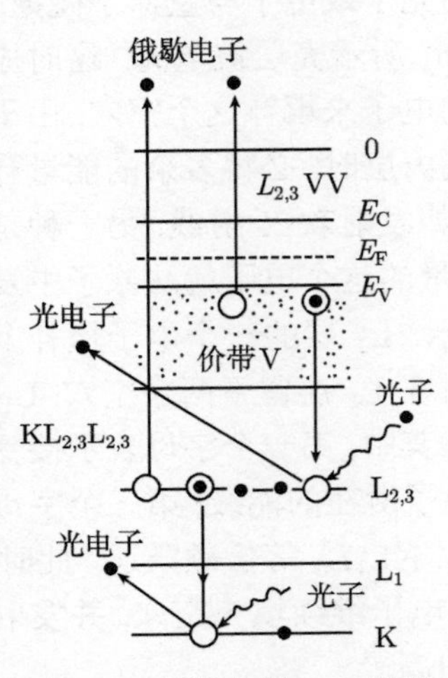

图 5.42 固体俄歇电子发射

式中, Z 为原子序号; E_W、E_X、E_Y 都为元素特有的能级. 不同原子会发射出不同能级的俄歇电子, 故通过测量俄歇电子的能量, 便可得知有哪种元素存在. 同一原子有许多能级 W、X、Y, 它不只发射一种能量的俄歇电子, 而是一组特征能谱的俄歇电子. 因此, 通过测量俄歇电子能谱, 就能分析材料的成分和结构. 基于俄歇效应的俄歇电子能谱仪, 就是一种使用较广的表面分析仪器. 它靠检测自表面逸出的俄歇电子的特征能谱来进行表面成分分析, 了解表面的化学环境等. 它能对气体进行元素分析和分子类型分析, 也可进行电离过程的研究. 俄歇电子能谱仪能成功地进行固体表面的成分分析, 还可分析表面发生的吸附、脱附、扩散、催化反应、薄膜生长、表面污染等. 它有灵敏度高、分析速度快等优点, 在表面物理、化学反应动力学、催化剂、冶金、电子等诸多领域有很多重要应用.

参 考 文 献

陈宜生, 周佩瑶, 冯艳全. 1983. 物理效应及其应用. 北京: 机械工业出版社
胡正飞, 严彪, 何国求. 2009. 材料物理概论. 北京: 化学工业出版社
李景德, 沈韩, 陈敏. 2002. 电介质理论. 北京: 科学出版社
连法增. 2005. 材料物理性能. 沈阳: 东北大学出版社
曲远方. 2003. 功能陶瓷及应用. 北京: 化学工业出版社
熊兆贤. 2002. 材料物理导论. 北京: 科学出版社

第6章　功能介质的若干前沿问题

6.1　纳米材料

6.1.1　概述

在材料科学领域中, 一门崭新的学科 —— 纳米材料技术正在世界范围内蓬勃发展, 1990 年问世的纳米技术, 其基本特征就是使用原子探针等先进 "武器", 以精确完美的控制与准确入微的方式, 按照人们的意愿来操作单个原子、分子或原子团、分子团, 制造出具有特定功能的设备或器件. 1 纳米表示十亿分之一米, 即 $1\text{nm}=10^{-9}\text{m}$. 1 纳米的长度相当于将 10 个氢原子紧密排在一起. 著名科学家费曼 (Feyman) 在 1959 年的一次讲演《底层有许多余地》中问道: "如果人类有一天可以按自己的意志来安排一个个原子, 那将会产生什么样的奇迹呢? " 这是一个科学的猜想. 但是在当时, 却只能算是一个美丽的梦想而已. 直到 1982 年, 美国著名的 IBM 公司宣布制成了具有原子分辨能力的扫描隧道显微镜 (STM) 后, 纳米技术才初露锋芒. 1990 年, TRM 公司的艾格勒 (Eigler) 等利用 STM 推动 35 个氙 (Xe) 原子, 在镍 (Ni) 的表面上成功地制成了世界上最小的商标 "IBM" 商标图案 (I 字母用了 9 个 Xe 原子, B 和 M 各用了 13 个 Xe 原子, 每个字母仅有 5nm) 后, 人类操作单个原子的梦想才算变成现实, 纳米技术才算正式诞生. 其目的是直接从单个原子或分子出发, 制造出具有特定功能的产品, 从而彻底改变人类的生产和生活方式. 自从扫描隧道显微镜发明后, 世界上便诞生了一门以 0.1~100nm 这样的尺度为研究对象的新学科, 这就是纳米科技.

最近, 在中德联合进行的一项研究中, 科学家们已成功地用单个 DNA 分子链写出 "DNA" 三个字母, 实现了对单个生物大分子的纳米操纵. 这项研究是由中国科学院上海原子核研究所和德国萨尔大学合作进行的. 科研人员首先利用分子操纵术, 将凝聚缠绕在一起的呈双螺旋结构的单个 DNA 分子链, 完整地拉直并构成二维的网状结构, 然后利用能放大一亿倍的原子力显微镜 (AFM) 观察、针尖操作等纳米操纵技术, 将呈网状的单个 DNA 分子链切割、弯曲、推拉, 在非常平整的云母表面上写出 "DNA" 三个字母, 每个字母的外周仅相当于人头发丝的五百分之一.

对单个 DNA 分子的纳米操纵, 不仅是纳米科技与生命科学交叉在生物大分子层面上的一次重要突破, 而且对人类探索纳米产品的自组装 (所谓分子自组装是指分子与分子依赖分子间非共价键力自发地结合成稳定的分子聚集体的过程) 性能也有十分重要的意义. 生命经过几十亿年的进化, 生物细胞中储藏了许多非常精巧、效率非常高的 "纳米机器", 对人类设计纳米产品具有重要的借鉴作用. 如人体内的核糖体, 不仅能自己组装, 还能组装人体内所有种类的蛋白质, 并具有自己监控、自己管理的功能. 成功地将单个 DNA 分子链按照人类的意志进行组装排列, 无疑是迈出了对生命自组装功能研究的第一步.

作为一门极有前途的新兴科学, 纳米科技以空前的分辨率为我们揭示了一个可见的原子、分子世界. 纳米时代已经到来了. 纳米技术的出现和每一个新的突破都让人激动不已, 并可望带来一次新的技术飞跃. 纳米科技现在已经包括纳米材料学、纳米电子学、纳米生物学、纳米机械学、纳米化学、纳米医学等学科. 从微米科技到纳米科技, 人类正越来越向微观世界深入, 科学家们对原子和分子的操纵精度正越来越接近于生物精度. 而纳米材料是纳米技术最重要的部分, 人们认识、改造微观世界的水平将提高到前所未有的高度. 实际上, 当人类能像大自然那样直接利用原子制造物品时, 世界将大为改变. 中国著名科学家钱学森曾指出, 纳米左右和纳米以下的结构是下一阶段科技发展的一个重点, 会是一次技术革命, 从而将引起 21 世纪又一次产业革命.

当材料的晶粒和晶界达到纳米尺度时, 材料的性能便可能发生特异的变化, 现有的材料科学的规律和认识已显露出它的不足. 所以, 纳米材料的提出将为材料科学、材料工艺、材料性能以及它们的应用注入新的科学内涵.

6.1.2　基本概念

固体物理和化学的一个基本概念就是大部分固体的特性都是依赖于微结构原子的排列 (即原子结构) 以及固体在一维、二维和三维空间上的尺寸大小. 换句话说, 如果改变其中的一个或几个参数, 固体的特性就会发生改变. 最著名的一个例子就是由于大量碳原子排列发生变化, 金刚石便成了石墨. 如果固体的原子结构偏离平衡态, 或固体尺寸在空间各维减小几个原子间距, 我们就可以发现不小的变化. 比如减小 CdS 晶体的大小到几个纳米的尺度, 它的颜色就会发生改变.

通过改造微结构来合成特种材料和器件已经成为涵盖固体物理、化学、生物和材料科学等多学科的领域. 这种材料及其器件包括以下三类:

第一类, 小尺寸的材料和器件, 如纳米微粒、细线和薄膜, 化学气相淀积, 物理气相淀积, 惰性气体凝结, 各种烟雾技术, 过饱和气相、液相和固相淀积等一系列技术都十分频繁地使用在形成微结构的材料上. 这种技术应用的例子, 如催化剂和半导体, 就利用了一个或多个量子阱结构.

第二类, 只在体材料表面薄层形成纳米级微结构的材料和器件. PVD、CVD、离子注入和激光束处理就是改变固体表面纳米尺度化学构成和原子结构的最常见的工艺方法. 应用今天的科技可以改变表面纳米级结构来改进材料特性, 使之具有抗腐蚀、耐腐蚀及强度高的优良品质. 这一类的一个重要分支就是在材料平面上"写上"设计好的纳米图样, 如用纳米线连接纳米与阵列. 这种图样可以通过光刻、电子束刻蚀及表面淀积的方式来形成. 预期这种工艺和技术可广泛应用于集成电路、单电子管器件、量子计算机等.

第三类, 具有纳米微结构的体材料. 事实上, 我们可以观察到一些材料的化学组成, 原子排列都在以几个纳米长度的范围变化着. 这种固体主要有两种: 第一种是指原子结构和化学构成在材料内的原子尺度上连续变化. 玻璃、胶体、过饱和固溶液和注入材料都是这种类型. 大多数情况下, 这种固体是通过在高温下骤冷得到的, 如结构远离平衡位置的金属或固体从熔态突然降到很低的温度 (图 6.1).

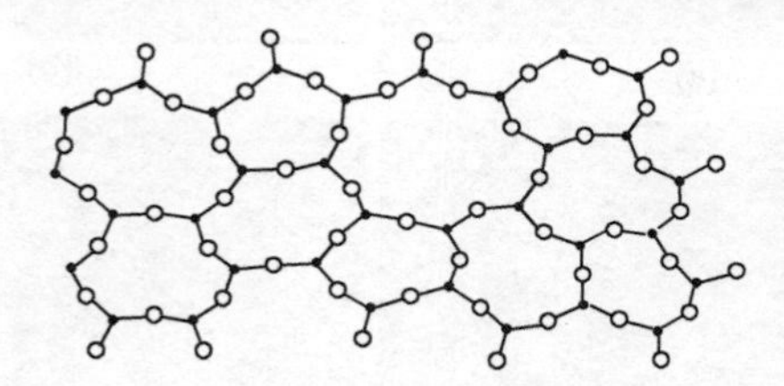

图 6.1 Al_2O_3 玻璃二维模型

第二种具有纳米微结构的材料最近 20 年中被合成并广泛研究. 图 6.2 中的材料就是由纳米级集团 (大多数为晶粒) 所组成的. 这些集团可能在它们的晶向、原子结构和化学组成上都有所不同. 如果这些集团是微晶, 则由于上述不同, 就可能在它们之间形成不连续或连续的界面. 换句话说, 这种材料就是由小集团以及相邻集团间的区域不均匀混杂组成的. 这种本征的不均匀就决定了它的许多特性与上述玻璃等微结构均匀的材料有很大区别. 这种有纳米尺寸微结构的材料被称为纳米结构材料 (NsM) 或纳米相材料、纳米微晶材料和超分子固体.

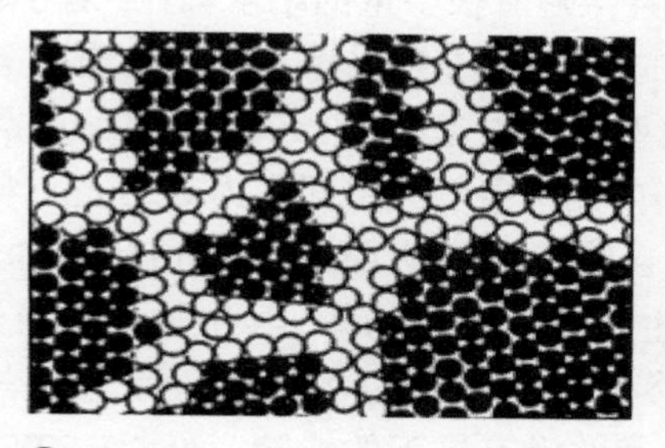

●—— 晶体中心原子 ○—— 晶界原子

图 6.2 纳米结构材料的二维模型

$Zn_{1-x}Co_xO$ 纳米棒 (线) 的溶剂热合成, 化学组成为 $Zn_{1-x}Co_xO$ ($x = 0$, 0.01, 0.05, 1.0), 锌盐和钴盐采用的都是其二价硝酸盐. 图 6.3 给出了用这种方法在 150°C

保温 24 h 条件下合成的 $Zn_{1-x}Co_xO$ 纳米棒的 SEM 照片. 从图中可以看出合成的纳米棒的长径比大大增加, 纳米棒的直径在 50nm, 掺杂对其形貌也没有明显的影响.

图 6.3　150°C 保温 24h 条件下合成的 $Zn_{1-x}Co_xO(0\leqslant x \leqslant 0.15)$ 纳米棒的 SEM 照片

(a)、(b) 纯 ZnO, (c)、(d)$Zn_{0.95}Co_{0.05}O$ 纳米棒

采用 TEM 和 HRTEM 对纳米棒的形貌和结构进行进一步表征. 图 6.4(a) 为 ZnO 的 TEM 照片. 从图中可以看出, 纳米棒的平均直径为 50 nm, 其长度变化较大, 从几十纳米到几微米, 且伴随着极少量的纳米颗粒. 对于单根纳米棒其衬度变化比较均匀, 这表明纳米棒的结晶性比较好. 图 6.4(b) 给出了 ZnO 纳米棒的 HRTEM 照片. 清晰的晶格条纹表明这根纳米棒是一个生长良好的晶体. 测量结果表明, 这些垂直于纳米棒长轴方向的晶格条纹其层间距为 0.26 nm, 与纤锌矿型 ZnO 的 (0002) 的晶面间距相吻合. 结合纳米束衍射 (nanobeam diffraction, NBD) 结果 [图 6.4(b)] 可知, ZnO 纳米棒为生长优良的单晶体, 其生长方向为沿着 c 轴即 [0001] 方向. 图 6.4 (c) 给出了 Co 掺杂量为 0.05 的 TEM 照片. 通过与 ZnO 的 TEM 照片对比发现, 掺杂对产物的形貌并没有显著的影响. 通过 HRTEM 和 NBD 可以得出 Co 掺杂的 ZnO 纳米棒同样具有沿着 [0001] 方向生长的单晶结构. 晶格条纹层间距为 0.26 nm, 并没有因为 Co 掺杂而发生明显变化, 因为两种离子的半径非常接近.

图 6.5 为低温液相制备的花状 ZnO 多级微结构合成的 SEM 照片. 从图中可以看出, 具有相同形貌的 ZnO 可以用这种低温液相方法合成, 如图 6.5(a) 所示. 从

图 6.4 (a) 纯 ZnO 的 TEM 照片; (b) 单根 ZnO 纳米棒的 HRTEM 照片, 插图是其对应的纳米束衍射斑点; (c)、(d)$Zn_{0.95}Co_{0.05}O$ 纳米棒的 TEM 和 HRTEM 照片, 插图同样为 $Zn_{0.95}Co_{0.05}O$ 纳米棒其对应的纳米束衍射斑点

其高倍的 SEM 照片可以看出, 如图 6.5(b)、(c) 所示, 合成的 ZnO 具有花状的形貌, 是由一个个只有几十纳米厚的薄片状 "花瓣" 自组装而成的三维 (3D) 结构, 同时这些花朵又具有球形结构, 其直径在 1~5μm. 我们都知道, 一朵花是由花蕊和花瓣组成, 花蕊好比一个具有实心结构的晶核, 而花瓣就长在晶核上. 那么是不是现在合成的 ZnO 也有一个实心的 "核" 呢? 由于不可能把它切开, 所以想看到其内部结构还真是一个棘手的问题. 非常幸运, 在测试中观察到剖成两半的花朵, 如图 6.5(d) 所示, 图中并没有看到所谓的花蕊, 这和我们所知道的花蕊结构完全不同. 这种球形的花朵是由大量薄片自组装而成的, 花瓣非常的稠密. 花瓣之间的间距只有几十个纳米, 说明这种 ZnO 具有多孔结构, 其在光催化、气敏传感器方面应该有很大的应用前景.

同时采用 TEM 和 HRTEM 对其形貌和结构进行进一步的分析表征. 图 6.6(a) 给出了花状 ZnO 的 TEM 照片. 从图中可以看出, 其不具有空心结构, 而是由无数纳米薄片自组装而成的直径为 4.5μm 的球形 3D 结构. 通过 TEM 制样过程的超

(a)　(b)　(c)　(d)

图 6.5　SEM 照片以 0.12M 的 $Zn(NO_3)_2$ 和 0.5M 的 NaOH 前驱体溶液在 80°C 反应 4 h 制备的 ZnO 的 SEM 照片: (a) 全景图; (b), (c) 放大的 SEM 照片; (d)ZnO 的微球横截面, (插图: 微球横截面的全景图)

声处理, 可以使三维结构上的部分纳米薄片脱落. 图 6.6(b)、(c) 给出了脱落的纳米薄片的 TEM 照片. 电子束可以轻易地穿透这些纳米薄片, 而且整个薄片的衬度相同, 说明这些 ZnO 纳米薄片厚度很薄, 表面也比较平整, 但形状极不规则. 此外, 可以清楚地看到这些薄片上面有一些直径为几个纳米的小孔, 这些小孔的存在说明制备的 ZnO 存在着大量的表面缺陷. 图 6.6(c) 右上角的插图为纳米薄片的 SAED 衍射花样, 电子束沿 $[2\bar{1}\bar{1}0]$ 带轴垂直入射在纳米薄片上 (图中方框所指区域). 清晰规则的衍射斑点表明, 这些纳米薄片为结晶性良好的单晶体. 其对应的 HRTEM 照片清晰的给出二维晶格条纹, 其间距分别是 0.52nm 和 0.28nm, 分别对应于 (0001) 和 $(01\bar{1}0)$ 的面间距, 说明纳米薄片的表面为 $(2\bar{1}\bar{1}0)$ 面.

6.1.3　纳米材料特性上的奇异性

纳米材料在结构上与常规晶态和非晶态材料有很大差别, 突出表现在小的尺寸颗粒和庞大的体积分数的界面, 界面原子排列和键的组态的较大的无规则性. 这种结构上的差异导致纳米材料的性质明显不同于常规材料. 例如, 美国宾夕法尼亚大学研究人员最近发现, 纳米碳管不仅具有良好的导电性能、比钢还要强 100 倍的材料强度, 同时还是目前世界上最好的导热材料. 研究人员发现, 纳米碳管依靠超声波传递热能, 其传递速度可达到 1×10^4m/s. 即使将纳米管捆在一起, 热量也不会从

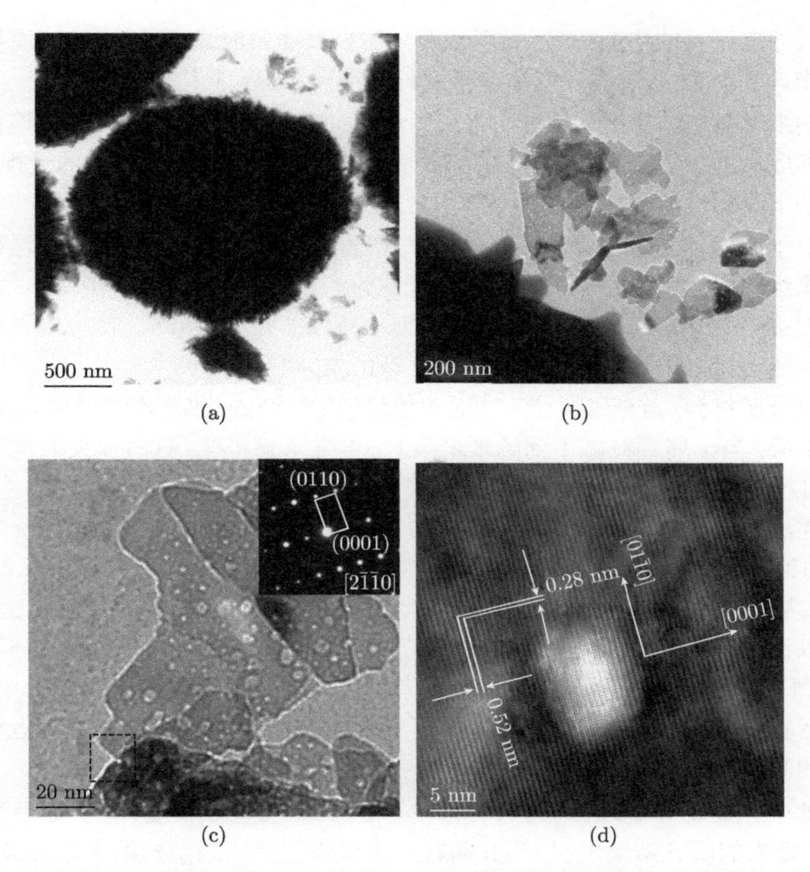

图 6.6 (a) 花状 ZnO 微结构的 TEM 照片; (b) 组成花状结构的 ZnO 纳米薄片; (c) 单个薄片的 TEM 照片 (插图：指定区域的 SAED 花样, 电子束的入射方向为：[2$\bar{1}\bar{1}$0] 方向); (d) 指定区域对应的 HRTEM 照片

一根纳米管传到另一根纳米管, 这说明纳米碳管只能在一维方向传递热能. 研究人员称, 纳米碳管优异的导热性能将使它成为今后计算机芯片的导热板, 也可用作发动机、火箭等各种高温部件的防护材料.

1. 晶体尺寸效应

研究证实：由于纳米材料尺寸小, 电子被局限在一个体积十分微小的纳米空间内, 电子输运受到限制, 电子平均自由程短, 电子的局域性和相干性增强. 尺度下降使纳米体系包含的原子数大大降低, 宏观固定的准连续的能带消失了, 而表现为分裂的能级, 根据久保理论, 导带内相邻电子能级的间距随着颗粒尺寸的减小而增大, 并与颗粒的尺寸成反比. 因此, 当粒径减小到一定值时, 纳米材料的许多物性都与晶体尺寸有明显的依赖关系, 表现出奇异的小尺寸效应或量子效应. 这便使纳米体系的光、热、电、磁等物理性质与常规材料不同, 出现许多新奇特性.

纳米材料在结构上与常规晶态和非晶态材料有很大的差别, 尤其表现在小颗粒尺寸和庞大的体积百分数的界面, 界面原子排列和键的组态有较大的无规则性. 这就使纳米材料性质出现了一些不同于常规材料的新现象.

对于粗晶体状态下难以发光的间接带隙半导体 Si 与 Ge 等, 当其粒径减小到纳米量级时会表现出明显的可见光发光现象, 且随着粒径的进一步减小, 发光强度逐渐增强, 发光光谱逐渐蓝移. 这是因为颗粒尺寸为纳米量级, 使传统固体理论中量子跃迁选择定则的作用大大减弱并逐渐消失.

对金属材料, 当金属颗粒尺寸减小数量级 ($d < 1\mu m$) 时, 电导率按 $\sigma \propto d^3$ 规律急剧下降, 当金属颗粒减小到纳米量级时, 电导率已极低, 这时原来的良导体实际上已几乎完全变为绝缘体.

在纳米金属材料中普遍存在着细晶效应, 即材料的硬度和强度会有大幅度的增加. 如纳米 Cu(6nm)、Pd(5~10nm) 的硬度为相应粗晶材料 ($d > 50$nm) 的 5 倍以上. 在某些情况下, 颗粒尺寸所起的作用可以和化学组成所起的作用相比拟, 这也是可以设计和控制材料性能的一个因素. 尺寸和形状可控的纳米晶就像分子物质一样, 它们可以成为构成一维和二维超结构的基本单元. 这种结构的电学、光学、电子输运和磁储存不仅由单一纳米晶的性能所决定, 而且也由具有长程输运和取向有序化的纳米晶间的相互作用来决定.

硬质合金 WC-Co 作为刀具材料使用已有 50 多年的历史, 但其耐磨性能依然较差. 近来的研究结果表明, 当其晶粒度由微米数量级减小到纳米数量级时, 不但其硬度可提高 1 倍以上而且其韧性及抗耐损性能也得到显著地改善.

纳米材料另一个重要的磁学性质是磁致热效应, 指的是如果在非磁或弱磁基体中包含很小的磁微粒, 当其处于磁场中时, 微粒的磁旋方向会与磁场相匹配. 从而导致磁有序性增加, 自旋系统的磁熵降低. 倘若此过程是绝热的, 则自旋熵将随晶格熵的增加而减小, 且样品的温度会升高. 这是一个可逆的过程.

2. 热学质性

纳米材料的比热大于同类粗晶和非粗晶材料, 图 6.7 为 Pd 的比热容随 C_p 的增加和界面结构有关, 界面结构越开放, C_p 的增加幅度就越大, 这是界面原子耦合变弱的结果.

纳米材料 Cu、Pd、Fe-B-Si、Ni-P 合金的热膨胀系数 α 近乎是单晶的两倍, 纳米材料晶粒的组分对 α 有影响, 表 6.1 给出了不同材料的纳米、非晶和多晶的热膨胀系数.

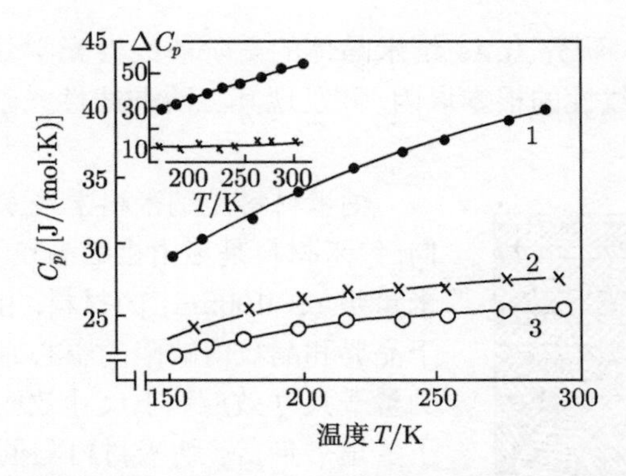

图 6.7 Pd 及金属玻璃 $Pd_{72}Si_{18}Fe_{10}$ 的比热容随温度的变化 (图中左上角为纳米晶 Pd 及 $Pd_{72}Si_{18}Fe_{10}$ 的比热容相对于 Pd 的增加)

1. 纳米晶 Pd; 2. $Pd_{72}Si_{18}Fe_{10}$; 3. 多晶 Pd

表 6.1 几种材料的热膨胀系数

材料	温度范围/K	纳米晶体	非晶体	粗晶体
Ni.P	300～400	21.6	14.2	13.7
$Fe_{78}B_{13}Si_9$	300～500	14.1	7.4	6.9
Cu	110～293	31		16

纳米材料的红外吸收研究是近年来比较活跃的领域, 主要集中在纳米氧化物、氮化物和纳米半导体材料上, 如在 Al_2O_3、Fe_2O_3、SnO_2 中均观察到了异常红外振动吸收; 纳米晶体构成的 Si 膜的红外吸收中观察到了红外吸收带随沉积温度增加出现频移的现象; 非晶纳米氮化硅中观察到了频移和吸收带的宽化且红外吸收强度强烈地依赖于退火温度等现象. 对于以上现象的解释是认为它们都起因于纳米材料的小尺寸效应、量子尺寸效应、晶场效应、尺寸分布和界面效应, 都可归结为在此尺度内电子的强关联.

半导体硅是一种间接带隙半导体材料, 在通常情况下, 发光效率很低, 但当硅晶粒尺寸减小到 5nm 或更小时, 其能带结构发生了变化, 带边向高能态迁移, 观察到了很强的可见光发射. 研究 Ge 的纳米晶光致发光时, 发现当 Ge 晶体的尺寸减小到 4nm 以下时, 即可产生很强的可见光发射, 并认为 Ge 的纳米晶结构与金刚石结构不同, 从而导致 Ge 纳米晶体可能具有直接光迁移的性质.

纳米材料光学性质研究的另一个方面为非线性光学效应. 纳米材料由于其自身的特性, 光激发引发的吸收变化一般可分为两大部分: 由光激发引起的自由电子–空穴对所产生的快速非线性部分及受陷阱作用的载流子的慢非线性过程. 其中研究得最深入的是 CdS 纳米微粒. 由于能带结构的变化, 纳米晶体中的载流子的迁移、跃迁和复合过程均呈现出与常规材料不同的规律, 因而具有非线性光学效应. 采用

四波混频 (DFWM) 研究 InAs 纳米晶体的三阶非线性光学效应时, 发现量子化的纳米晶体是呈现非线性的根本原因, 并发现其三阶非线性光学系数 χ^3 与入射光强成正比.

图 6.8　四种纳米材料结构示意图
0, 零维纳米结构; 1, 二维纳米结构; 2, 一维纳米结构; 3, 三维纳米结构

纳米材料是纳米科学技术的一个重要的发展方向. 纳米材料是指由极细晶粒组成, 其特征尺度在纳米量级 (1~100nm) 的材料. 由于晶粒极细, 大量处于晶界和晶粒内缺陷的中心原子以及它本身所具有的量子尺寸效应、小尺寸效应、表面效应和宏观量子隧道效应等, 纳米材料与同组成的微米晶体 (体相) 材料相比, 在催化、光学、磁性、力学等方面具有许多奇异的性能, 因而成为材料科学和凝聚态物理领域中的研究热点.

纳米材料按其结构的空间维度又可分为四类: 晶粒尺寸至少在一个方向上、在几个纳米范围内的称为三维纳米材料; 具有层状结构的称为二维纳米材料; 具有纤维结构的称为一维纳米材料; 具有原子簇和原子束的称为零维纳米材料 (图 6.8、表 6.2).

目前很难用一个统一的模型来描述纳米晶界的微观结构. 事实上纳米材料中的晶界结构可能非常复杂. 它不但与材料的成分、键合类型、制备方法、成型条件以及所经历的热历史等因素密切相关, 而且在同一块材料中不同晶界之间各有差异, 可以认为纳米材料中的界面存在着一个结构上的分布, 它们处于无序到有序的中间状态, 有的与粗晶体界面结构十分接近, 而有的则更趋向于无序状态.

表 6.2　纳米材料分类

维数	标　记	典型合成法
三维	晶体	气体凝结
		机械合金
二维	纤维状	化学气相沉积法
一维	层状	气相沉积
		电沉积
零维	簇	溶胶. 凝胶

NsM 的合成、特性和生产工艺业已成为纳米技术中越来越重要, 发展越来越迅速的领域之一. 在这个领域中, 将重点开发可控微结构材料, 有工业前景的体材料和工艺方法等.

3. 纳米效应

纳米材料的另一特点是界面原子所占的体积分数很大, 它对于材料性能的影响非常显著. 实际上纳米材料的许多物性主要是由界面所决定的.

扩散系数大是纳米材料的一个重要特性. 如纳米固体 Cu 中的自扩散系数比晶格扩散系数高 14~20 个数量级, 比传统的双晶晶界中的扩散系数高出 2~4 个量级. 这样高的扩散系数主要归因于纳米材料中存在的大量界面. 从结构上来说, 纳米晶界的原子密度很低, 大量的界面为原子扩散提供了高密度的短程快扩散路径. 普通陶瓷只有在 1000°C 以上、应变速率小于 $10^{-4}s^{-1}$ 时才能表现出塑性, 而许多纳米陶瓷在室温下就可以发生塑性形变, 纳米 TiO_2 在 180°C 时的塑性形变可达 100%, 带初始裂纹的试样在 180°C 弯曲时不发生裂纹扩展. 在纳米 ZnO 中也观察到了类似的塑性行为. 这种纳米陶瓷增韧效应主要归因于大量的界面因素. 纳米材料的塑性变形主要是通过晶粒之间的相对滑移来实现的. 纳米材料中晶界区域扩散系数非常大, 存在着大量的短程快扩散路径, 正是由于这些快扩散过程使得形变过程中一些初发的微裂纹能够得以迅速弥合, 从而在一定程度上避免了脆性断裂的发生.

与粗晶材料相比, 纳米材料比热较大. 纳米金属或合金的比热容 C_p 比同类粗晶材料可高出 10%~80%. 例如, 在 150~300K 温度范围内, 纳米 Pd(6nm, 80%理论密度) 和纳米 Cu(8nm,90%理论密度) 的 C_p 比相应的粗晶材料分别增大 29%~54%和 9%~11%. 这种比热容的增大主要是由大量的界面成分所导致.

由于纳米材料的比表面积很大, 界面原子数很多, 界面区域原子扩散系数高, 而表面原子配位不饱和性将导致大量的悬键和不饱和键等, 这些都使得纳米材料具有较高的化学活性. 许多纳米金属微粒室温下在空气中就会被强烈氧化而燃烧. 将纳米 Er 和纳米 Cu 粒子在室温下进行压结就能够发生反应形成 CuEr 金属间化合物. 而很多催化剂的催化效率随颗粒尺寸减小到纳米数量级而得以显著提高, 同时催化选择性也得以增强. 例如, 对于金红石结构的 TiO_2 粉末, 当其比表面积由 $2.4m^2/g$(粒径 ~400nm) 变为 76 m^2/g (~l2nm) 时, 它对于 H_2S 气体分解反应的催化效应可提高 8 倍以上.

氢被认为是 21 世纪的主要能源. 利用金属氢化物作为氢的储运介质是很多学者和工程技术人员关心和感兴趣的一个研究项目. 金属氢化物中的氢储量可达标准大气压下氢气密度的千倍以上. $LaNi_5$、FeTi 等都是良好的储氢材料. Trudeau 等发现, 纳米 FeTi 合金的储氢能力可比粗晶材料显著提高, 而且其活化处理程序也更加简单. 因此, 纳米材料有可能为进一步提高材料的储氢效率提供一个可行的途径.

4. 纳米结构单元之间的交互作用

除上述尺寸效应和界面 (表面) 效应外, 影响纳米材料性能的因素还有很多, 有时纳米材料结构单元之间的交互作用也至关重要.

由于量子尺寸效应, 纳米半导体微粒的吸收光谱普遍存在着蓝移现象, 这已被许多实验所证实. 但是 Herron 等还发现另一个重要的现象, 他们将纳米 CdS 粒子均匀分散于沸石中, 在晶粒度不变的情况下, 随着 CdS 颗粒浓度的增加, 颗粒间距逐渐缩短, 颗粒之间通过宏观隧道效应而发生的相互作用逐渐增强, 最终导致量子尺寸效应消失.

由于晶界上原子体积分数的增大, 纳米材料的电阻高于同类粗晶材料, 两者比较见表 6.3.

表 6.3　部分纳米材料的粒径与电阻的关系

材料	晶粒尺寸/nm	室温下电阻/(μΩ·cm)	电阻温度系数/K^{-1}	0K 时电阻/(μΩ·cm)
Ni-P	11	360	1.26×10^{-3}	220
	51	220	2.00×10^{-3}	90
	102	200	2.35×10^{-3}	62
$(Fe_{99}Cu)_{78}Si_9B_{13}$	30	126	2.01×10^{-3}	50
	90	44	1.6×10^{-3}	17
	非晶	102	—	93.2
$(Fe_{99}Mo)_{78}Si_9B_{13}$	15	198	—	—
	200	63	—	—
	非晶	195	—	—

由于纳米晶体材料有很大的表面积与体积比, 杂质在界面的浓度便大大降低, 从而提高了材料的力学性能.

近几年来, 由铁磁性和非磁性金属材料组成的纳米结构多层膜所表现出的巨磁电阻效应已引起人们的广泛关注. 这种巨磁电阻效应是由相邻磁性层之间的相互耦合造成的. 同一磁性层内的磁矩可能平行排列 (铁磁耦合) 或反平行排列 (反铁磁耦合), 这取决于非磁性间隔层的厚度和特性, 磁层之间的耦合强度随间隔层的厚度呈周期性振荡. 对于反铁磁耦合体系 [如 $(Fe/Cr)_n$], 在足够大的外磁场 (1600kA/m) 作用下, 反铁磁耦合被克服, 所有磁层的磁矩平行排列, 这时多层膜的电阻比零场时的大为减小. 类似地, 由磁性纳米颗粒均匀分散于非磁性介质中所构成的纳米颗粒膜, 在外磁场的作用下也具有巨磁阻效应. 这种现象也是由纳米磁性颗粒通过非磁性介质而发生交互作用造成的.

最后, 我们要进一步强调一下纳米材料物性上的特殊性.

第一, 由于在常规材料中表面原子的数量和位置的变化变得极为重要. 非平衡态位置和缺陷结构也神奇地增长, 表面效应越来越重要. 如果我们能理解特定位置的原子的结构与性质, 那将是大有益处的.

第二, 在纳米水平上原子和电子的能级都是量子化的, 每一个量子态都可以用一套量子数来表征.

第三, 对纳米结构的动力学处理须小心. 换言之, 热力学稳定会变得有不同的内涵. 原子力与扫描隧道显微学研究结果表明：即便对高熔点的材料, 如 W、In、Si 等, 单个的原子也可以自由地在材料表面移动. 即使在高温下, 表面原子, 甚至是内层原子都能从它们的位置扩散到材料顶层, 而且能很快地通过表层进入外部空晶格. 像金和镁这样的软金属, 其表面扩散甚至可以在低于室温下发生. 在一般显微镜下扩散 1000~10000 个原子并不会发现其形状与结构有很大的改变, 但我们在纳米水平上, 甚至在几万纳米水平上, 都可以观察到其形状和结构的巨大变化.

第四, 机构的化学稳定性. 即使是热力学也稳定的结构, 但在纳米或次纳米水平上其化学性质就不见得是稳定的了. 比如, 虽然我们可以在 Cu 表面上制作一层原子, 但这些结构只有在真空中才是稳定的. 当它暴露在空气中时, 很快就会跟 O_2、N_2、H_2O 等分子发生反应, 而使其结构遭到破坏. 鉴于纳米颗粒和纳米管的碳都是稳定的, 我们有理由相信, 共价化合物的纳米结构会相对稳定些. 今后的研究就是要在纳米尺度上找到一种光学惰性的材料结构.

总之, 材料学家的梦想正在进行着, 随着显微技术的发展, 人们对低尺度下结构的性质的认识也在加深, 这个梦想可能在将来的某一天成为现实.

6.1.4 纳米材料的发展现状和趋势

21 世纪前 20 年, 是发展纳米技术的关键时期, 纳米技术将成为第 5 次推动社会经济各领域快速发展的主导技术. 目前, 纳米技术已经成为全世界非常关注的技术之一, 纳电子代替微电子, 纳加工代替微加工, 纳米材料代替微米材料, 纳米生物技术代替微米尺度的生物技术, 这已是不以人的意志为转移的客观规律. 只有认识并发展它, 才有可能在未来经济竞争格局中占据有利地位.

由于纳米材料特殊的性能, 将纳米科技和纳米材料应用到工业生产的各个领域都能带来产品性能上的改变, 或在性能上有较大程度的提高. 利用纳米科技对传统工业, 特别是重工业进行改造, 将会带来新的机遇, 其中存在很大的拓展空间, 这已是国外大企业的技术秘密. 英特尔、IBM、SONY、夏普、东芝、丰田、三菱、日立、富士、NEC 等具有国际影响的大型企业集团纷纷投入巨资开发自己的纳米技术, 并取得了令世人瞩目的研究成果. 纳米技术在经历了从无到有的发展之后, 已经初步形成了规模化的产业.

世界各国对纳米技术的发展都非常重视. 美国政府建议从 2003 年财政年度预算中拨款 1 亿美元, 美国国会以政府行为通过立法确定将用 37 亿美元支持纳米科技的研究与开发, 现在美国对纳米技术的投资约占世界水平的三分之一.

在纳米技术领域投资较大的国家还有：欧盟 (约 15%)、日本 (约 20%)、俄罗斯、澳大利亚、加拿大、中国、韩国、以色列、新加坡等. 日本国会提出要把发展纳米技术作为今后 20 年日本的立国之本, 政府机构和大公司是其研究资金的主要来源, 中小企业的作用很小. 日本研究的目的是在产品中注入了纳米技术, 增强国际竞争力. 日本在超细微加工、纳米设备、强化纳米结构及检测相关领域拥有全球优势. 欧盟 2002~2006 年的第六个框架研究计划关于纳米技术的总投资将达到 13 亿欧元, 项目分散在各个不同的领域. 但在专门的纳米科技领域, 它明确的优先发展方向是多功能材料、新的生产工艺和设备. 韩国政府把全国各大学研究纳米技术的优秀人才都集中到汉城大学, 成立了一个纳米技术学院, 由国家调配人才, 各大公司也都以市场为目标部署了专业研究领域.

目前纳米材料及技术的应用也越来越广泛, 在电子信息产业, 纳米技术的应用将为电子信息产业的发展克服以强场效应、量子隧道效应等为代表的物理限制, 以功耗、互联延迟、光刻等为代表的技术限制和制造成本昂贵、用户难以承受的经济限制, 制造出基于量子效应的新型纳米器件和制备技术. 具有量子效应的纳米信息材料将提供不同于传统器件的全新功能, 从而产生出新的经济增长点. 这将是对信息产业和其他相关产业的一场深刻的革命. 这些技术的突破将全面地改变人类的生存方式, 它所带来的经济价值是难以估量的. 正如美国《新技术周刊》指出的, 纳米技术在电子信息产业中的应用, 将成为 21 世纪经济增长的一个主要发动机, 其作用使微电子学在 20 世纪后半叶对世界的影响相形见绌.

纳米技术将在生物医学、药学、人类健康等生命科学领域有重大应用. 在纳米生物材料、微细加工、光学显示、生物信息相分子生物学等技术积累的基础上, 发展生物芯片技术, 形成新型生物分子识别的专家系统、临床疾病检测系统、药物筛选系统和生物工业活性监测系统等实用化技术, 具有重要的社会与经济前景. 预计到 2015 年, 仅纳米技术在生物医药领域中的应用, 全球市场将达到 2000 亿美元.

纳米技术在环保产业上的应用, 能够极大地促进环保产业的发展; 将使处理 “三废” 的手段更有效率, 使人类居住的环境得到很大程度的改善. 我国为实现可持续发展战略和绿色奥运, 对新型纳米环境材料及技术也提出了新的迫切需求.

纳米能源技术的开发, 将在很大程度上缓解能源的短缺状况, 提高现有能源的使用效率, 为整个世界的发展提供新的动力. 其中, 纳米太阳能电池材料、高效储能材料、热电转换材料等是新型能源材料的重要组成部分和主要发展方向, 将在解决 21 世纪日益突出的能源危机问题上, 发挥重要作用, 形成一个新的经济增长点, 具有巨大的市场容量.

6.2 生 物 材 料

6.2.1 概述

生物材料 (biomaterials) 通常有两种定义. 一是指天然生物材料 (biological material), 也就是由生物过程形成的材料, 如结构蛋白 (胶原纤维、蚕丝等) 和生物矿

物 (骨、牙、贝壳等), 这种定义的内涵相当明确而固定. 另一是指生物医用材料 (biomedical material), 其定义随着医用材料的快速发展而演变. 20 世纪 80 年代末, 曾被美国 Clemson 大学生物材料顾问委员会定义为 “与活体接合的人工非生命材料”, 是这种生物材料狭义定义的代表. 随着人体植入材料发展到包括活组织, 如细胞体外繁殖长出的组织等, 这种狭义的定义已趋淘汰. 1992 年美国 J.Black 教授在他著名的《材料的生物学性能》教科书中, 定义生物材料为 “用于取代、修复活组织的天然或人造材料”. 可以预见, 随着组织工程的发展, 这种生物材料的定义将逐渐增大生物过程形成材料的成分. 这样, 两种定义就会有越来越多的重叠. 本节将一并介绍这两种定义的生物材料.

6.2.2 天然生物材料特性

地球上存在 92 种稳定的化学元素, 而天然生物材料的基本组成只是低原子序数的几种轻元素. 表 6.4 给出人体、海水、地壳中诸元素的原子百分比. 其中人体和海水的 H 和 O 含量很接近, 是因为人体中约 60%重量是水. 水在活体中的作用极为重要, 因为生物组织失水后就失去生物活性了. 迄今的各种生物材料分析测试手段, 几乎都是用于干样品, 因此有较大的局限性. 人体中的 C 和 P 含量比海水和地壳的大许多, 表明这两种元素对生命过程很重要. 生物大分子都是以碳为骨架构成的, 细胞干重的过半数都是 C. 至于 P, 细胞中含有丰富的磷苷, 骨矿是由磷酸盐构成的. 有意思的是, 植物中的生物矿物以氧化硅为主. 这可能与植物根部不断从地表中汲取的物质有关, 而地壳中的硅含量是相当高的. 生物体内尚含有如下微量元素 Fe、Cu、Mn、Zn、Co、Mo、Se、V、Ni、I 和 Mg. 它们对于生物体内特定种类酶的功能起关键作用.

表 6.4 人体、海水、地壳中诸元素的原子百分比

海水	百分比	人体	百分比	地壳	百分比
H	66	H	63	O	47
O	33	O	25.5	Si	28
Cl	0.33	C	9.5	Al	7.9
Na	0.28	N	1.4	Fe	4.5
Mg	0.033	Ca	0.31	Ca	3.5
S	0.017	P	0.22	Na	2.5
Ca	0.0062	Cl	0.08	K	2.5
K	0.0060	K	0.06	Mg	2.2
C	0.0014				

迄今为止, 生命体内没有发现特殊的作用力, 没有特殊的原子及人工无法合成的分子. 天然生物材料中的原子、分子间的相互作用按强度可分为两大类：强相互作用和弱相互作用. 强相互作用指离子键或共价键及其杂化键. 值得指出的是,

天然生物材料中不存在金属键. 弱相互作用包括涉及偶极子的静电相互作用、色散力、氢键和疏水键. 在生物大分子中, 正是众多个弱作用的协同作用决定了结构的稳定性及其构象的运动性. 生物材料复杂的结构很大程度上取决于其中原子、分子间的相互作用. 因此, 要研究生物材料结构与功能的关系, 必须了解这些复杂结构中各种原子、分子间的相互作用. 在传统材料科学中, 氢键和疏水键几乎没有提及. 鉴于它们在天然生物材料中的重要性, 特此加以说明.

氢键(hydrogen bond) 在弱相互作用中占有突出的地位. 氢原子只有一个 1s 电子, 因而只能形成一个共价键. 但如果在与电负性较强的原子 (记为 A) 已形成键的氢原子附近还有其他体积较小、电负性较大的原子 (记为 B) 如 O、N、F 等时, 则 H 还可以同时和这些原子形成另一个弱得多的键, 称为氢键. 常用下列符号表示：A—H$\cdots$B, 其中虚线部分为氢键, 能够形成氢键是因为 H 和其他原子原来形成的共价键具有较大的偶极矩, 以致 H 原子核正电荷附近电子云密度较小, 因此质子又能和另一个电负性较强的原子相互作用, 从而形成氢键. 其键能较小, 为 8~50kJ/mol. 键长范围为 0.95~0.34nm, 其定义为原子 AB 之间的距离.

一般认为在 A—H$\cdots$B 中, A— 氢键基本上是共价键, 而 H$\cdots$B 键则是一种较弱的有方向性的范德瓦耳斯引力. 氢键与一般范德瓦耳斯力不同之处是：A—H$\cdots$B 具有饱和性和方向性, 其方向性是 A—H$\cdots$B 三原子在一条直线时键最强. 氢键可以分为分子间氢键和分子内氢键两大类. 水分子中的 O 通过氢键和其他水分子中的 H 联结, 使水形成一个局部有序结构, 这是常见的氢键一例.

在蛋白质 α-螺旋中, 上一圈的 CO— 通过氢键和跨越三个残基与下一圈的 NH— 之间连接, 因此 α-螺旋是氢键最多的结构之一. 这些氢键的方向和螺旋长轴方向基本平行. 这种氢键至少要破坏三个以上才能使多肽链出现挠曲. 在该处产生折叠是蛋白质能呈球形的必要条件.

β-折叠也是氢键很多的一种结构, 在此结构中, 并列着的多肽链通过链间的氢键的交联, 排成折叠式的构象. 由于所有的肽键都参加了这种交联, 因此给 β-折叠结构带来很大的稳定性. 其中多肽键之间的氢键与多肽链本身大致垂直. DNA 分子中碱基之间的配对主要也靠氢键, 如 G 和 C 之间能形成三个氢键, A 和 T 之间形成两个氢键, 因此 G—C 对一般比 A—T 对更为稳定. 在形成 DNA 双螺旋结构时, 氢键起着一定的作用. 加热可以使蛋白质和核酸的氢键破坏从而使其失活, 从这一点可以看出氢键在生命活动中的重要性.

疏水键(hydrophobic bond) 指两个非极性分子 (疏水基团) 为了避开水相而群集在一起的作用力. 疏水基更确切些应称为疏水性相互作用. 这些分子存在的引力是范德瓦耳斯力. “键” 是由于疏水性分子从氢键构成的水晶格中被排除而形成的, 这是决定生物膜的总体结构的主要因素. 在生物膜中, 磷脂是一种双亲媒性分子. 在水存在的情况下, 它倾向于非极性端 (疏水端), 不与水接触, 而极性端 (亲水端) 倾向于与水接触, 从而形成自由能最低的磷脂双分子层. 这是一切生物膜的基础构架. 在此基础构架上嵌入蛋白质, 就形成了生物膜.

在蛋白质分子的多肽链中, 也含有非极性侧链 (疏水侧链) 的氨基酸残基, 如亮氨酸、异亮氨酸、苯丙氨酸、缬氨酸、色氨酸、丙氨酸、脯氨酸. 两个非极性侧链之间可以生成疏水键, 如:

$$\mathrm{HC{-}CH_3 \cdots H_2C{-}CH}$$

非极性侧链与主链骨架的 α-CH 基也可以生成疏水键. 疏水键对于维持蛋白质的三四级结构也起着重要作用.

天然生物材料为适应各种功能需要和环境而形成错综复杂的内部结构和整体多样性. 其复杂性是传统材料如金属、陶瓷等无可比拟的. 但是仔细研究发现, 其错综复杂的结构是由为数不多的几种基本化合物构成的. 这几种化合物就是水、核苷酸 (4 种)、氨基酸 (20 种)、糖和生物矿物 (4 类). 生物材料结构的复杂性主要表现在这几种基本化合物组装方式上. 这一点就像英语只有 26 个字母, 但是由此而构成的单词、语句、文章可以是无穷无尽的. 英语有构词法、语法和文法. 类似的, 生物材料的组成也有特定的规律. 尽管各种天然生物材料有其特定的组装方式, 但它们都具有空间上的分级结构, 是复合材料. 研究各种生物材料的分级初自组装复合方式以获得特定功能的规律是本学科中心任务之一.

细胞是生命的结构和功能的基本单位. 因此, 在某种意义上说, 有活性的生物材料都是细胞与细胞外物质组成的复合材料. 例如, 骨骼肌, 本身主要由细胞构成. 其细胞较大, 长可达数厘米, 直径可为 10~100μm, 每个细胞称作一个肌肉纤维. 多组细胞由结缔组织结合在一起形成肌肉的束. 而骨这种硬组织则可视为由骨系细胞、细胞外基质及分布于基质内外的无机矿物相构成的复合材料. 组成生物材料的分子与构成无生命物质的分子没有本质上的差别, 但生物材料却具有比无生命物质复杂得多的自组装分级结构和优异性能, 这都与细胞在其繁殖、分化、更新、重建中的调节作用密切相关. 从生物材料的角度了解细胞与细胞外物质的相互作用, 发展细胞调制生长技术将为生命科学和材料科学提供大量的信息, 对生物医用材料乃至生物组织工程材料的研制开发与仿生材料的设计具有重要的指导意义.

6.2.3 医用生物材料

1. 概述

医用生物材料即医药用仿生材料 (又称生物医药材料). 这类人工或天然材料可以单独或与药物一起用于人体组织或器官, 起替代、增强、修复、治疗等作用. 医用生物材料在 20 世纪 60 年代兴起, 80 年代获得高速发展. 它最早的使用可以追溯至 18 世纪末, 从 1886 年用钢片和镀镍钢治疗骨折以来, 迄今, 人工器官比较广泛地应用于临床：人工心瓣膜已拯救了成千上万人的生命；人工关节替代各种损坏的关节，使许多患者能进行正常的生活活动；人工肺使心脏外科手术进入一个全新的境界；人工肾挽救了许多尿毒症患者的生活；人造角膜、人工晶体给众多的眼疾患者带来光明；人工喉头、人工食道、人造肠、人造肛门、人造膀胱、人造乳房、隆鼻等使器官先天畸形或患恶性肿瘤病人的生活质量得到提高或生命得到延长；高分子医疗用品如输血、输液用具注射器、导管已被临床广泛采用，不仅使用方便，而且安全卫生；医用缝线在外科手术使用中，有利于组织创伤生长愈合；医用黏结剂在医疗领域前景广阔，用于皮肤的胶接、牙齿的胶接、人工关节和骨的胶接、人工角膜和人工晶体与周围组织的胶接等；人造血液将因外伤及其他原因大量失血或处于休克状态的生命从死神手中夺回. 人工合成或半合成药用高分子材料在新型的药物传递系统中几乎成了不可缺少的组成成分，并显示出其特殊的优良性能，如对药物的渗透性、成膜性、黏着性、润湿性、溶解性、吸水膨胀化性和增稠性等有明显的影响，使药剂学的发展提高到一个新的水平.

医用生物材料的品种繁多，迄今为止，还未有一个统一的分类方法，归纳如下：

(1) 按化学组成和来源分为 4 类：无机医用生物材料、天然医用生物材料、合成高分子医用生物材料和复合医用生物材料.

(2) 按用途分为 3 类：医疗用生物材料、医用生物材料和药用生物材料. 医疗用材料是指用在人体上以医疗为目的和人体不接触或短暂接触的材料如一次性注射器、导液管等；医用材料则是长期与人体接触的材料如人工脏器、隆胸充填材料、医用粘合剂、人造血液等.

(3) 按作用效果分为 4 类：生物相容性材料 (包括血液相容性材料、组织相容性材料和生物降解吸收材料)、硬组织相容材料、血液净化材料和药用 (高分子) 材料.

需要指出的是，以上分类并不完全，一些生物医用材料还未包罗在内，一些则又有交叉重复，有些生物医用材料同时兼有多种功能，不同功能之间还可以相互转换，如聚乙烯吡咯烷酮 (PVP) 既具代血浆的医用功能 (人工血浆组分)，又具载药的药用功能 (药用辅料)，还可作复合材料的组分.

2. 对医用生物材料性能的要求

现代医药学的发展，对医用生物材料的性能提出了复杂而又严格的多功能要求，它随使用的目的、显示的功能、与生物体是否接触、接触时间的长短等因素而异. 具体来说，对医药生物材料性能的要求如下：

1) 具备生物适应 (相容) 性

异物材料与生物接触时，在生物体方面往往出现血栓、炎症、毒性反应，变态反应以及致癌等各种生物化学性拒绝反应. 所以作为医药用生物材料必不可少的条件是生物相容性, 它包括血液相容性、组织相容性和生物降解吸收性.

A. 血液相容性

血液相容性指材料与血液接触时, 不发生溶血或凝血. 血液流动一般在以下两种情况发生异常: 一是血管损伤, 血液进入组织就会自动凝血; 二是当血液与异物如血管内表面以外的材料接触时, 可能会产生溶血或在异物材料表面凝结产生血栓即凝血. 显然, 后一种情况是医药用材料植入人体或与血液接触时容易发生的问题. 已知凝血过程是一个非常复杂的生物化学变化过程, 既与血液中的多种成分如血浆蛋白质、凝血因子、血小板等有关, 也与异物材料的结构相关. 前者是生物体自身固有的, 这就要求医药用材料要有与良好的抗血栓性能和一定的抗凝血时间相适应的结构. 大量的科学研究表明, 材料的抗血栓性能, 直接与其表面结构相关. 迄今为止, 已获知具有抗血栓性能的材料的表面结构有以下特征:

(1) 带负电荷表面. 材料表面与血液接触后, 首先是血液中蛋白质和脂质吸附在材料表面上, 这些分子构象的变化导致血液中各成分相互作用: 一类作用是触发以凝固因子为活化起点的内源性凝血反应; 另一类作用是黏附血小板、红血球, 使血小板变形释放出第 III 因子, 促进凝固反应进行. 因为天然血管内壁和血液中的红血球、血小板都荷负电, 因此表面带负电荷的材料, 可以与其产生静电斥力, 阻止血小板、红血球等血液成分黏附于材料的表面, 从而实现抗凝血. 例如, 在涤纶或泡沫聚四氟乙烯 (EPTFE) 的表面蒸镀一平滑碳膜层后, 具有与生物活体状态相近的负电位和电导率, 可以提高材料的抗血栓性能; 若在涤纶或 EPTFE 的表面于 $-100°C$ 温度下涂覆上超低温各向同性碳素, 用作人造血管的材料, 则显示出良好的抗血栓性能. 其他表面荷负电的生物材料还有羧甲基纤维素、磺化聚苯乙烯等. 但应注意, 有许多高分子材料的表面虽带有负电荷, 但抗凝血性并不好, 而相反地, 有些表面带正电荷的材料却又有较好的抗凝血性能. 异体材料表面带电荷类别 (正、负)、数量与其抗凝血作用之间的关系正在进一步探讨中.

(2) 具亲水性或疏水性均衡的表面. 对非离子性高聚物材料表面的亲水性、疏水性与抗血栓之间的关系研究表明, 如果材料特别容易润湿或特别难润湿, 则抗血栓性提高. 例如, 有些亲水性材料如聚乙烯吡咯烷酮、聚乙烯醇、聚甲基丙烯酰胺、聚甲基丙烯醇 β-羟乙酯与血液接触后产生的界面能小, 抗凝血性良好; 而有些疏水性材料如硅橡胶也有良好的抗血栓性能, 是用作心脏、心瓣膜、心脏起搏器、肺、角膜、鼻、胆管、尿道、膀胱、关节、骨、人工血管、食道、气管等数十种人工脏器的首选材料.

(3) 具微相分离结构表面. 近年来, 在抗凝血材料分子设计方法的研究中发现, 如果将亲水性和疏水性高分子嵌段或接枝共聚, 使高聚物材料具有交替出现亲水和疏水部分结构的表面, 则表现优良的抗凝血性和力学性能. 这种由亲水区和疏水区构成的微观多相分离结构表面与生物膜表面的微观非均相结构 (亦由亲水区、疏水区镶嵌) 相类似, 因而具有优良的血液相容性. 这类高分子材料有聚氨酯嵌段共聚物、亲疏水三嵌段共聚物和接枝共聚物、共混物. 典型的实例如甲基丙烯酸羟乙酯–苯乙烯–甲基丙烯酸羟乙酯 (简称 HEMA-St-HEMA)ABA 型, 三嵌段共聚物, 当共聚物中 HEMA 的物质的量分数为 0.608 时, 呈现的亲水性、疏水性相间的层状微相分离结构不仅能抑制血小板的黏附, 还能抑制血小板的变形、活化和凝聚, 动物实验作为治疗心脏梗塞通用人工血管取得良好效果, 可望作为微细人工血管材料用于医学临床. 总的来说, 以模拟生物膜的结构和功能为目标, 设计合成具微相分离表面结构的高分子材料日益引起广泛重视.

(4) 具接枝或涂覆抗凝血物质表面. 天然的抗凝血物质有尿激酶、肝素、前列腺素等. 前者具有溶解血栓的作用, 后两者是抑制血栓生成的生理活性物质, 应用最广的是肝素. 在高分子聚合物表面浸渍涂覆或化学键合接枝上这些天然抗凝血物质, 形成了生物化表面, 使材料具有抗凝血性能. 肝素聚氨酯材料、尿激酶马来酸酐甲基乙基醚材料属于此类. 这样的材料适用于比较短期的用途, 如作为临床用插管材料.

(5) 伪内膜形成表面. 采用缓释肝素方法, 使材料和血液在接触界面上只生成一个很薄的血栓层, 而后内皮细胞、纤维芽细胞在这血栓层上黏附、生长、繁殖, 从而使材料的表面形成与血管内膜相同的伪内膜, 因而具有抗凝血性.

材料结构与抗凝血之间的关系比较复杂, 许多问题有待阐明. 迄今为止, 已知材料表面的化学组成、结构、形态、相分离程度、表面自由能、亲疏水性平衡以及表面所带电荷等都不同程度地影响材料的血液相容性.

B. 组织相容性

组织相容性是指材料与血液以外的生物组织接触时, 材料本身的性能满足使用要求而对生物体无刺激性, 不使组织和细胞发生炎症、坏死和功能下降, 并能按照需要进行增殖和代谢. 因为异体材料与生物活体组织接触时, 二者相互影响发生各种各样的作用, 这些相互作用包括机械作用 (摩擦、冲击、反复曲伸)、物理作用 (溶出、吸附、渗透)、化学作用 (分解、水解、氧化、修饰、腐蚀等). 它既引起生物体方面发生变态反应、急慢性反应、血栓形成、急性炎症、催畸、致癌等排异反应以及促进组织功能恢复、免疫系统活化等医疗上的有效反应, 也使材料在生物体内发生理化性质变化导致劣化、功能下降等. 因此, 作为医用材料除应具有良好的血液相容性外, 还必须有组织相容性. 具体来说, 要求材料置于一般组织表面、器官空间组织内等处后, 活体组织不发生排斥反应, 材料自身也不因与活体组织、体液中多成分长期接触发生性质劣化, 功能下降. 否则, 将会造成严重的后果. 例如, 人工血管和人工心纳泵长期与血液接触时, 生物活体内的脂质、蛋白质、钙等吸附、沉积、渗透等作用, 使其丧失了弹性, 变成动脉硬化型; 过去, 曾用硅橡胶材料作人工心脏的球瓣, 由于硅橡胶在长期与血液接触过程中, 吸附脂质而变脆, 在血压的作用下常常发生粉碎性的破坏, 造成死亡事故. 由此可见, 材料的组织相容性也是十分重要的. 目前用作人工皮肤、人工气管、接触镜片 (隐形眼镜) 等的软组织材料和人工关节、骨头及牙科的硬组织材料都具良好的组织相容性.

C. 生物降解吸收性

生物降解吸收性是指材料在活体环境中可发生速度能控制的降解, 并能被活体在一定时间内自行吸收代谢或排泄. 这类材料用于只需要暂时存在体内最终应降解消失的医疗中. 如吸收型缝合线、药物缓释基材料、导向药物载体、医用胶粘剂、人造血浆等. 按照在生物体内降解方式可分为水解型和酶解型两种. 合成的聚酯、聚酐和聚原酸脂、聚乙内酯等属水解型, 大多数天然高分子聚氨基酸 (多肽)、交联的白蛋白、骨胶原、明胶等则属于酶解型. 它们都是在 37°C, 近中性的活体环境中降解, 其降解产物对机体无毒无刺激性, 可直接排出体外或被吸收, 进一步参与生物体的新陈代谢.

2) 具备效果显示功能

在医药学方面, 作为人工器官、组织、药物载体、临床检查诊断和治疗用材料, 除要求与生物体相互适应、融合共存外, 还必须具有显示其医用效果的功能, 即生物功能性. 由于使用的目的、各种器官在生物体外所处的位置和功能不同, 对材料的要求也各有侧重, 简单归纳如下:

可检查、诊断疾病. 作生物传感器、医疗测定仪器零件和检查用材料应具备这种功能. 例如, 将由梅毒心磷脂、胆甾醇和卵磷脂组成的抗原材料固定在醋酸纤维膜上形成免疫传感器, 可感知血清中梅毒抗体发生反应, 产生膜电位, 从而用来诊断梅毒.

可辅助治疗疾病如注射器、缝合线和手套等手术用品材料.

可分别满足各脏器对维持或延长生命功能的性能要求. 例如, 作为人工肾脏的材料, 要有高度的选择透过功能; 作为人工心脏和人工血管材料, 要具有高度的机械性能和耐疲劳性能; 作为人工皮肤材料, 要具有细胞亲和性和透气性; 作为人工血液, 要具有吸、脱氧功能; 作为人工晶体 (玻璃体), 要有适度的高含水率和高度的透光性能.

具备支持活体, 保护软组织、脑和内脏的功能等. 例如, 人工关节、人工骨骼、人工耳、人造肌腱、人造齿根、人造肌肉、人造修补材料等.

具备可改变药物吸收途径, 控制药物释放速度、部位, 并满足疾病治疗要求的功能. 例如, 药用高分子材料作为药物控释体系的载体, 可以控制药物的释放速度, 增加药物对器官组织的靶向性, 提高疗效, 降低毒副作用. 降低分子药物与高分子材料 (特别是生物降解性材料) 共价结合修饰的高分子药物改变了低分子药物代谢快、血液浓度不恒定、无靶向性的缺点, 在抗癌药物设计、研究、开发和应用中具有特殊的重要意义.

6.2.4 生物材料的发展现状

根据当前生物发展水平和产业化状况, 把生物材料分为三个发展阶段: 一是惰性生物材料, 即材料与组织细胞无界面作用; 二是生物材料的生物化, 即材料与组织细胞亲和性改善, 关注界面间的相互作用; 三是组织工程支架材料, 不仅关注材料与组织细胞的亲和性, 还关注材料本身的成型、力学性能和降解能力. 下面分别讨论这三个阶段生物材料的研究状况和发展前景.

1. *惰性生物材料*

惰性生物材料是指对人体组织化学惰性, 其物理机械和功能特性与组织匹配, 使材料在应用过程中不致产生不利于功能发挥和对其他组织影响的反应, 特别是与组织接触短 (长) 时间不产生炎症或凝血现象, 无急性毒性或刺激反应, 一般无补体激活产生的免疫反应的一类功能材料. 这类材料的应用基于对材料本身性能的全面了解, 是人类最早、最广泛应用的生物材料.

目前惰性生物材料主要品种有金属材料、非金属材料、有机高分子材料以及复合材料. 金属材料主要集中在不锈钢、钛、金、银等基体金属及钴、镍、银–汞合金; 非金属材料主要有氧化铝、氧化锆、氧化硅、氧化镁、氧化钛、铝酸钙等陶瓷材料; 有机高分子材料品种多, 应用最为广泛, 它有聚乙烯、聚丙烯、聚氯乙烯、聚四氟乙烯、聚丙烯腈、聚甲基丙烯酸甲酯、聚甲基丙烯酸羟乙酯、聚氨酯、硅橡胶、天然橡胶、碳纤维、聚砜纤维、聚丙烯中空纤维、吸附树脂等; 复合材料主要有纤维增强聚合物材料或金属–陶瓷复合材料. 这些材料可用于人工血管、人工角膜、人工瓣膜、人工心脏及心脏辅助设备、心脏补片、人工晶状体、人工中耳骨、人工食道、喉、乳房、肾、肝、胰、胆道、输尿管、阴茎、皮肤、承力骨、颅骨、关节, 以及医疗辅助设备如医用插管、输液管、输血管、手套、避孕套、绷带、止血海绵、组织黏结剂等.

材料表面的钝化也是惰性生物材料的研究内容, 表面钝化的内容是在材料表面覆盖白蛋白, 抑制血小板在基材上的沉积, 使凝血反应难以发生, 或设计类似金刚石表面, 使材料表面不会引起任何细胞毒素作用、溶血作用和补体激活现象, 另外该表面具有机械、热、化学和生理环境下的稳定性优点, 可望成为最有发展潜力的惰性生物材料.

随着医学水平的提高以及人们生活质量的改善, 惰性生物材料的应用会向更高层次 —— 生物化或组织工程化生物材料过渡. 但就目前商品化和普及应用水平看, 尤其是医学的目的从治病救人转轨到预防保健的过程中, 需要大量常用人工器官和生物材料为主体的医疗器械, 这使惰性生物材料在相当长一段时间内占统治地位, 是研究开发的重点.

2. 生物材料的生物化

随着材料科学、医学的发展，以及先进仪器设备的发明，带动了生物材料的发展. 集中表现在发现新型生物材料，以及更多关注惰性生物材料所制成的人工器官和医疗器械在使用过程中与组织或血液产生的界面反应. 新型生物材料有代表性的成果是 20 世纪 70 年代发现的钙磷系玻璃陶瓷，如羟基磷灰石、β-磷酸三钙、珊瑚等. 这类材料有与人体骨组织的无机成分类似的化学组成，且材料抗压、抗折强度与人骨接近，植入后与组织亲和性良好，同时有降解作用并诱导成骨细胞 (加诱导因子如骨形态发生蛋白 BMP) 的长入，使植入组织骨化，一段时间后植入组织转化为正常组织等特点，也即材料在使用过程中逐渐生物化. 另一个研究重点是惰性生物材料的生物化 —— 即在不破坏原有材料性能的基础上，通过表面改性设计使材料在长期使用过程中与细胞亲和性好，不产生炎症、凝血、畸变、甚至癌变等反应. 研究的重点是抗凝血材料的设计与制备. 抗凝血材料设计思路有以下五点：① 在惰性生物材料表面引入活性药物如肝素、尿激酶、前列腺素等或类肝素化，这种生物化方法的关键是以物理或化学方法引入这些高抗凝血活性物质，材料在使用过程中表面维持一定量的抗凝血活性药物. ② 表面接枝亲水性分子链是疏水高分子生物材料生物化的一大内容，主要在表面接枝聚环氧乙烷 (PEO) 或甲基丙烯酸羟乙酯等亲水链，使材料在体液或血液环境中表面完全亲水. ③ 设计表面微相分离结构也是材料生物化的内容，微相分离是血管壁内皮的结构特征，即亲水糖链和疏水脂质体形成两相镶嵌结构，模仿这类结构可望改善材料的抗凝血性. 目前主要通过共混或共聚方法在高分子聚合物如聚氨酯表面引入微相分离结构. 值得注意的是微相分离结构对材料抗凝血性能提高的机制还没有完全弄清楚，使该方法的研究受到制约. ④ 接枝蛋白质或氨基酸，产生免疫吸附，这主要是基于蛋白质、氨基酸或核酸与细胞有更好的亲和性；天然高分子如甲壳糖、胶原、明胶、蛋白微丝等生物材料的研究表明，它们的抗凝血性能和组织亲和性优于一般生物材料，关键在于一系列处理过程中如何维持天然材料的结构性能，尤其是维持材料的免疫性能. ⑤ 表面液晶结构设计，使材料表面与细胞表面产生类似的物理结构或化学结构，该研究已经证明表面液晶结构的形成有利于材料抗凝血性能的提高.

3. 组织工程支架材料

材料生物化毕竟不能改变材料的基本结构，这为材料的长期使用留下隐患，同时器官 (尤其是组织) 是一个复杂的系统，不可能用单一无活性的材料来模仿其全部或大部分功能. 因此在器官 (或组织) 供体来源非常有限的情况下，如何在体外培养出正常的组织供手术使用，是医学界和生物医学工程学界追求的目标之一. 组织工程的出现和发展为这一目标的实现提供了可能.

组织工程是近十年发展起来的一门新兴学科，它是应用生命科学和工程的原理与方法, 研究、开发用于修复、增进或改善人体各种组织或器官损伤后功能和形态的新学科, 作为生物医学工程的一个重要分支, 是继细胞生物学和分子生物学之后, 生命科学发展史上又一个新的里程碑. 组织工程的关键是构建细胞和生物材料的三维空间复合体, 该结构是细胞获取营养、气体交换、废物排泄和生长代谢的场所, 是新的具有形态和功能的组织、器官的基础. 生物材料在组织工程中占据非常重要的地位, 同时组织工程也为生物材料研究出了难题和提供了发展方向. 那么组织工程用生物材料 (支架材料) 应具备哪些性能呢? 首先是无毒, 具有良好的生物相容性和组织相容性; 其次是可降解吸收, 在组织形成过程中材料降解并被吸收; 具有可加工性, 尤其是能形成三维结构并有较大的孔隙率, 以便进行营养物质传输、气体交换、废物排泄; 使细胞按一定形状生长, 良好的材料–细胞界面, 利于细胞黏附、增殖、激活细胞特异基因表达等. 目前应用于组织工程研究的生物材料为可降解性天然或合成高分子材料, 无机陶瓷或玻璃、珊瑚等.

天然可降解性高分子材料主要有胶原、明胶、甲壳糖、毛发、海藻酸、血管、血清纤维蛋白、聚氨基酸等, 应用较多为胶原、血清纤维蛋白. 该类材料最大优点是降解产物易于被吸收而不产生炎症反应, 但存在力学性能差, 尤其是力学强度与降解性能间存在反对应关系, 即高强度源于高分子量, 导致降解速度慢, 难于满足组织构建的速度要求, 也使构建多孔三维支架存在困难.

合成可降解性高分子材料是目前组织工程应用生物材料的主要研究对象, 其中以聚交酯系列材料为主, 如聚乳酸、聚乙醇酸及其共聚物, 还有聚环氧丙烯、聚原酸酯等, 这类材料降解速度和强度可调, 容易塑型和构建高孔隙度三维支架, 因此在组织工程发展的初级阶段得到了发展. 但这类材料本质缺陷在于其降解产物容易产生炎症反应, 降解单体集中释放, 会使培养环境酸度过高. 另外, 该类材料对细胞亲和力弱, 往往需要物理方法或加入某些因子才能黏附细胞.

生物活性陶瓷、玻璃应用于组织工程较多的有羟基磷灰石、β-磷酸三钙和珊瑚, 它们抗压强度高, 与细胞亲和力好, 降解产物形成利于细胞增殖的微碱性环境, 但存在加工困难、形成的支架孔隙率低等缺点. 因此作为组织工程支架也存在难于克服的问题.

目前针对这些材料的缺点, 通过复合的方法取长补短, 是现阶段组织工程支架材料研究没有新的突破的情况下必然的选择. 研究最多的复合材料聚乳酸–羟基磷灰石 (或 β-磷酸三钙), 该材料无论在强度、降解性、多孔度、可加工性等方面结合了两类材料的优点, 尤其是以叠层复合方法可望完全保留两材料的优点, 并可能产生酸碱中和作用, 以减轻合成高分子材料降解酸性单体产生的炎症反应. 值得注意的是这两类材料降解机理不同, 如聚乳酸为链段降解, 最终形成大量的乳酸单体, 而羟基磷灰石则是溶蚀式降解, 产物在降解过程中被吸收, 复合材料在本质上没有消除酸性单体在降解的后期大量出现这一弊端. 因此复合材料不是理想的组织工程支架材料.

近年来, 高技术生物材料及制品产业已经形成并正在蓬勃发展, 其市场销售额在近十年世界经济衰退阴影下仍以年平均 15%的速率稳步增长, 国际生物医用材料产业的产值已超过 800 亿美元. 根据经济合作与发展组织 (OECD) 统计, 到 2010 年全球生物医用材料产业的市场销售额将达到 4000 亿美元. 从市场的绝对规模看, 全球生物医用材料市场保持了较高的增长速度, 然而, 从相对规模看, 其增长速度是逐年递减的, 1998 年全球生物医用材料市场增长率为 29%, 到了 2001 年, 这一数值降为 13%. 近 20 年来, 全球生物医用材料和制品持续增长, 其市场份额也发生了巨大变化. 美国近 10 年生物医用材料市场增长了 1 倍. 2001 年, 尽管美国生物医用材料市场绝对额仍处于世界领先地位, 但其占全球份额的比重已经不足 50%, 这反映了生物医用材料市场正在由一家独占的局面向分散化的方向发展.

就生物医用材料产业发展态势及日后社会发展来看, 它可与 20 世纪五六十年代的汽车、半导体工业, 七八十年代的电子、计算机工业在世界经济中的重要作用相比拟, 这给各国的产业结构调整提供了一个机遇. 经济发达国家已形成了新兴的生物材料工业体系. 从过去由一般生产通用商品材料的工厂生产医用材料发展到由专业化的工厂来生产各种医用材料, 从利用现成的材料到纯化、改性, 使其达到应用要求, 过渡到为特定的需要而设计、研制具有特殊医用功能的材料, 使许多新的生物材料投入了市场.

生物医用材料产业发展如此迅猛, 主要动力来自于人口老龄化、中青年创伤的增多、疑难疾病患者的增加和高新技术的发展, 其研究和产业化对社会和经济的重大作用正日益受到各国政府、产业界和科学界的高度重视. 生物材料的研究与开发被许多国家列入高技术关键新材料发展计划, 并迅速成为国际高技术制高点之一. 美国国防部将生物材料列入 5 种高技术关键新材料发展规划; 德国、日本、加拿大、法国、澳大利亚、韩国等国家和地区纷纷公布自己的生物材料研究计划及巨额投资来吸引人才或引导投资, 以期能够在此领域内的世界性竞争中占一席之地. 目前, 美国、西欧、澳大利亚和日本均组建了十余个高级别多学科交叉的国家生物材料与工程中心.

纵观国际生物医用材料发展热点主要体现在以下几大方面.

1) 纳米生物医用材料

纳米材料与技术在生物医药材料上应用前景广泛. 所谓 “生物导弹” 即用磁性纳米材料定向载体, 通过磁性导航系统将药物输到病变部位释放, 增强疗效.

纳米材料制备与性质研究的迅速进展, 尤其在生物技术、医学诊断与治疗方面的应用奠定了基础. 纳米碳材料可显著提高人工器官及组织的强度、韧度等多方面性能; 纳米高分子材料粒子可以用于某些疑难病的介入诊断和治疗; 人工合成的纳米级类骨磷灰石晶体已成为制备纳米类骨生物复合活性材料的基础.

该领域未来发展趋势为：纳米生物医用材料"部件"与纳米医用无机材料及晶体结构"部件"的结合发展，如由纳米微电子控制的纳米机器人；药物的器官靶向化；通过纳米技术使介入性诊断和治疗向微型、微量、微创或无创、快速、功能性和智能性的方向发展；模拟人体组织成分、结构与力学性能的纳米生物活性仿生医用复合材料等.

2) 生物活性材料

生物活性材料是一类能在材料界面上引发特殊生物反应的材料，这种反应导致组织和材料之间形成化学键合. 该概念是在 1969 年美国人 L.Hench 在研究生物玻璃时发现并提出，进而在生物陶瓷领域引入了生物活性概念，开创了新的研究领域. 经过 30 多年来的发展，生物活性的概念在生物材料领域已建立了牢固的基础，如 β-磷酸三钙可吸收生物陶瓷等，在体内可被降解吸收并为新生组织所替代，具有诱出特殊生物反应的作用；羟基磷灰石由于是自然骨的主要无机成分，故植入体内不仅能传导成骨，而且能与新骨形成骨键合，在肌肉、韧带或皮下种植时，能与组织密合，无炎症或刺激反应. 生物活性材料具有的这些特殊的生物学性质，有利于人体组织的修复，是生物材料研究和发展的一个重要方向.

3) 药物控释材料

药物控释材料大多数是高分子材料，包括天然高分子材料、半合成高分子材料和合成高分子材料，根据它们是否在体内降解分为非生物降解和可生物降解两种类型. 当前非生物降解性控释材料大多是已商品化的产品，原料易得，并且其生理惰性和安全性已被确定，因此是目前已商品化的药物控释制剂的主要原料，在今后相当长的时间内还不会完全被生物降解材料取代. 生物降解高分子材料由于可降解，且不会在体内滞留，从而表现出用作药物载体的巨大潜力，而受到极大关注，主要包括聚乳酸及其共聚物、聚氨基酸、脂肪族聚醋、聚膦腈和脂质体.

4) 组织工程材料

组织工程是生物医学工程领域中一个快速发展的新方向，其核心是应用生物学和工程学的原理和方法来发展具有生物活性的人工替代物，用以维持、恢复或提高人体组织的功能. 十余年来，软骨、骨、肌腱等组织再造的成功，已展示了其广阔的发展前景；血管、气管等复合组织的再生，标志着组织工程已由单一组织再造向复合组织预制迈出了重大一步，而在胰腺、肝脏等组织再生研究中取得的突破性进展，更向人们展示了人类有能力再生具有复杂组织结构和生理功能的器官. 当前在软组织工程材料的研究和发展主要集中在研究新型可降解材料，用物理、化学和生物方法以及基因工程手段改造和修饰原有材料，材料与细胞之间的反应和信号传导机制以及促进细胞再生的规律和原理，细胞机制的作用和原理等，以及研制具有选择通透性和表面改性的膜材，发展对细胞和组织具有诱导作用的智能高分子材料等方面. 硬组织工程材料的研究和应用发展主要集中在碳纤维/高分子材料、无机材

料 (生物陶瓷、生物活性玻璃)、高分子材料的复合研究.

5) 介入治疗材料

介入治疗材料包括支架材料、导管材料及栓塞材料等. 置入血管内支架是治疗心血管疾病的重要方法, 当前冠脉支架多为医用不锈钢通过雕刻或激光蚀刻制备, 在体内以自膨式、球囊扩张式或扩张固定在血管壁上. 虽然经皮冠状动脉介入性治疗取得较好的成果, 但经皮冠状动脉成形术后 6 个月后再狭窄发生率较高 (约 30%), 是介入性治疗面临的重要问题. 近年的研究方向有药物涂层支架、放射活性支架、包被支架、可降解支架等. 管腔支架大多采用镍钛形状记忆合金制备, 有自膨式和球囊扩张式两类. 主要用于晚期恶性肿瘤引起的胆道狭窄; 晚期气管、支气管或纵膈肿瘤引起的呼吸困难的治疗, 支气管良性狭窄等; 不能手术切除的恶性肿瘤引起的食管瘘及恶性难治性食管狭窄等.

制作导管时材料有聚乙烯、聚氨醋、聚氯乙烯、聚四氟乙烯等. 导管外层材料多为能够提供硬度和记忆的聚酯、聚乙烯等, 内层为光滑的聚四氟乙烯. 栓塞材料按照材料性质可分为对机体无活性、自体材料相、放射性颗粒三种. 理想的栓塞材料应符合无毒、无抗原性, 具有良好相容性, 能迅速闭塞血管, 能按需要闭塞不同口径、流量的血管, 易经导管运送, 易得、易消毒等要求. 更高的要求是能控制闭塞血管时间的长短, 一旦需要可经过回收或使血管再通. 常用栓塞材料包括自体血块、明胶海绵、微胶原纤维、胶原绒聚物等.

21 世纪是生命科学的世纪. 基因组学和纳米生物医学技术仍是世界研究热点, 揭示人体组织、蛋白质结构和功能的研究也在升温, 转基因技术和纳米技术日臻成熟, 并逐步走向实用化, 具有巨大科学应用前景的干细胞研究也备受各国关注. 这些生命科学、生物技术和材料技术的进步和突破, 必将为研发活性生物医用材料、仿生生物材料和组织工程材料提供良好的机遇.

6.3 环 境 材 料

6.3.1 概述

在材料的提取、制备、生产、使用及废弃的过程中, 常消耗大量的资源和能源, 并排放大量的污染物, 造成环境污染, 影响人类健康. 20 世纪 90 年代初, 世界各国的材料科学工作者开始重视材料的环境性能, 从理论上研究评价材料对环境影响的定量方法和手段, 从应用上开发对环境友好的新材料及其制品. 经过几年的发展, 在环境和材料两大学科之间开创了一门新兴学科 —— 环境材料 (eco-material). 其特征首先是节约能源和资源; 其次, 是减少环境污染, 避免温室效应和臭氧层破坏; 第三是资源容易回收和循环再利用. 环境材料的出现是人类认识客观世界的飞跃与升华, 标志着材料科学的发展进入了一个新的历史时期.

1. 环境材料的定义

到目前为止, 关于环境材料尚没有一个为广大学者共同接受的定义. 最初, 一些专家认为环境材料是指那些具有先进的使用性能, 其材料和技术本身要有较好的环境协调性, 还要具备为人们乐于接受的舒适性的一类具有系统功能的新材料. 经过一段时间的发展, 一些学者认为, 环境材料实质上是赋予传统结构材料、功能材料以特别优异的环境协调性的材料, 或者指那些直接具有净化和修复环境等功能的材料, 即环境材料是具有系统功能的一大类新型材料的总称. 还有一些专家认为, 环境材料是指同时具有优良的使用性能和最佳环境协调性的一大类材料. 换言之, 环境材料是指对资源和能源消耗最少, 对生态环境影响最小, 再生循环利用率最高或可降解使用的新材料.

但是, 许多材料学者都认为这些定义尚不完整. 1998 年, 由国家科学技术部、国家 “863” 高技术新材料领域专家委员会、国家自然科学基金委员会等单位联合组织在北京召开了一次中国生态环境材料研究战略研讨会. 会上就环境材料的称谓、定义进行了详细的讨论, 最后各位专家建议将环境材料、环境友好型材料、环境兼容性材料等统一称为 “生态环境材料”, 并给出了一个有关环境材料的基本定义, 即生态环境材料是指同时具有满意的使用性能和优良的环境协调性, 或者能够改善环境的材料. 所谓 “环境协调性” 是指资源和能源消耗少, 环境污染小和循环再利用率高. 部分专家认为, 这个定义也不是很完整, 还有待进一步发展和完善. 例如, 环境材料还应该考虑经济成本上的可接受性, 即除使用性能、环境性能外, 还应加入经济性能才属于完整.

如图 6.9 所示, 环境材料是指那些具有满意的使用性能和可接受的经济性能, 并在其制备、使用及废弃过程中对资源和能源消耗较少, 对环境影响较小且再生利用率较高的一类材料. 在我国现阶段的环境状况下, 通常将治理污染所用到的一些环境工程材料也归纳到环境材料的范畴中. 随着对环境材料的不断研究和发展, 关于环境材料的定义将会不断完善.

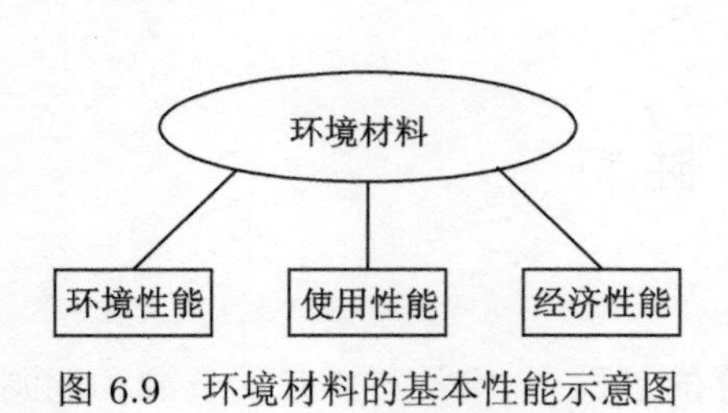

图 6.9　环境材料的基本性能示意图

2. 环境材料的分类

环境材料或生态环境材料是继人类历史上天然材料、金属材料、合成材料、复合材料、智能材料之后的又一新概念材料. 从学科发展来看, 分类代表了学科研究的程度, 由于环境材料还是一门刚刚兴起的学科, 不同研究者从不同角度或根据自己所掌握的材料和学识, 可以划分为不同的类型:

根据环境材料的功能可分为低 (资源、能源) 消耗材料、净化材料、吸波材料、(光、生物) 可降解材料、生物及医疗功能材料、传感材料、抗辐射材料、相容性材料、吸附催化材料等.

根据材料的用途可分为工业生态材料、农业生态材料、林业生态材料、渔业生态材料、能源生态材料、抗辐射材料、相容性材料、生物材料及医用材料等.

循环材料主要是指利用固体废弃物制造的、可再生循环制备和使用的材料, 如再生纸、再生塑料、再生金属以及再循环利用的混凝土等. 循环材料应具备以下四个特点: ① 可多次重复利用; ② 废弃物可作为再生资源; ③ 废弃物的处理消耗能较少; ④ 处理废弃物时对周围环境不产生污染等.

绿色能源材料是指洁净的能源材料、热能源材料等, 它包括直接或间接产生能源或改变能源状态的各种材料, 如热电材料、核电材料、太阳能电池材料、储氢材料以及利用风能、水能及地热、垃圾发电的各种介质材料等. 太阳能是洁净能源, 无污染, 储藏丰富, 可永世为人类服务. 因此, 发达国家都在开发利用太阳能方面大做文章. 如日本政府制定的新太阳计划, 在 2010 年将有 2600 万户住宅的屋面改造成太阳能屋面. 太阳能发电的关键部件是太阳能电池, 目前普硅电池转换率为 16%, 多晶硅转换率为 17.2%, 美国的半导体利用率达 30%以上.

信息材料是指应用在信息技术方面的新材料, 如半导体材料、光学介质材料、光电子材料、发光材料、感光材料、电容电阻材料、信息陶瓷材料以及电子辅助材料等.

绿色建筑材料是一种有利于环境保护的材料, 建材是世界上用得最多的材料, 特别是墙体材料和水泥, 我国每年的用量为 20 亿 t 以上, 其原料来源于我们赖以生存的土地. 生产建材的过程中不但造成土地的浪费, 又造成地球环境的不断恶化, 为此, 开发绿色环境材料迫在眉睫. 绿色建材的标准既要求满足强度要求, 又能最大限度地利用废弃物, 此外还要有利于人类身体健康. 近年来, 国内开发出一些符合环境材料特性的建材产品, 如无毒涂料、抗菌涂料、光致变色玻璃、调节湿度的建材、绿色建筑涂料、乳胶漆装饰材料、绿色地板、石膏装饰材料、净化空气的预制板、抗菌陶瓷等. 随着人们对环境意识的提高, 也必然会加深对绿色材料的认识和发展.

自然材料主要是指由自然态产出的一些材料, 如天然岩石、矿物、天然木材、各种生物质等. 在利用这类材料时不需要更多地消耗能源, 且在废弃时也不会产生太多的污染. 如日本科研人员用以方石英和火山灰为主的天然矿石制成的材料具有很高的吸附能力, 其吸附能力比活性炭高 10~20 倍; 还有陶瓷过滤材料, 如美国一公司发明制造了一种利用碱青石制成的过滤 CO、HO 等有害气体的过滤器, 且可以用于家庭除臭和热交换器等. 最近该公司又研究出用莫来石复合制成的性能更佳的多孔过滤器并已投入使用.

净化材料主要指能分离、分解或吸收废气、废液的材料.

随着科学技术的发展, 未来必将有大量的新型环境材料出现, 这些材料必将为我们的环境事业做出更大的贡献.

6.3.2 材料的环境影响评价

过去人们在使用材料时, 只是追求材料的使用性能, 即只将材料向拓展人类的生活领域的特性方向发展, 而忽视了材料对环境产生的污染及危害, 也就是忽视了材料的环境协调性. 人类社会目前已发展到了这样的阶段, 要求人们在使用材料时追求的不仅是优异的使用性能, 而是在材料的制造、使用、废弃及再生的整个生命周期中, 必须具有与生态环境的协调共存性.

评价一种材料是否为环境材料, 首先必须确定其评价标准. 从环境材料的定义看, 制定评价标准实际上是对材料的环境协调经济性、功能性等主要的几个方面进行标准指标的定量化.

1. 常见的环境指标及其表达方法

在进行材料的环境影响评价过程之前, 首先要确定用何种指标来衡量材料的环境负担性. 关于衡量材料环境影响的定量指标, 已提出的表达方法有能耗、环境影响因子、环境负荷单位、单位服务的材料消耗、生态指数、生态因子等. 下面简单介绍这些表达方法.

1) 能耗

早在 20 世纪 90 年代初, 欧洲的一些旅行社为了推行绿色旅游以满足环保人士的度假需求, 曾用能耗来表达旅游过程的环境影响. 例如, 对某条旅游线路, 坐飞机的能耗是多少, 坐火车的能耗是多少, 自驾车的能耗是多少. 这是最早采用能量的消耗来表示某种过程对环境影响的方法.

在材料的生产和使用过程中, 也有用能耗这项单一指标来表达其对环境的影响. 表 6.5 是一些典型材料生产过程的能耗比较, 可见水泥的环境影响要比钢和铝材的环境影响大. 由于仅采用一项指标难以综合表达对环境的复杂影响, 故在全面的环境影响评价中, 现已基本淘汰能耗表示法.

表 6.5 一些材料生产过程的能耗比较

材料	钢	铝	水泥
能耗	31.8	36.7	142.4

2) 环境影响因子

某些学者曾用环境影响因子 (environmental affect factor, EAF) 来表达材料对环境的影响：

$$\text{EAF=[资源, 能源, 污染物, 生物影响, E 域性]} \tag{6.1}$$

相对于能耗表示法, 环境影响因子考虑了资源、能源、污染物排放、生物影响和区域性的环境影响等因素, 把材料的生产和使用过程中原料和能源的投入及废物的产出都考虑进去了, 比能耗指标要全面综合一些.

3) 环境负荷单位

除环境影响因子外, 还有一些研究单位和学者提出了用环境负荷单位 (environmental load unit, LU) 来表示材料对环境的影响. 所谓环境负荷单位也是用一个综合的指标, 包括能源、资源、环境污染等因素来评价某一产品、过程或事件对环境的影响. 这一工作主要是由瑞典环境研究所完成的, 现在在欧美较流行.

表 6.6 是一些材料及元素的环境负荷单位比较, 可见, 贵金属元素的环境负荷单位特别大, 这与实际情况基本一致.

表 6.6 一些材料及元素的环境负荷单位比较

元素	ELU/kg	元素	ELU/kg
铁	0.38	锡	4 200
锰	21.0	钴	12 300
铬	22.1	铂	42 000 000
钒	42	铑	42 000 000
铅	363	石油	0.168
镍	700	煤	0.1
钼	4200		

由于单位材料的质量环境负荷单位是一种无量纲单位, 在实际应用中如何换算某种材料的环境负荷单位并与其他材料的环境影响进行比较, 目前还没有完全为公众了解和接受.

4) 单位服务的材料消耗

德国涅泊塔研究所的斯密特教授 (Schmidt) 于 1994 年提出了一种表达材料环境影响的指标方法 —— 单位服务的材料消耗量 (materials intensity per unit of service, MIPS), MIPS 指在某一单位过程中的材料消耗量, 这一单位过程可以是生产过程也可以是消费过程. 详细介绍可参见斯密特教授的专著《人类需要多大的世界》.

5) 生态指数

除上述表示材料的环境影响指标外, 国外还有一种生态指数表示法 (eco-point), 即对某一过程或产品, 根据其污染物的产生量及其他环境作用大小, 综合计算出该产品或过程的生态指数, 判断其环境影响程度. 例如, 根据计算, 玻璃的生态指数为 148, 而在同样条件下, 聚乙烯的生态指数为 220, 由此即认为玻璃的环境影响比聚乙烯要小. 由于同环境负荷单位、环境影响因子相同, 指数表示法也是无量纲单位表示法. 计算新产品或新工艺的环境影响的生态指数是一个很复杂的过程, 故目前这些表达法都还不是很通用.

6) 生态因子

以上环境影响的表达指标都只是计算了材料和产品对环境的影响, 在这些影响中并未考虑其使用性能. 由此, 有些学者综合考虑材料的使用性能和环境性能, 提出了材料的生态因子表示法 (eco-indicator, ECOI). 其主要思路是考虑两部分内容: 一部分是材料的环境影响 (environmental impact, EI), 包括资源、能源的消耗, 以及排放的废水、废气、废渣等污染物, 加上其他环境影响, 如温室效应、区域毒性水平, 甚至噪声等因素; 另一部分是考虑材料的使用或服务性能 (service performance ,SP), 如强度、韧性、热膨胀系数、电导率、电极电位等力学、物理和化学性能:

$$\mathrm{ECOI} = \frac{\mathrm{EI}}{\mathrm{SP}} \tag{6.2}$$

式中, ECOI 为该材料的生态因子; EI 为其环境影响; SP 为其使用性能. 因此, 对某一材料或产品, 用 (6.2) 式来表示其生态因子, 在考虑材料的环境影响时, 基本上扣除了其使用性能的影响, 在较客观的基础上进行材料的环境性能比较.

2. 生命周期评价方法

材料的生命周期评价方法也被称为 LCA(life circle assessment) 方法. 其基本思想起源于 20 世纪 60 年代化学工程中应用的 “物质–能量流平衡方法”, 其基本理论根据是: 利用能量守恒和物质不灭定律, 对产品生产和使用过程中的物质或能量的使用和消耗进行计算. 80 年代从事环境研究的学者发展了这一方法, 把 “物质–能量流平衡方法” 引入到工业产品整个寿命周期分析中, 以考察工艺过程的各个细节, 即从原料的提取、制造、运输与分发、使用、循环再利用的各个环节进行综合考虑, 以考察其总体对环境的影响程度.

目前, 对 LCA 方法有许多通俗的定义与理解, 国际标准化组织 (ISO) 和国际环境毒物学和化学学会 (SETAC) 的定义是最具有权威性的. ISO 的定义是: LCA 方法是汇总和评估一个产品 (或服务) 体系在其整个寿命期间的所有投入及产品对环境造成的和潜在的影响方法. ISO 不仅规范了所有产品和服务的技术标准, 随着环境保护的需要, 也在尝试对环境问题的分析方法进行标准化.

国际环境毒物学和化学学会的定义是: 生命周期评估法是一个评估产品过程或其活动给环境带来的负担的客观方法. 该方法通过识别和量化所用的能量、原材料以及废弃物排放来评价与产品及其行动有关的环境责任, 从而得到这些能量和材料应用以及排放物对环境的影响大小, 并对改善环境的各种方案做出评估. 生命全程评价法是评价材料的环境负荷的一种主要方法. 其优点在于环节概念清楚, 且将材料的生命过程作为一个整体进行分类研究.

如何对产品的生命周期进行评价, 首先要进行 “生命周期分析”, 分析的主要目标是: ① 建立起有关产品对资源要求、能源消耗和环境负载的综合信息; ② 确定整个周期或特定过程中达到阶段能源需求和排放量; ③ 比较替代产品、工序和生产活动中系统的输入和输出对环境的影响.

为了达到上述目标, LCA 分析方法就必须把产品的整个生命周期考虑在内: 即原材料生产、中间产品生产、产品组分及产品本身, 产品利用以及所有与产品生命周期有关的固体废弃物量都要考虑到. 以一个塑料瓶进行生命周期分析为例, 首先考虑原材料的来源, 比如油料取得、精炼、裂化、制成塑料小球, 然后吹制, 加盖喷射成型, 成为塑料瓶; 其次考虑它们的再利用问题, 瓶子可以反复利用, 可以被恢复成新瓶子, 也可通过再循环变成其他替代产品, 最终可以用多种形式处理等.

按照 ISO14040 系列标准, LCA 评价方法的技术框架一般包括 4 部分: 目标和范围定义、编目分析、环境影响评价及评价结果解释.

经过 20 年的发展, 作为一种有效的环境管理工具, LCA 方法已广泛地应用于生产、生活、社会、经济等各个领域和活动中, 评价这些活动对环境造成的影响, 寻求改善环境的途径, 在设计过程中为减少环境污染提供最佳判断.

尽管 LCA 在环境评价中有着很大作用, 随着对 LCA 应用经验的丰富, 人们逐渐发现 LCA 也存在着一些不足, 在应用范围、评价范围, 甚至评价方法本身等方面还有一些局限性, 认识其不足和局限性对于 LCA 未来的改进以及在工作中更好的使用它有一定的帮助.

6.3.3 国内外环境材料应用性研究进展

根据环境材料的性质和应用领域的不同, 可以把环境材料的应用性研究分为三大类: ① 环保功能材料, 其设计意图就是为解决日益严峻的环境问题, 包括大气、水以及固体废弃物处理材料等. ② 减少材料的环境负荷. 这类材料具有较高的资源利用效率以及对生态环境的负荷较小的特点, 如各种天然材料、清洁能源、绿色建材以及绿色包装材料等, 同时采用新工艺以降低加工和使用过程中的环境负荷. ③ 材料的再生和循环利用. 这是降低材料的环境复合同时提高资源利用效率的重要手段, 其重点是研究各种先进的再生、再循环利用工艺及系统. 目前, 环境材料应用性研究工作的重点是围绕经济工作的中心开展, 以环境材料评估技术为理论基础, 以生命周期设计 (life circle design, LCD) 方法为技术手段, 用环境意识对产品整个寿命周期进行设计, 从材料的设计阶段综合考虑材料整个寿命周期内的环境协调性、经济性、功能性, 力图使材料综合性能指标达到环境材料的标准. 在此基础上, 通过技术研究与突破, 实现经济增长方式的转变, 由末端治理转向源头控制; 同时紧密结合可持续发展战略, 改善材料设计思路及工艺技术与方法, 进行生产过程和内部管理优化, 降低产品成本, 提高效益, 促进企业自身的发展壮大, 加速产业化进程. 该思路可由图 6.10 来表示, 图中三个坐标的结合点为环境材料的应用性研究.

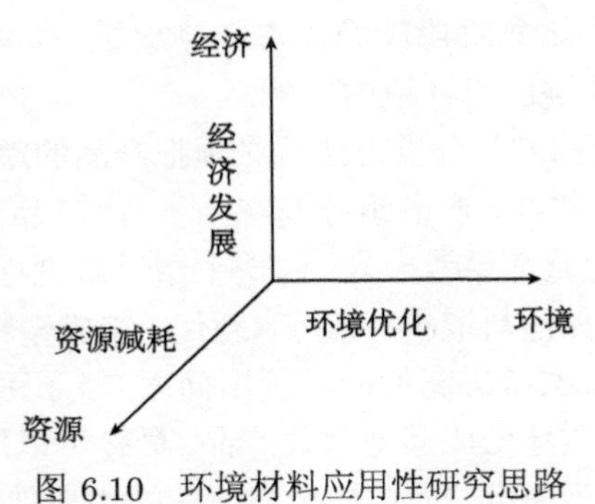

图 6.10　环境材料应用性研究思路

1. 环保功能材料的开发和应用

环保功能材料包括治理大气污染的吸附、吸收和催化转化材料; 治理水污染的沉淀、中和、氧化还原材料; 减少有害固态废弃物污染的固体隔离材料; 防止土壤沙漠化的固沙植被材料等.

1) 大气污染治理材料

治理大气污染方面, 目前的研究热点是开发汽车尾气净化催化剂材料, 尤其是能同时净化汽车排放的尾气中 CO、NO_x 和 HCl 的三效催化剂. 自 1971 年 Libby 在 *Science* 上首次提出用稀土复合氧化物钴酸镧替代贵金属作为汽车尾气净化催化剂以来, 钙钛矿型稀土复合氧化物 (ABO_3) 特有的催化性能引起了催化材料研究者的广泛关注. Hirohisa Tanaka 等研究钙钛矿催化剂 $La_{0.9}Ce_{0.1}Co_{1-x}Fe_xO_3$ 随着 x 变化的催化活性和结构稳定性. 该系列催化剂对 CO 和 HCl 有显著的催化活性, 而对 NO_x 几乎没有活性, 而且老化后当 $x = 0.16$ 时, 催化活性最高, $La_{0.9}Ce_{0.1}Co_{0.4}\ Fe_{0.6}O_3$ 为高温下具有优良催化活性和结构稳定性的最佳平衡点. Kebin Zhou 等把贵金属复合到钙钛矿, 制备了负载性的 $Pd/LaFe_{0.8}Co_{0.2}O_3$ 和掺杂性的 $LaFe_{0.77}Co_{0.17}Pd_{0.06}O_3$ 催化剂, 通过催化剂活性评价发现, 前者的 CO 和 HCl 起燃温度要低, 尤其是 NO_x 起燃温度低将近 200°C. 这个结果证实贵金属复合技术大大提高了稀土–过渡金属钙钛矿催化剂对 NO_x 的还原活性, 而且有助于稳定贵金属的抗烧结、与载体反应和抗挥发能力, 并指出主要是负载性的原子 Pd 的强还原性所致. Y. Nishihata 等在 *Nature* 上发表了 $LaFe_{0.57}Co_{0.38}Pd_{0.05}O_3$ 长时间工作后具有高活性的理论解释, 即自再生的机制, 认为催化剂在氧化和还原气氛中波动的同时, Pd 周期性的进入和离开钙钛矿晶格, 阻止了金属 Pd 颗粒的长大. 研究具有自再生能力的催化剂是将来大气污染治理材料的研究重点.

2) 污水处理材料

在污水处理领域, 光催化氧化技术能够彻底矿化降解废水中的有机物, 是一种环境友好型绿色水处理技术. 1976 年 CARY 报道了 TiO_2 水浊液在近紫外光的照射下可以使多氯联苯脱氯, 标志着光催化氧化反应技术在环保中应用的开始. TiO_2 作为光催化剂, 性质稳定、无毒价廉、效率高, 常温常压下即可操作, 太阳光和紫外光均可以作为光源, 并且可以利用空气作为催化促进剂. TiO_2 几乎可以无选择地氧化分解各种有机物. 目前的研究集中在 TiO_2 的改性上, 希望其能在可见光照的条件下, 获得良好的催化活性. 文献报道了一种新的溶胶–凝胶工艺, 将 C 元素引入 TiO_2 的晶格, 结果显示其吸收光谱明显红移.

2. 减少材料的环境负荷

1) 清洁能源

国内外已开始鼓励能源系统由化石能源转向清洁能源. 为了减少温室气体的排放, 欧洲各国正在减少化石能源的使用量, 同时提高天然气和可再生能源的使用量, 技术的重点放在节能和新能源开发上, 包括提高能源转换效率, 如大力发展热电联产, 转换效率可以达到 90%. 欧洲发展新能源包括太阳能光伏电池、风能等的步伐正在加快, 风能、太阳能、燃料电池的商业化水平提升很快. 从能量守恒的角度以及目前的技术发展情况来看, 太阳能无疑是最具前景的新能源.

2) 绿色建材

发展绿色建筑材料 (green building material) 有着多方面的意义. 从生态发展说它减轻了环境的压力, 协调了人类和环境的关系; 从人类自身来说它又有益于人类自身的健康, 为人类提供更舒适的生活空间; 从社会发展来说, 发展绿色建筑材料不仅有人文方面的意义, 而且在经济发展上, 可以转变经济增长方式、提高竞争力、促进社会经济的可持续发展. 20 世纪 90 年代后, 绿色建材的发展速度明显加快, 国外已经建立了各种绿色建材的性能标准并推出相应的环境标志来规范绿色建材的发展. 德国是世界上最早推行环境标志的国家. 1978 年发布了第一个环境标志——"蓝天使", 考虑的因素包括污染物散发、废料产生、再次循环使用、噪声和有害物质等. 与之类似, 还有加拿大的 Ecologo 标志计划, 主要规定材料有机物散发总量; 丹麦则依据与建筑并发症有关的厌恶气味和对黏液膜刺激制定了两个标准: 一个是关于织物地面材料的 (如地毯、衬垫), 另一个是关于吊顶材料和墙体材料的 (如石膏板、矿棉、玻璃棉、金属板). 美国和日本在新的环保建材的研究领域进行了大量的工作. 在美国, 过去胶粘剂地面长期使用氯化溶剂基胶粘剂, 现在向水基胶粘剂过渡; 建筑涂料也已过渡到以水性涂料为主, 近 75%由胶乳组成, 而且这一趋势还将继续下去. 在日本, 秩父–小野田水泥 (株) 已建成了日产 278t 生态水泥的实验生产线; 日本东陶公司研制成可有效地抑制杂菌繁殖和防止霉变的保健型瓷砖;

日本铃木产业公司开发出具有调节湿度性能和防止壁面生霉的壁砖和可净化空气的预制板等. 当前绿色建材的发展具有多功能化、复合化、传统建材与绿色功能建材一体化的特点. 如有一种新型的绿色建材 —— 自洁玻璃能够实现玻璃的自我清洁, 从而解决了高层建筑中玻璃清洁的困难.

我国也相继颁布了一些与空气质量和绿色建材相关的标准. 比如《室内建筑装饰装修材料有害物质限量》, 属强制性国家标准, 包括人造板、内墙涂料、木器涂料、胶粘剂、地毯、壁纸、家具、地板革、混凝土外加剂、建筑材料放射性物质等 10 项材料. 目前, 在环境建筑材料领域最受注目的就是绿色环保水泥工业. 随着科技进步, 人们发现水泥工业有巨大的生态代偿能力, 在对各种固体废弃物的处理方面, 有着量大面广、适应性强的得天独厚的优势. 水泥工业所利用的工业废弃物主要有矿渣、钢渣、锰渣、粉煤灰、沸腾炉渣、煤矸石、磷石膏和选矿尾矿等. 如用粉煤灰 "双掺" 技术代偿黏土配料和用粉煤灰作为生产水泥的混合材料, 既减少了粉煤灰对环境污染, 同时也给企业带来了良好的经济效益, 掺量达 30%以上, 还可获得国家优惠的免税政策, 一举多得.

3) 绿色包装材料

绿色包装之所以能够兴起是由于随着包装业的飞速发展, 包装材料日益丰富多彩, 而塑料包装占有了相当大的比例, 但是随之而来的是包装废弃物及垃圾越来越多, 且难于治理, 不仅污染了环境, 还危害人们的身体健康, 于是爆发了世界性的绿色革命. 绿色包装材料具备的性能是对人体健康及生态环境均无害, 既可以回收再利用, 又可以自然风化回归自然. 目前绿色包装材料已经由过去的可降解塑料发展到 "以纸代塑、以纸代铁、以纸代木" 的阶段, 因为从热力学上来分析, 降解塑料是一种很大的能源浪费, 最好的方法就是不产生塑料. 从我国的角度考虑, 因为森林资源贫乏 (森林覆盖率不足国土面积的 15%), 所以应大力提倡采用芦苇、竹子、甘蔗、棉秆、麦秸等替代木材造纸以及使用再生纸制品等. 比如, 川南具有得天独厚的竹子资源, 以竹代木生产伸性纸, 其资源广、成本低, 发展空间大. 据统计, 在发达国家, 杂志刊物用纸已经为 100%的再生纸, 包装用纸使用的再生纸浆也达到 80%, 书籍用纸使用 40%的再生纸浆. 只有一些特殊用纸 (如纸尿布、食品包装纸等) 才使用木材制浆造纸. 重复利用是现阶段发展绿色包装材料最切实可行的方法, 是保护环境、促进包装材料再循环使用的一种最积极的废弃物回收处理方法, 如啤酒、饮料、酱油、醋等玻璃瓶的多次使用. 在国外, 瑞典等国家实行聚酯 DET 饮料瓶和 PC 奶瓶的重复使用可达 20 次以上. 因此, 再生利用是解决固体废弃物的好办法, 并且在部分国家已成为解决材料来源, 缓解环境污染的有效途径.

4) 降低材料加工和使用过程中的环境负荷的新工艺

利用环境材料理念和 LCA 方法来改进传统材料的加工和制造工艺能够大大降低材料的环境负荷. 比如对于传统的皮革染色行业, 用超声波作为工具来改进皮革制品清洗过程的每个步骤, 分析结果显示超声波提高了步骤中的效率, 降低了工艺消耗的时间并且提高了产品的品质. 同时, 在超声波的作用下, 染料分子能够更加容易的进入皮革的孔洞中 (吸附量提高 40%, 吸附时间降低了 55%), 这样一方面节约了原料的用量, 同时也降低了废水中的染料浓度.

3. 材料的再生和循环利用

材料的再生和循环能够实现资源的充分利用, 并且能够减少污染物的排放, 降低末端处理的工序. 这方面的研究几乎覆盖了材料应用的各个方面, 比如塑料、农膜、铝罐等的回收, 废旧电池材料、工业垃圾中金属资源的回收, 以及可循环再生金属材料的设计等. 有文献报道了富士施乐复印机致力于实现产品封闭循环的尝试, 在这项工作中, 旧的复印机或者部件被送回工厂重新加工并作为新部件继续投入应用. LCA 的评价结果显示封闭的产品循环能够大大降低产品的材料消耗、能耗、水耗、固体废弃物以及 CO_2 排放, 但是产品稳定性以及升级性都是需要考虑的问题, 因此环境材料设计者的任务任重道远.

6.4 智能材料

6.4.1 概述

1. 智能材料定义

以信息技术、新能源、生物工程和新材料为主要标志的信息时代, 实现多功能和集成化为目标的智能材料是当今材料研究的重要方向之一. 智能材料是 1989 年日本高木俊宜教授将信息科学融合于材料物性的一种材料新构思. 所谓智能材料 (intelligent material) 就是同时具有感知功能即信号感受功能 (传感器的功能), 自己判断并自己做出结论的功能 (情报信息处理功能) 的材料. 因此, 感知、信息处理和执行功能是智能材料必须具备的三个基本要素.

机敏材料 (smart material) 可以判断环境, 但不能顺应环境, 机敏材料再加上控制功能就是智能材料. 智能材料不但可以判断环境, 而且还可顺应环境. 即智能材料具有应付环境条件的特性, 如自己内部诊断, 自己修复, 预告寿命, 自己分解, 自己学习, 自己增殖, 应付外部刺激自身积极发生变化.

纵观材料的发展, 经历了松散型材料如金属材料、无机非金属材料和高分子材料, 到复合和杂化型材料如金属基、陶瓷基和高分子复合材料及生物杂化材料, 进而为异种材料间不分界的整体融合型材料. 而智能材料的研究与开发是试图将软件功能 (传感、处理及执行功能) 引入材料不同层次的结构中. 是受集成电路技术启迪而构思的三维组件模式的融合型材料, 是在原子、分子水平上进行材料控制,于不同的层次上自检测、自判断、自结论和自指令、自执行所设计出的新材料. 这意味着信息科学与材料科学的融合, 它体现了工业材料的真正革命. 众所周知, 细胞为生物体材料的基础, 而细胞本身就是具有传感、处理和执行三种功能的融合材料, 故它可作为智能材料的蓝本, 智能材料的发展和构思具有仿生学的特性.

2. 智能结构与系统

智能结构与系统是把传感器、驱动器、光电器件和微处理机等埋在复合材料中, 形成的既能承载又具有某些特定功能的功能性结构材料, 即是将不同功能的材料通过不同层次的“复合”赋予材料多重功能, 这就形成所谓智能材料结构与系统的概念.

智能结构是由若干独立成分组成的一个协调的、相互作用的系统. 典型智能结构的基本成分为纤维/树脂基复合材料. 先进复合材料是智能结构的基础, 它提供智能结构所需的强度和刚度. 传感器用来监测应变、位移、温度、加速度、压力及其他参数. 驱动器将来自控制系统的指令转换成可控制的作用力, 施加到结构上去. 通信网络则是把传感器、驱动器、光电器件和微处理机等连接起来. 控制系统分析传感器读数, 指出所需的输入控制信号, 控制适当的驱动器的运动, 当前完成智能材料系统和结构的主要材料有形状记忆材料、压电材料 (含压电陶瓷、压电聚合物)、电致伸缩材料、光纤和电流变体、磁流变体等.

智能结构设计的任务就是选择上述组分的最佳组合, 以满足结构的力学性能和使用功能要求. 所选的组分不仅要能经受制造环境下的短期暴露和使用环境下的长期暴露, 而且要有可能实现自动化生产, 以降低制造成本. 从目前的研究来看, 智能结构可分为主动控制式和被动控制式二类: 主动控制式是高级智能结构, 它具备先进而复杂的功能, 能自动检测结构的静力、动力特性, 在允许的范围内比较所检测的结果, 然后进行筛选并确定适当的响应, 以控制不希望出现的动态特性; 被动控制式智能结构低级而简单, 仅仅传输传感器所感受到的信息, 如应变、位移、温度、压力与加速度等. 由于智能结构的特点, 使它不仅在国防尖端武器如飞机、军舰等, 而且在国民经济各个领域, 特别是高技术领域具有重大战略意义, 得到广泛应用.

超音速飞行迫使飞机设计师采用较薄的翼型以减少阻力, 随着翼型的变薄, 它对颤振和发散更加敏感. 气动弹性干扰, 有可能导致结构完全破坏. 具有阵列分布传感器和致动器网络的智能机翼结构允许机翼形状随这些现象动态地变化, 使飞机始终以接近颤振或发散的临界速度飞行. 埋在智能结构中的传感器 (通常是光导纤维) 可以连续不断地监测飞机结构或零件的完好状态. 在飞行过程中, 飞行员从传感器感受到的信号变化来了解飞机结构或零件因服役或战斗所导致的损伤、冲击破坏、断裂以及疲劳裂纹、磨损、振动、分层等程度, 从而采取相应的措施, 防止突发性灾难事故的发生.

在复合材料层压板铺叠过程中, 把光纤传感器埋在结构中, 利用光纤传感器提供的复合材料制件固化过程中的温度、压力和黏度等信息, 来监控制件的固化程度, 保证制件质量.

3. 智能材料的分类

智能材料是最近几年才出现的新型功能材料, 它的研究呈开放和发散性, 涉及的学科包括化学、物理学、材料学、计算机、海洋工程和航空等领域学, 其应用范围广阔, 目前常按照组成智能材料的基材来划分.

1) 金属系智能材料

金属智能材料, 主要指形状记忆合金材料 (SMA), 形状记忆合金是一类重要的执行器材料, 可用其控制振动和结构变形. 形状记忆是热弹性马氏体相变合金所呈现的效应, 金属受冷却、剪切由体心立方晶格位移转变成马氏体相. 形状记忆就是加热时马氏体低温相转变至母相而回复到原来形状.

最近, 超磁致伸缩材料作为稀土功能材料引起了人们的广泛注意. 物体在磁场中磁化时, 其长度发生伸长或缩短的现象, 即磁致伸缩现象. (Tb-Dy)Fe_2, 多晶合金是最典型的磁致伸缩材料.

2) 无机非金属系智能材料

无机非金属系智能材料主要包括压电陶瓷、电致伸缩陶瓷, 电 (磁) 流变体等.

3) 高分子系智能材料

由于人工合成高分子材料的品种多、范围广, 所形成的智能材料因此也极其广泛, 其中智能凝胶、药物控制释放体系、压电聚合物、智能膜等是高分子智能材料的重要体现.

有些智能材料如形状记忆材料, 既可以是金属系形状记忆合金, 又可以是形状记忆陶瓷, 也可以是形状记忆聚合物. 既有磁致伸缩合金, 也有磁致伸缩陶瓷. 因此, 也有从智能材料的自感知、自判断和自结论、自执行的角度出发, 分为自感知智能材料 (传感器)、自判断智能材料 (信息处理器) 以及自执行智能材料 (驱动器).

(1) 传感器用智能材料: ① 压电体. 压电体是一个材料族. 这种材料在电场作用下, 体积产生变化. 在可供智能结构选用的压电体中, 压电晶体因脆性给制造和使用带来了困难. 纤维形态的压电材料因很容易与复合材料制造过程相结合, 适宜于自动化生产, 很有吸引力, 但目前压电纤维还达不到足够的长度, 难以在实际结构中应用. 压电陶瓷可以机械加工成各种形状, 并具有良好的强度和刚度、抗撞击和频宽特性. 压电聚酯薄膜不如压电陶瓷好用, 效率也不高, 但更容易埋置在复合材料层压板中. 由于高温可以破坏这些材料的压电特性, 因此在制造过程中, 必须把温度保持在居里温度 (200~350°C) 以下. ② 应变仪. 电阻应变仪是简单、廉价、应用技术成熟的传感器. 它们一般用于测量制造后的结构表面各点的应变, 不适合自动化制造技术. 若用同一材料制成丝状应变仪, 就能适合自动化生产. ③ 光导纤维. 光导纤维是最有前途的智能结构传感器. 由于光纤直径小, 很容易适应复合材料的自动化生产. 此外, 光纤埋在复合材料结构中对结构的强度和刚度几乎没有影响. 同一个光纤传感器可起两个作用, 在复合材料结构固化时, 可用于监控固化质量; 在固化后, 可作为应变传感器.

(2) 驱动器用智能材料：① 压电体. 驱动器用压电体与上面所介绍的传感器用压电体材料相同, 主要适用于高频和中等行程的控制, 可以对智能结构进行主动控制. 当应用系统通电给压电陶瓷时, 压电陶瓷改变自身尺寸, 而且形状速度之快是形状记忆合金所不能比拟的. 目前, 压电陶瓷驱动器已应用于各种光跟踪系统、自适应光学系统 (如激光陀螺补偿器)、机械人微定位器、磁头、喷墨打印机和扬声器等. 因为压电陶瓷和压电聚合物对于所加应力产生可测量的电信号, 很适合做传感器用, 常用于触觉传感器, 可识别布莱叶盲文字母, 并可区分砂纸级别, PVDF(聚偏二氟乙烯) 膜作为机器人触觉传感器, 感知温度压力. ② 伸缩性陶瓷. 伸缩性陶瓷可分为电致伸缩性陶瓷和磁致伸缩性陶瓷, 它们根据所加电场和磁场的变化而改变体积. 电致伸缩性陶瓷适合能量要求低的高频和低撞击应用, 磁致伸缩性陶瓷对能量要求高. ③ 形状记忆合金. 形状记忆合金是理想的驱动器, 因为它被加热到奥氏体温度时, 可以自行恢复到它原来的形状. 形状记忆合金通常以细丝状态用于智能结构, 它主要适合于低能量要求的低频和高撞击应用. ④ 电流变液. 电流变液是在电位差作用下, 黏度发生显著变化. 它可以作为空间结构用驱动器, 用于结构减振, 填充在复合材料的直升机旋翼叶片内腔中用来控制旋翼刚度, 达到减振目的.

6.4.2　金属系智能材料

形状记忆合金是金属系智能材料中最闪光的部分, 是一种兼有感知和驱动功能的新型材料, 与普通材料相比具有显著的特点. 把具有特殊性能的形状记忆合金复合于普通的材料中去, 形成的智能结构材料, 会发挥普通材料和形状记忆合金的双重优势. 它主要具有如下一些特性：自动改变其几何外形, 以适应工作状态变化的要求; 自动进行热补偿, 以减小或消除热应力或主动控制运动件与静止件之间的间隙; 自动改变构件刚度, 来进行振动的主动控制或转子临界转速的主动控制; 自动改变模态以主动抑制噪声; 对构件内部的裂纹或损伤进行自动探测和主动控制, 从而提高工作的安全性; 测量构件中某些特殊的参量; 构件之间的自动分离或连接; 制作控制机构中的一些元件或部件等.

磁致伸缩材料近几年作为一种高科技新型功能材料得到了迅速的发展. 铁磁或亚铁磁物质磁化后, 磁化强度发生变化时, 材料的大小也随之改变. 如果磁化的改变是外磁场的变化引起的, 这种大小的改变就称为磁致伸缩. 磁致伸缩的产生是由于材料在居里点以下发生自发磁化, 形成大量磁畴, 在每个畴内, 晶格都发生形变, 其磁化强度的方向是自发形变的一个主轴. 在没有外磁场情况下, 各磁畴的磁化方向是随机取向的, 故不显示宏观效应. 在有外磁场时, 大量磁畴的磁化方向趋于与外场一致, 于是宏观上产生形变, 出现磁致伸缩现象. 如果畴内磁化强度方向是自发形变的长轴方向, 材料在外场方向将伸长, 即正磁致伸缩; 如果是短轴方向, 材料在外场方向将缩短, 即所谓的负磁致伸缩. 磁致伸缩大小可用磁致伸缩系数 $\lambda = \Delta l/l$ (相对伸缩量) 来表示.

一般的单晶体或准单晶体磁致伸缩材料, 其磁致伸缩是各向异性的, 磁晶有效各向异性常数 K 通常很大, 而磁致伸缩系数很小 (仅为百万分之几), 要达到饱和磁致伸缩值所需的外磁场很大. 为此, 发展了多晶超磁致伸缩材料, 如 $Tb_{0.27}Dy_{0.73}Fe_{2-x}$ 三元合金系列. 这种合金是由无数微小晶粒无序排列组成, 在室温下有效各向异性常数 $K = 0$, 呈现了磁致伸缩的各向同性. 它在外磁场的作用下所产生的磁致伸缩系数比镍和压电陶瓷分别大 10~100 倍和 5~10 倍. 这种稀土–铁的磁致伸缩材料具有磁致伸缩值大、机械响应快、功率密度高等特点, 可被用于声纳系统、大功率超声器件和工业超声设备方面, 是一种新型稀土功能材料, 是人们研究的热点.

稀土–铁系磁致伸缩材料是金属键化合物, 材料脆, 使制造、成型加工及实用化存在许多困难. 尽管国外 20 世纪 70 年代就研制出这种稀土–铁系磁致伸缩材料, 但只是到了 80 年代中后期, 由于工艺改进, 才使该材料得到了实际应用. 目前能提供实用的商品也只有少数几个发达国家, 国内也已经制得了直径 Φ5 ~20mm, 长 L =150mm 的 $Tb_{0.27}Dy_{0.73}Fe_{2-x}$ 磁致伸缩多晶、定向晶棒. 定向晶棒定向结晶后, 磁致伸缩得到显著增加, 达到了国际上实用的商品化水平.

热处理是提高磁致伸缩值的有效而主要的方法. 首先将纯度为 99.9%的 Tb、Dy 和 Fe 的原材料按合金成分为 $Tb_{0.27}Dy_{0.73}Fe_{1.9}$ 配比, 在真空感应炉中熔炼并浇注成 Φ10mm×100mm 的母合金试样棒, 然后将试样棒装在高梯度定向凝固装置中 (它具有双区加热及液态金属冷却系统), 重熔并向下抽拉以实现定向凝固. 定向温度为 1370°C, 抽拉速度为 2~18mm/min. 最后把定向凝固后的试样棒进行热处理 (温度为 850~1000°C, 时间为 1~8h, 炉冷). 所有高温操作均在真空充 Ar 条件下进行. 实验结果表明: 对定向凝固后的试样棒进行热处理, 磁致伸缩性均有不同程度提高. 理想热处理工艺, 可将磁致伸缩值提高约 24%.

压力对材料磁致伸缩的影响也是显著的. 当然, 除磁致伸缩合金外, 也有磁致伸缩性陶瓷, 后者对能量要求高.

6.4.3 无机非金属系智能材料

迄今为止, 自适应系统依赖的智能陶瓷 (压电陶瓷、电致伸缩陶瓷、形状记忆陶瓷、生物陶瓷)、电 (磁) 流变体、电致变色材料、压敏电阻器等均属于无机非金属系智能材料.

1. 智能陶瓷

智能陶瓷在无机非金属系智能材料中占有重要的地位. 目前研究的智能陶瓷主要有压电陶瓷、电致伸缩陶瓷、形状记忆陶瓷、生物陶瓷等.

1) 压电陶瓷

压电材料是能够把机械能转变成电能, 反之亦然的材料. 表征这一功能的主要参数有：压电系数 λ、电压系数 d 和机电耦合系数 k. 陶瓷通常不具有压电效应, 但是陶瓷的主晶相若是铁电体, 就能呈现出压电效应. 因此, 铁电陶瓷经极化处理后就变成压电陶瓷. 20 世纪 50 年代出现的锆钛酸铅 $Pb(Zr, Tn)O_3$(PZT) 陶瓷是性能优良的压电陶瓷, 此后又对 PZT 陶瓷进行了广泛的掺杂改性研究, 迄今为止仍是压电陶瓷的主流. $Pb(Zr, Tn)O_3$(PZT) 具有钙钛矿结构, 多晶体极化后属 6mm 点群. 由于它的高机电耦合系数和易于改性, 在机电传感器中占有极大的市场.

由于压电陶瓷具有把电能转变为机械能的能力, 所以当应用系统通电给压电陶瓷时, 不是由于相变而是通过改变材料的自发偶极矩而改变材料的尺寸, 此种效应产生 200～300μm 应变. 据报道, 88 层的压电陶瓷片做成的驱动器可在 20ms 内产生 50μm 的位移. 形变之快是 Ni–Ti 形状记忆合金所不能比拟的. 研究者正在努力使应变达 1%. 如果束缚这个形变, 则产生与所加电压大小成正比的机械力.

压电陶瓷 PZT 是高精度、高速驱动器所必须的材料, 已应用于各种光跟踪系统、自适应光学系统 (如激光陀螺补偿器)、机械人微定位器、磁头、喷墨打印机和扬声器等.

2) 电致伸缩陶瓷

电致伸缩陶瓷是利用电致伸缩效应产生微小应变并能由电场非常精确控制的陶瓷. 虽然在一切固态物体中都存在电致伸缩效应, 但绝大多数物体的电致伸缩效应都非常小, 故电致伸缩效应几乎没有任何应用价值. 20 世纪 70 年代中期, 美国 L.G.Cross 等发现, 以铌镁酸铅 $Pb(Mg_{1/3}Nb_{2/3})O_3$(PMN) 为代表的一大类弛豫型铁电陶瓷, 在相当宽的温度范围内具有很大的电致伸缩效应, 应变量可以达到 10^{-3} 以上. 弛豫型铁电陶瓷的出现拓宽了电致伸缩效应的应用.

3) 形状记忆陶瓷

同时具有铁弹性和铁电性的陶瓷材料有很好的形状记忆效应. 铁弹性是指某些电介质材料在一定温度范围内应力与应变关系曲线相似于铁磁体的磁滞回线特征的性能. 铁弹体在没有外力作用下晶体内存在自发的应变区, 故具有恢复自发应变的能力, 产生形状记忆效应. 若陶瓷材料还有铁电性, 则不但在一定温度范围内可自发极化, 而且在外电场下, 自发极化随外电场取向. 因此既可以通过机械力又可通过电场来调节这种铁弹–铁电材料的自发应变能力. 锆钛酸铅镧 (PLZT) 陶瓷是一种重要的铁电–铁弹材料, 具有形状记忆效应. 例如, 将一个 PLZT 螺旋丝加热至 200°C (此温度远高于机械加载的转变温度 T_f, 与居里温度 T_c 相当), 然后急速将该丝冷却至 38°C(低于 T_f), 经过脆化的 PLZT 螺旋丝卸载后, 变形量达 30%. 若将该丝再加热至 180°C(高于 T_f), 它能恢复原来的形状, 显示了形状记忆效应.

4) 生物陶瓷

生物陶瓷中研究的重点是烃基磷灰石 (HAD) 材料. 它是自然骨和牙中主要的无机材料组分, 具有良好的生物相容性. 由于成型加工性差, 目前常与有机材料制成复合材料, 做骨填充及牙科材料.

2. 高分子系智能材料

高分子材料由于品种多样性、合成方法的多样性, 在智能材料中占有极其重要的地位. 事实上, 上面讲的智能药物控释系统以及智能凝胶只是智能高分子的两个重要方面, 下面对其他高分子系智能材料作一些简要介绍.

1) 形状记忆聚合物

形状记忆合金 (SMA) 是金属系智能材料的重要和值得骄傲的部分, 高分子材料作为形状记忆材料亦具有广泛的应用空间, 形状记忆聚合物 (shape memorty polymer, SMP) 是在一定条件下发生形变获得初始形状后, 还可再次加工成型得到二次形状, 通过加热等外部刺激手段的处理又可使其发生形状回复, 从而回到初始形状. 与 SMA 相比, SMP 不仅具有变形量大、赋形容易、形状响应温度便于调整、保温、绝缘性能好等优点, 而且具有不锈蚀、易着色、可印刷、质轻价廉等特点, 因而其应用范围极其广泛. 根据形状回复原理, SMP 可分为热致形状记忆聚合物、电致形状记忆聚合物、光致形状记忆聚合物、化学感应形状记忆聚合物等.

2) 聚合物电流变体

虽然电流变体中的悬浮颗粒以无机颗粒为主, 但在实用方面, 这些无机颗粒坚硬, 易将金属电极磨损, 磨下的碎屑又会使电路短路, 而采用聚合物颗粒的电流变体 (一般称其为聚合物电流变体) 则不存在这一问题. 这些聚合物颗粒可以是聚电解质、吸附离子的聚合物或聚合物半导体. 磺化聚苯乙烯或季铰化聚苯乙烯等聚电解质, “核/壳” 乳液聚合或分散聚合的内层为聚丙烯酸醋, 外层为聚丙烯酸盐的微米级悬浮颗粒, 吸附金属离子的聚酞胺等可作为聚合物悬浮颗粒用于电流变体.

3) 聚合物电致变色材料

电致变色材料在智能窗中的应用前面已讲到. 聚合物亦有电色性, 且与无机电色材料相比有许多优点：费用低、光学质量好、颜色转换快、循环可逆性好. 通常人们比较感兴趣的共轭高聚物电色材料有聚苯胺和一些五元杂环 (吡咯、噻吩) 化合物的聚合物及它们的衍生物.

实践应用的需要，使复合型的电致变色材料应运而生. 仅就以共轭高聚物为基的复合型电致变色材料而言，主要包括两大类：第一类是由两种电致变色材料复合而成. 例如，将共轭高聚物电致变色材料与某些无机电致变色材料复合. 在电极上电化学聚合一层聚苯胺膜，然后在聚苯胺膜上电沉积一层普鲁士蓝. 研究表明：聚苯胺/普鲁士蓝复合膜在保留了各自组成部分的性能的前提下，加深了颜色的对比度，扩大了着色波长范围，同时也使其稳定性增大，寿命延长. 第二类电致变色复合膜是将共轭高聚物与有机染料或颜料结合起来.

4) 光活性聚合物材料

聚合物除了电致变色外，在光的刺激下，同样会有颜色的变化，称为光致变色聚合物. 例如，含偶氮苯结构的聚合物受光激发后发生顺反异构变化，吸光后反式偶氮苯变为顺式，最大吸收波长从约 350nm 蓝移到 310nm 左右. 由于顺式结构不稳定，在黑暗的环境中又能恢复到稳定的反式结构，重新回到原来的颜色.

某些光致变色高分子材料，如含有螺苯并吡喃结构的聚丙烯酸乙酯在光照时不仅会发生颜色变化，而且在恒定外力的作用下，当光照时薄膜的长度会增加；撤消光照，长度慢慢回复，其收缩伸长率有的可以达 3%~4%. 这种由于光照引起分子结构改变，从而导致聚合物整体尺寸改变的可逆变化称为光致变色聚合物的光力学现象. 利用这种光力学现象可以将光能转化为机械能.

6.4.4 智能材料的设计思路

由于材料的智能化是一个崭新的研究领域，涉及智能的多样性及开放性，还有材料的广泛性 (包括金属材料、陶瓷材料、高分子材料等)，结构研究的复杂性以及性能开发的深入性等问题，它们都是发散的、开放的问题，故很难描述一个开发设计智能材料的具体方法. 不过，一些有效的思路对我们的工作将有所启迪.

智能材料的开发与设计可以从两个不同的角度出发：其一是仿生技术，由于生物体具有环境感知性和响应性，是智能材料设计出发的蓝本. 智能本是生物体所特有的现象，生物体的环境感知和响应性，启发人们从仿生科学与工程中能动地在学科交叉中探索材料系统和结构的自适应性，向生物体的多重功能逼近；另外从智能材料本身的结构特色出发，找出智能材料结构的共有规律，从而合成、加工、设计出不同智能特性的材料. 介观尺寸 (meso-scope) 结构在智能材料的开发中具有极其重要的地位. 所谓介观尺寸结构是指尺寸大小位于纳米级直至微米级的尺寸结构. 主要指纳米结构 (纳米微粒、纳米微囊、纳米膜、纳米管、纳米导线等)、中间相结构 (meso phase)、晶界结构、超分子体结构 (supra molecules(分子组装体，亚晶结构) 等. 超分子 (supra molecules) 是指较弱的原子间相互作用形成的分子装配体，其间无共价键合，它本身就处于纳米结构的范围. 因此我们很难具体确定介观结构的尺寸范围. 例如，人们熟知的多种蛋白质和酶，它们具有非常重要的生理功能，属于纳米尺寸结构材料. 此外, 有的单分子尺寸就达到宏观尺度的范围, 如有一种大的富勒烯球, 其中心为 C_{60}, 外侧分子为 C_{240}, 依次相当于 C_{540}、C_{560}、C_{1500}、$\cdots$, 其形状似球状 (quasi-spherical), 可达 50~60 层的层状结构, 为一种巨大尺寸的碳分子, 其直径最大者可达数微米. 同样超分子自组装体的尺寸也很容易达到微米级, 因此很难直接用尺寸界定介观尺度的大小. 总之, 介观尺度特别是纳米结构在智能材料的研究中应该被特别重视.

鉴于此, 下面我们进一步从仿生学及介观尺寸的角度来讨论它们在智能材料的研究、开发和设计中的具体问题.

1. 仿生学

智能材料的开发与设计自然离不开仿生技术 (biomimetics). 从构成生物体的智能基元来看, 可分为一维结构如神经传导, 二维膜结构, 三维细胞结构. 在智能材料的开发中, 人们也自觉或不自觉地采用了类似生物智能结构的原理.

2. 介观尺度

无论是传导纤维, 还是各种仿生膜, 乃至微球结构, 它们也都处于介观尺度, 正是这些尺度效应才赋予具有这些结构的材料各种不同的智能, 其中最重要的是纳米尺度的结构. 这些结构包括纳米微球、微囊、纳米纤维 (导线, 导管)、纳米膜、纳米器件 (纳米传感器, 纳米机械人) 等, 同时还包括如晶粒结构、液晶结构、晶界结构, 这些结构同样对材料的智能化起着极其重要的作用.

生物活体在受到损伤时, 具有自修复能力, 因此我们在设计和构思智能材料时, 也希望实现自修复功能. 当材料受到损伤, 材料内的微孔就有可能扩展成较大的裂缝, 裂缝缝尖处形成应力集中, 如果在微孔内预埋裂缝扩展时能发生相变的物质或能促进氧化过程的物质, 就可能有效地抑制裂纹发展. 例如, 在钼钢内分散氧化锆粒子, 产生裂缝时, 在裂缝尖端产生的压缩压力作用下, 氧化锆诱发相变, 由正方晶系的 t 相转变为单斜晶系的 m 相, 此时体积膨胀, 可抑制裂纹发展, 使材料的断裂韧性值 K_{1C} 提高. 这类材料中所用分散粒子的粒径为 50nm. 这是因为从材料损伤的原子水平或原子集团的介观水平来看, 裂缝尖端所产生的塑性变形是与原子线缺陷的转位相关, 且塑性变形的最小位移为 20nm. 此点已为扫描隧道显微镜所证实. 因此, 在考虑上述裂缝的自修复功能设计时, 分散的粒子应在 20nm 左右并相互匹配. 另外, 在考虑对裂缝尖端氧化膜的修复时, 使其形成的膜厚处于纳米尺寸即中介相 (mesophase) 领域, 此时因具有量子尺寸效应, 氧化膜可起到抑制裂缝扩展的最好的效果.

3. 复合构造

人体可看作是一复杂的复合结构. 一台计算机也包括输入、输出、处理、存储器等几部分, 经 “复合” 为一个整体. 要合成设计出具有自感知、自处理、自执行等智能的材料, 复合结构技术是行之有效的方法. 一般地, 一种智能材料具有一种或有限几种智能, 如电致变色材料、形状记忆材料等. 通过复合技术将这些具有不同功能的材料, 集合于一个整体, 就可得到具有复杂功能的智能材料, 将其集合于一个纳米微球内, 就形成一个 “细胞”. 如将传感器、驱动器、光电器件和微型处理机等埋在复合材料结构中, 就形成既能承载又具有某些特定功能的结构材料.

材料开发的最终目的是为人类服务, 材料与生物、医学之间的关系相当紧密, 一方面对微生物、植物进行基因改造, 改造后的微生物、植物可按预定目标合成所需结构和性能的材料; 另一方面, 在材料中, 如海绵结构中, 利用组织工程技术可生长出人工合成生物组织, 如人造皮肤等. 以蛋白质为开关元件的生物机器人的开发与利用将给人类的健康带来福音.

对于材料的合成而言, 仿生学是我们的出发点, 最近的材料芯片技术, 又把开发新材料的速度推上了快车道. 纳米技术在智能材料中的应用将占据重要地位, C_{60} 是具有美学结构的功能材料, 具有许多独特的性质. 智能凝胶的运用将会开发出 “湿件” 机器人.

总之, 材料的微细化、生物化、多功能化是智能材料的发展方向.

6.5 超 材 料

6.5.1 超材料概述

Metamaterial 是 21 世纪出现在物理学领域的一个新词汇, 由拉丁语 “meta-” 和 “material” 组合而成, 字面意思为 “超出 ……、亚 ……、另类 ……” 等, 是一种超越于天然材料的特殊人工材料, 中文译为超材料. 严格来讲, 超材料目前并没有一个严格统一的定义. 一般认为, 所谓超材料, 必须具备以下三个特征: 首先, 超材料通常是具有人工结构的复合材料; 其次, 超材料一般具有超常的物理性质, 而这种性质是自然界所不具有的; 最后, 与传统材料不同, 超材料的性质主要来源于其内部的人工结构, 而非构成它们的本体材料. 鉴于以上特征, 一般文献中将 “具有天然材料所不具备的超常物理性质的人工复合结构或复合材料” 定义为超材料.

早期的超材料曾经被认为是不可能存在的, 因为它违反了人们熟知的光学定律. 2006 年, 来自北卡罗来纳州的杜克大学和伦敦帝国理工学院的研究者们成功挑战传统概念, 利用超材料让一个物体在微波射线下隐形. 第一次拥有了能使普通物体隐形的方案, 同时也是第一次用事实证实了超材料的存在. 继而, 科学界开始了大量针对超材料的研究, 人们逐渐认识到超材料在隐身材料、超级透镜、定向辐射、光频超磁性材料等方面有着非常广泛的应用和广阔的发展前景. 2007 年底,

metamaterial 被*Material Today* 杂志评为材料科学 50 年十大进展之一.

6.5.2 超材料的分类

随着超材料研究的不断扩展, 其种类和范围也在进一步扩大, 不仅包括左手材料、光子晶体、电磁晶体, 还包括频率选择表面、人工磁导体、等离子结构等材料, 它们均具有超材料的三个基本特征. 下面, 我们对研究最广、也最成熟的左手材料和光子晶体做一介绍.

1. *左手材料*

介电常数 ε 和磁导率 μ 是描述均匀媒质电磁波传播特性的最基本的两个物理量, 根据它们的符号, 理论上可以将材料分为四类 (图 6.11).

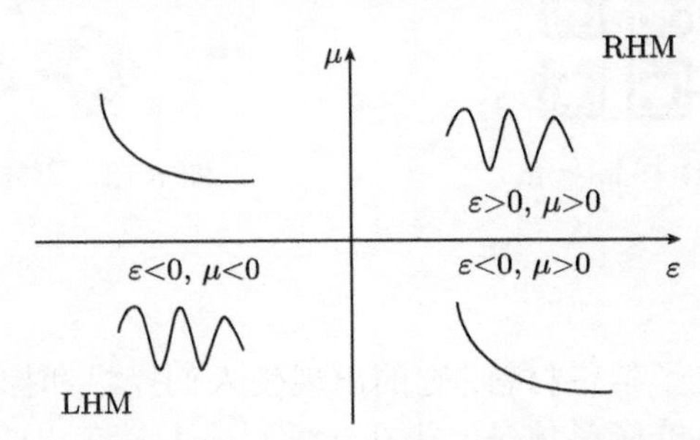

图 6.11 介电常数 ε 和磁导率 μ 象限图

RHM— 右手材料, LHM— 左手材料

自然界中大多材料位于第一象限, 其 ε 和 μ 均大于零. 少部分材料如铁氧体在其铁磁谐振频率附近时, $\varepsilon > 0, \mu < 0$, 位于第二象限, 它们的折射率 $n = \sqrt{\varepsilon} \cdot \sqrt{\mu}$ 为虚数, 电磁波不能在其中传播, 该种材料内传播的电磁波为倏逝波. 等离子体和金属低于其等离子体频率时, $\varepsilon < 0, \mu > 0$ 位于第四象限. 对于第三象限材料的研究, 曾经是一个空白. 1968 年, 前苏联物理学家 Veselago 从理论上预测：当 ε 和 μ 都为负, 即 $\varepsilon < 0, \mu < 0$ 时, 其折射率为实数, 如同第一象限内的材料一样电磁波能在其中传播, 电场、磁场和波矢之间构成左手关系, 同时会表现出奇异的物理光学行为, 如反多普勒效应、反斯涅耳定律、反切连科夫辐射、完美透镜效应等.

虽然左手材料的构想很有趣, 但是自然界中并不存在这种材料. 英国帝国理工学院的 Pendry 从电磁场麦克斯韦方程和物质本构方程出发, 通过理论计算指出：① 间距在毫米级的金属细线构成的格子结构具有类似等离子体的物理行为, 共振频率在吉赫兹, 低于此频率时介电常数出现负值; ② 利用非磁性导电金属薄片构成开环共振器 (split ring resonator, SRR) 并组成方阵, 可以实现负的有效磁导率, 而且负的磁导率是可调的, 这是自然界的物质无法达到的. 按照 Pendry 的理论构想,科学家利用 SRR 在电磁场的作用下所表现出的负介电常数和磁导率, 成功将左手材料由推测变为了现实. 找出决定左手材料性能的关键因素具有重要的意义, 因为这样就可以调制左手材料在各波段的使用. Li 以实验 (图 6.12) 和仿真相结合的方法, 实验系统地研究了测试距离、测试角度 (图 6.13)、基板参数和间隙宽度对开环共振器的电磁波传输特性的影响; 仿真研究了基板介电常数、左手材料层间距、电磁波传播方向和喇叭天线距离对 SRR 传输特性的影响, 对调制左手材料不同波段的使用有一定的指导意义.

图 6.12　SRR 样品一角

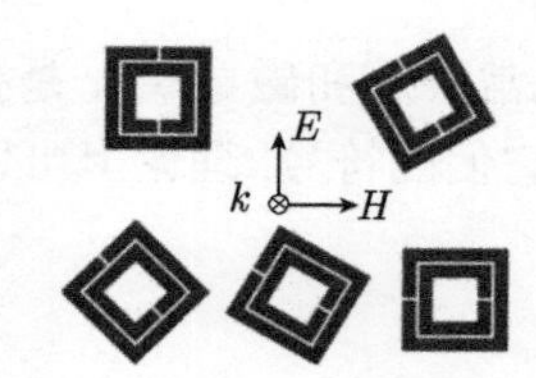

图 6.13　不同测试角度的示意图

2. 光子晶体

光子晶体又称光子禁带材料, 它的出现使人们操纵和控制光子的梦想成为可能. 从材料结构上看, 光子晶体是一类在光学尺度上具有周期性介电结构的人工设计和制造的晶体.

光子晶体的结构可以这样理解, 正如半导体材料在晶格结点 (各个原子所在位点) 周期性地出现离子一样, 光子晶体是在高折射率材料的某些位置周期性的出现低折射率 (如人工造成的空气空穴) 的材料. 高低折射率的材料交替排列形成周期性结构就可以产生光子晶体带隙 (类似于半导体中的禁带). 而周期排列的低折射率位点的之间的距离大小不同, 导致了一定距离大小的光子晶体只对一定频率的光波产生能带效应. 也就是只有某种频率的光才会在某种周期距离一定的光子晶体中被完全禁止传播.

如果只在一个方向上存在周期性结构, 那么光子带隙只能出现在这个方向. 如果在三个方向上都存在周期结构, 那么可以出现全方位的光子带隙, 特定频率的光进入光子晶体后将在各个方向都禁止传播. 这对光子晶体来说是一个最重要的特性. 因为光被禁止出现在光子晶体带隙中, 所以我们可以预见到我们能够自由控制光的行为.

迄今为止, 已有多种基于光子晶体的全新光子学器件被相继提出, 包括无阈值的激光器, 无损耗的反射镜和弯曲光路, 高品质因子的光学微腔, 低驱动能量的非线性开关和放大器, 波长分辨率极高而体积极小的超棱镜, 具有色散补偿作用的光子晶体光纤, 以及提高效率的发光二极管等. 光子晶体的出现使信息处理技术的“全光子化”和光子技术的微型化与集成化成为可能, 它可能在未来导致信息技术的一次革命, 其影响可能与当年半导体技术相提并论. 与理论发展相适应, 一些制备光子晶体的方法也相继被提出. 其中包括机械加工法、半导体微制造法、激光全息光刻法、双光子聚合法、自组装法等. 前几种方法适合制备周期性较大的晶体 (微波和远红外波段), 自组装法在制备光学近红外波段光子晶体有独特优势. Wang 利用自组装的方法, 获得了由二氧化硅小球组装而成的光子晶体 (图 6.14), 其光子带隙的位置可以随着入射光角度的改变而改变. 随着对光子晶体新现象了解的深入和光子晶体制作技术的改进, 光子晶体更多的用途将会发现.

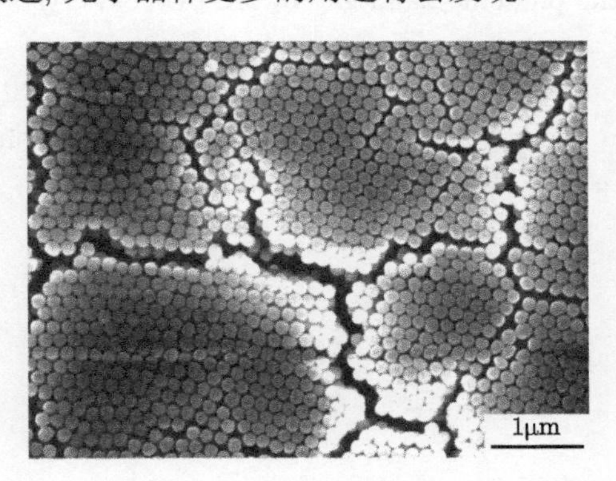

图 6.14 二氧化硅小球组装的光子晶体形貌

超材料是光学和光子学领域的一个最为活跃的研究方向, 是一门正在蓬勃发展的有前途的新学科. 此前的理论和实验工作已经为我们揭开了此类材料的神秘的面纱, 在不远的未来, 研究人员将会致力于制作具备新的不同寻常特性的结构, 从而进一步拓展我们的研究范围.

参 考 文 献

董元彦, 李宝华, 路福绥. 2003. 物理化学. 北京：科学出版社

冯端, 师昌绪, 刘治国. 2002. 材料科学导论. 北京：化学工业出版社

李垚, 唐冬雁, 赵九蓬. 2010. 新功能材料制备工艺. 北京：化学工业出版社

马如璋, 蒋民华, 徐祖雄. 2006. 功能材料概论. 北京：冶金工业出版社

殷景化, 王雅珍, 鞠刚. 2001. 功能材料概论. 哈尔滨：哈尔滨工业大学出版社

张骥华. 2009. 功能材料及其应用. 北京：机械工业出版社

张媛庆. 1985. 新型无机材料概论. 上海：上海科学技术出版社

郑昌琼, 冉均国. 2003. 新型无机材料. 北京：科学出版社

Li C, Fan H Q, Li N J. 2007. Effect of measured distance and angle tuning on transmission properties of split-ring resonators. Appl. Phys. Lett., 91: 111905

Pendry J B, Holden A J, Robbins D J, 1998. et al. Low frequency plasmons in thin-wire structures. J. Phys. Condens. Matter, 10: 4785

Pendry J B. 200. Negative refraction makes a perfect lens. Phys. Rev. Lett., 85: 3966

Valentine J, Zhang S, Zentgraf T, et al. 2008. Three-dimensional optical metamaterial with a negative refractive index. Nature, 455: 376

Veselago V G. 1968. The electrodynamics of substances with simultaneously negative values of permittivity and permeability. Sov. Phys. Usp., 10: 509

Wang X, Fan H Q, Ren P R, et al. 2011. Double modes characterization and incident light angle tuning on the photonic band gap of SiO_2 colloid crystal. Microw. Opt. Techn. Lett., 53: 1805

Wood J. 2008. The top ten advances in materials science. Mater Today, 11: 40

Yao J, Liu Z W, Liu Y M. 2008. Optical negative refraction in bulk metamaterials of nanowires. Science, 321: 930